现代农业产业链关键技术研究与集成示范 系列丛书
现代农业产业技术体系创新团队建设

兔肉制品加工及保鲜贮运关键技术

王 卫 主编

科学出版社
北 京

内 容 简 介

本书涉及现代兔业中兔肉制品加工、兔皮兔毛加工以及副产物综合利用加工环节的关键技术。全书共分5章，主要内容包括肉兔及其屠宰与初加工、兔肉制品加工辅料、基本工艺与设备、兔肉制品精深加工、兔肉制品防腐保鲜与质量安全控制以及兔皮兔毛及副产物初加工利用，并在书后附有彩图。

本书可作为从事兔产品加工利用的工程技术人员、科技人员、管理人员和技术工人的参考书，也可作为有关院校畜产品加工专业的参考教材及科研院所技术研发的指导用书。

图书在版编目(CIP)数据

兔肉制品加工及保鲜贮运关键技术/王卫 主编．—北京：科学出版社，2011.6

现代农业产业链关键技术研究与集成示范，现代农业产业技术体系创新团队建设系列丛书

ISBN 978-7-03-031145-0

Ⅰ.①兔… Ⅱ.①王… Ⅲ.①兔肉-食品加工 ②兔肉-食品保鲜-贮运 ③兔肉-副产品-利用 Ⅳ.①TS251.5

中国版本图书馆CIP数据核字（2011）第093053号

责任编辑：丛 楠 孙 青 / 责任校对：陈玉凤
责任印制：徐晓晨 / 封面设计：迷底书装

科 学 出 版 社 出版
北京东黄城根北街16号
邮政编码：100717
http://www.sciencep.com

北京凌奇印刷有限责任公司 印刷
科学出版社发行 各地新华书店经销

*

2011年6月第 一 版 开本：787×1092 1/16
2021年5月第三次印刷 印张：16 1/4 插页：4
字数：400 000

定价：88.00元

（如有印装质量问题，我社负责调换）

编写人员名单

主　　编　王　卫

副 主 编　张　鉴　刘达玉

参编人员　唐仁勇　张佳敏　郭秀兰

主编简介

王卫教授，四川省学术与技术带头人，现任成都大学科技处处长，兼任肉类加工四川省重点实验室主任和食品加工四川省高校重点实验室主任。1985年赴德国留学，回国后一直从事畜产精深加工及其副产品综合利用、绿色保健食品、食品添加剂、农畜产品安全控制、贮藏保鲜、物流配送等研究开发工作。先后承担完成国家、省部重大科技攻关、国际合作及开发项目20余项，发表研究论文60余篇，出版著作6本，拥有发明专利12项，开发肉类新产品40余种。研发成果获四川省科学技术进步二、三等奖各4项。获国家科学技术部星火科技先进个人、四川省科技管理先进个人、突出贡献专家、先进教育工作者、四川省教学名师等荣誉称号。受聘中国畜产加工学会常务理事，中国肉禽、水产制品质量评审委员会专家，四川省畜牧兽医学会畜产加工分会理事长，四川省食品科学学会副理事长，四川省食品医药管理局食品安全委员会专家等职。

前 言

四川省是畜牧业大省，畜牧产值已占到农业总产值的50%以上。全省年出栏生猪近9000万头，肉牛和牦牛数百万头，家禽近10亿只，肉类总产800余万吨，销售额800亿元，肉类产业带来的直接经济效益已达1500亿元以上。尤其养兔业，因其特有的繁殖饲养方式，成为有效解决我国“三农”问题，特别是农民脱贫的主要途径之一。四川省年出栏肉兔近2亿只，带动农民致富和相关产业增收达到近百亿元，为四川省农村发展、农业增效和农民增收作出了卓越贡献。但加工和综合利用技术滞后成为制约兔业发展的瓶颈因素，主要问题为新技术研究滞后，现代加工先进技术应用缓慢，总体加工技术缺乏系统性的研发集成、整合创新和产业化应用，市场销售较好、科技含量较高的新产品开发少，原料安全质量控制技术体系不健全，产业长期处于原料优势而加工劣势的状态。

为此，四川省组建了兔业工程技术研究中心，以肉类加工四川省重点实验室和食品加工四川省高校重点实验室为技术依托、哈哥兔业等龙头企业为技术应用主体，联合其他高校、科研院所和企业形成产学研创新联盟，进行现代兔业产业技术体系创新团队建设，实施现代兔业关键技术研究与集成示范项目，对涉及兔业发展的关键技术进行系统性技术研究、创新集成和产业化应用开发。高校和科研院所侧重于技术研发，企业充分应用其畜牧产业化龙头雄厚的经济实力和丰富的市场开发及产品营销经验进行产品技术应用和规模化加工生产，原料生产与产品加工相互促进，基础研究与产业化开发同步进行，推广应用和市场营销直接接轨，通过产学研联合攻关，形成了系列突破性创新成果，并缩短了成果转化周期，尽快获取显著的经济、社会和生态效益。

本书编者通过对“现代兔业关键技术研究与集成示范项目”中兔肉制品加工、兔皮兔毛加工、副产综合利用，以及产品贮运流通与安全控制关键技术研究与集成示范课题主要成果的汇集和总结提炼编著出版本书，以期作为现代兔业发展的技术指导。希望通过相关技术成果的推广应用，推进传统特色兔产品加工及副产综合利用现代化改造和优化升级，提升产业总体技术水平，促进产业的可持续发展。本书也推荐作为从事兔产品加工利用的工程技术人员、科技人员、管理人员和技术工人的工具参考书，或作为有关院校畜产品加工专业的参考教材及科研院所技术研发的指导用书。

本书的出版得到肉类加工四川省重点实验室和食品加工四川省高校重点实验室开发基金资助，特此致谢。

鉴于编者水平及项目成果应用阶段所限，书中难免存在许多不足和不当之处，有待通过兔业产业化进程的深入推进和肉类加工技术进步来进一步完善，更望读者不吝赐教。

编 者

2011年1月

目　录

第一章　肉兔及其屠宰与初加工

第一节　主要肉兔种类及特性

一、加利福尼亚兔（彩图 1）

加利福尼亚兔原产于美国加利福尼亚州，是一个专门化的中型肉兔品种。我国多次从美国和其他国家引进，表现良好。

外貌特征：体躯被毛白色，耳、鼻端、四肢下部和尾部为黑褐色，俗称“八点黑”。眼睛红色，颈粗短，耳小直立，体型中等，前躯及后躯发育良好，肌肉丰满。绒毛丰厚，皮肤紧凑，秀丽美观。“八点黑”是该品种的典型特征，其颜色的浓淡程度有以下规律：出生后为白色，1 月龄色浅，3 月龄特征明显，老龄兔逐渐变淡；冬季色深，夏季色浅，春秋换毛季节出现沙环或沙斑；营养良好色深，营养不良色浅；室内饲养色深，长期室外饲养，日光经常照射毛色变浅；在寒冷的北部地区色深，气温较高的南部省市毛色变浅；有些个体色深，有的个体则色浅，而且均可遗传给后代。

生产性能：早期生长速度快，2 月龄重 1.8～2kg，成年母兔体重 3.5～4.5kg，公兔体重 3.5～4kg。屠宰率 52%～54%，肉质鲜嫩；适应性广，抗病力强，性情温顺。繁殖力强，泌乳力高，母性好，产仔均匀，发育良好。一般胎均产仔 7～8 只，年可产仔 6 胎。

加利福尼亚兔的遗传性稳定。在国外多用它与新西兰兔杂交，其杂交后代 56 日龄体重 1.7～1.8kg。在我国的表现良好，尤其是其早期生长速度快、早熟、抗病、繁殖力高、遗传性稳定等，深受各地养殖者的喜爱，适于营养较高的精料型饲料饲养模式。

二、比利时兔（彩图 2）

比利时兔是英国育种家利用原产于比利时贝韦仑一带的野生穴兔改良而成的大型肉兔品种。

外貌特征：被毛为深褐色、赤褐色或浅褐色，体躯下部毛灰白色，尾内侧毛呈黑色，外侧毛灰白色，眼睛黑色。两耳宽大直立，稍向两侧倾斜。头粗大，颊部突出，脑门宽圆，鼻梁隆起。体躯较长，四肢粗壮，后躯发育良好。

生产性能：该兔属于大型肉兔品种，具有体形大、生长快、耐粗饲、适应性广、抗病力强等特点。幼兔 6 周龄，体重可达 1.2～1.3kg；3 月龄，体重 2.8～3.2kg。成年体重：公兔 5.5～6kg，母兔 6～6.5kg，最高可达 7～9kg。耐粗饲能力高于其他品种，适于农家粗放饲养。年产 4～5 胎，胎均产仔 7～8 只，泌乳力很高，仔兔发育快。

该兔引入我国后，适于农村饲养，因此受到农民的欢迎，尤其是在北方农村的饲养量较大。试验表明，该兔是良好的杂交亲本（主要是杂交父本），与小型兔（如中国本地兔）和中型兔（如太行山兔、新西兰兔等）杂交，有明显的优势。该兔的主要缺点是：在笼养条件下易患脚皮炎，耳癣的发病率也较高，产仔数多寡不一，仔兔大小不均，毛色的遗传性不太稳定。

三、太行山兔（虎皮黄兔）（彩图 3）

太行山兔原产于河北省井陉、鹿泉（原获鹿县）和平山县一带，由河北农业大学、河北省外贸食品进出口公司等单位合作选育而成。

外貌特征：分标准型和中型 2 种。标准型：全身被毛粟黄色，腹部毛浅白色，头清秀，耳较短厚直立，体型紧凑，背腰宽平，四肢健壮，体质结实；成年公兔平均体重 3.87kg，母兔平均体重 3.54kg。中型：全身毛色深黄色，后躯两侧和后背稍带黑毛尖，头粗壮，脑门宽圆，耳长直立，背腰宽长，后躯发达；成年公兔平均体重 4.31kg，母兔平均体重 4.37kg。

生产性能：该品种适应性和抗病力强，耐粗饲，适于农家饲养。其遗传性稳定，繁殖力高，母性好，泌乳力强。年产仔 5～7 胎，胎均产仔数：标准型 8.2 只，中型 8.1 只。幼兔的生长速度快。据测定，喂以全价配合饲料，日增重与比利时兔相当，而屠宰率高于比利时兔。

由于太行山兔为我国自己培育的优良品种，适于我国的自然条件和经济条件，且又具良好的生产性能，被毛黄色，利用价值高，深受养殖者的喜爱。据测定，该品种作为母本与引入品种（如比利时兔、新西兰兔等）杂交，效果良好。

四、塞北兔（彩图 4）

塞北兔是张家口农业专科学校以法国公羊兔与比利时兔为亲本杂交选育而成，是一个大型皮肉兼用兔。

外貌特征：该品种分 3 个毛色品系。A 系被毛黄褐色，尾巴边缘枪毛上部为黑色，尾巴腹面、四肢内侧和腹部的毛为浅白色；B 系被毛纯白色；C 系被毛草黄色。该品种被毛浓密，毛纤维稍长。头中等大小，眼眶突出，眼大而微向内凹陷，下颌宽大，嘴方，鼻梁有一黑线。耳宽大，一耳直立，一耳下垂。颈部粗短，颈下有肉髯，肩宽广，胸宽深，背平直，后躯宽，肌肉丰满，四肢健壮。

生产性能：体型大，生长速度快。仔兔初生重 60～70g，1 月龄断奶重可达 650～1000g，90 日龄体重 2.1kg，育肥期料肉比为 3.29：1。成年体重平均 5～6.5kg，高者可达 7.5～8kg。耐粗饲，抗病力强，适应性广，繁殖力较高，年产仔 4～6 胎，胎均产仔 7～8 只，断乳成活率平均为 81%。

该品种属于大型兔，体质较疏松，个头大，生长快，耐粗饲，受到养殖者的喜爱。由于其骨架较大，育肥兔出栏体重最好在 2.5kg 以上。与大多数大型品种一样，塞北兔易患脚皮炎及耳癣，饲养中应予以重视。

五、大耳黄兔（彩图 5）

大耳黄兔原产于河北省邢台市的广宗县，是以比利时兔中分化出的黄色个体为育种材料选育而成，属于大型皮肉兼用兔。

外貌特征：分 2 个毛色品系。A 系橘黄色，耳朵和臀部有黑毛尖；B 系杏黄色。两系腹部毛均为乳白色。体躯长，胸围大，后躯发达，两耳大而直立，故取名“大耳黄兔”。

生产性能：成年体重 4～5kg，大者可达 6kg 以上。早期生长速度快，饲料报酬高，A 系高于 B 系，而繁殖性能则 B 系高于 A 系。年产 4～6 胎，胎均产仔 8.6 只，泌乳力高，遗传性能稳定。适应性强，耐粗饲。由于毛色为黄色，加工裘皮制品的价值较高。

该品种在华北地区饲养量较大，其生长速度及耐粗饲能力受到人们的喜爱。与其他大型品种一样，该品种易患脚皮炎，饲养中应引起重视。

六、法国公羊兔（彩图 6）

公羊兔又名垂耳兔，是一个大型肉用品种。公羊兔因其两耳长宽而下垂，头型似公羊而得名。

外貌特征：被毛颜色以黄色者居多。头粗糙，眼小，颈短，背腰宽，臀圆，骨粗，体质疏松肥大。

生产性能：该品种兔早期生长发育快，40 天断奶重可达 1.5kg，成年体重 6～8kg，最高者可达 9～10kg。耐粗饲抗病力强，易于饲养。性情温顺，不爱活动，因过于迟钝，故有人称其为“傻瓜兔”，其繁殖性能低，主要表现在受胎率低，哺育仔兔性能差，产仔少。

该品种兔与比利时兔杂交，效果较好，二者都属大型兔，被毛颜色比较一致，杂交一代生长发育快，抗病力强，经济效益高。

七、中国白兔（彩图 7）

中国白兔又称菜兔，是世界上较为古老的优良兔种之一，分布于全国各地，以四川省成都平原饲养最多。

外貌特征：中国白兔体型较小，全身结构紧凑而匀称；被毛洁白，短而紧密，皮板较厚；头型清秀，耳短小直立，眼为红色，嘴、头较尖，无肉髯；该兔种间有灰色或黑色等其他毛色，杂色兔的眼睛为黑褐色。

生产性能：中国白兔为早熟小型品种，仔兔初生重 40～50g；30 日龄断奶体重 300～450g，3 月龄体重 1.2～1.3kg；成年母兔体重 2.2～2.3kg，公兔体重 1.8～2kg；繁殖力较强，年产 4～6 胎，平均每胎产仔 6～8 只，最多达 15 只以上。

主要优缺点：该兔种的主要优点是早熟，繁殖力强，适应性好，抗病力强，耐粗饲，是优良的育种材料；肉质鲜嫩味美，适宜制作缠丝兔等美味食品。主要缺点是体型较小，生长缓慢，产肉力低，皮张面积小，有待于选育提高。

八、日本大耳兔（彩图 8）

该兔原产于日本，是由中国白兔与日本兔杂交育成的优良皮肉兼用型品种。

外貌特征：日本大耳兔以耳大、血管清晰而著称，是比较理想的实验用兔。被毛紧密，毛色纯白，针毛含量较多；眼睛为红色，耳大直立，耳根细，耳端尖，形似柳叶状；母兔颌下有肉髯。

生产性能：日本大耳兔可分为 3 个类型，大型兔体重 5～6kg，中型兔体重 3～4kg，小型兔体重 2～2.5kg。我国饲养较多的为大型兔，仔兔初生重 60g 左右，3 月龄体重 2.2～2.5kg。年产 5～7 胎，每胎产仔 8～10 只，最高达 17 只。

主要优缺点：该兔种的主要优点是早熟，生长快，耐粗饲；母性好，繁殖力强，常用作“保姆兔”；肉质好，皮张品质优良。主要缺点是骨架较大，胴体不够丰满，屠宰率、净肉率较低。

九、青紫蓝兔（彩图 9）

该兔原产于法国，因毛色类似珍贵毛皮兽“青紫蓝绒鼠”而得名，是世界著名的皮肉兼用兔种。

外貌特征：被毛整体为蓝灰色，耳尖及尾面为黑色，眼圈、尾底、腋下和后额三角区呈灰白色。单根纤维自基部至毛梢的颜色依次为深灰色、乳白色、珠灰色、雪白色和黑色，被毛中夹杂有全白或全黑的针毛。眼睛为茶褐色或蓝色。

生产性能：青紫蓝兔现有 3 个类型。标准型：体型较小，成年母兔体重 2.7～3.6kg，公兔体重 2.5～3.4kg；美国型：体型中等，成年母兔体重 4.5～5.4kg，公兔体重 4.1～5kg；巨型兔：偏于肉用型，成年母兔体重 5.9～7.3kg，公兔体重 5.4～6.8kg。繁殖力较强，每胎产仔 7～8 只，仔兔初生重 50～60g，3 月龄体重达 2～2.5kg。

主要优缺点：该兔种的主要优点是毛皮品质较好，适应性较强，繁殖力较高，因而在我国分布很广，尤以标准型和美国型饲养量较大。主要缺点是生长速度较慢，因而以肉用为目的的不如饲养其他肉用品种有利。

十、丹麦白兔（彩图 10）

该兔原产于丹麦，又称兰特力斯兔，是近代著名的中型皮肉兼用型兔。

外貌特征：丹麦白兔被毛纯白，柔软紧密；眼红色，头较大，耳较小、宽厚而直立，口鼻端钝圆，额宽而隆起；颈粗短，背腰宽平，臀部丰满，体型匀称，肌肉发达，四肢较细；母兔颌下有肉髯。

生产性能：该兔体型中等，仔兔初生重 45～50g，6 周龄体重达 1～1.2kg，3 月龄体重 2～2.3kg，成年母兔体重 4～4.5kg，公兔体重 3.5～4.4kg；繁殖力强，平均每胎产仔 7～8 只，最高达 14 只。

主要优缺点：丹麦白兔的主要优点是毛皮优质，产肉性能好，耐粗饲，抗病力强，性情温顺，容易饲养。主要缺点是体型较其他品种偏小，体长稍短，四肢较细。

十一、喜马拉雅兔（彩图 11）

该兔分布于喜马拉雅山脉南北麓。除我国外，美国、俄罗斯等均有饲养。

外貌特征：喜马拉雅兔体型较小，结构紧凑，头小，耳短直立，眼为淡红色，被毛白色，短密柔软；耳、鼻、尾及四肢下部为纯黑色，通称为“八点黑”。

生产性能：喜马拉雅兔为早熟小型的优良皮肉兼用品种。仔兔初生体重 60～70g，30 日龄体重 400～450g，3 月龄体重 1.5～1.8kg，成年母兔体重 2.8～3.2kg，公兔体重 2.5～2.8kg。目前，在国外也有人将该兔培育成体重 1.1～2kg 的玩赏兔。繁殖力强，每胎产仔 8～12 只。

主要优缺点：该兔种的主要优点是体质健壮，耐粗饲，繁殖力强，是良好的育种材料，著名的青紫蓝兔和加利福尼亚兔均含有该兔的血统。主要缺点是体型偏小，生长缓慢，产肉率低。

十二、哈尔滨白兔（哈白兔）（彩图 12）

哈白兔是中国农业科学院哈尔滨兽医研究所利用比利时兔、德国花巨兔、日本大耳白兔和当地白兔通过复杂杂交培育而成，属于大型皮肉兼用兔。

外貌特征：被毛白色，毛纤维比较粗长，眼睛红色，大而有神，头大小适中，耳大直立，四肢健壮，结构匀称。

生产性能：早期生长发育速度快。仔兔初生平均重 55.2g，30 日龄断奶体重可达 650～1000g，90 日龄体重达 2.5kg，成年公兔体重 5.5～6kg，母兔体重 6～6.5kg。繁殖率高，平均窝产活仔数 8 只以上，21 天泌乳力 2786.7g。产肉率高，屠宰率：半净膛 57.6%，全净膛 53.5%，饲料转化率 3.11∶1。

该品种在我国饲养量较大，表现较好。但由于人们不重视选育，加之营养水平跟不上，在一些地方生长速度慢，体型变小，应引起注意。

十三、福建黄兔（彩图 13）

福建黄兔是福建省的地方土种兔，主要分布于福建省山区和沿海地区。

该兔的主要特征为：全身被深黄色乃至米黄色紧贴体躯的短毛，只有腹部有少量白色毛，从胸部向腹部呈带状延伸。头小额宽，两耳垂直，眼睛呈天蓝色。后躯丰满且较高，灵活性大，体型小巧玲珑，属小型肉用兔。

该兔生长速度缓慢，性成熟早，母性强，繁殖力中等，一般成年体重 1.7～2kg，4 月龄开始性成熟。一年四季均可繁殖，但夏季低于其他季节，胎均产仔 6～8 只。耐粗饲，抗病力强，群众饲养以青杂草为主要饲料，适于野外与平地放养。其肉质细嫩，味道鲜美，并具有特殊食用功能。

十四、齐 卡 肉 兔

齐卡肉兔是前联邦德国 ZIKA 种兔公司经 10 年努力培育成的，具有世界一流生产水平的专门化肉兔配套优秀品系。我国于 1986 年由四川省畜牧兽医研究所引进，经适应性观察和培育，在四川省能正常生长、繁殖，生产成绩接近和达到原种水平。

该配套系由大（德国巨型白兔）、中（大型新西兰白兔）、小（德国合成白兔）三个品系构成。其外貌特征和生产性能分别介绍如下。

1. 德国巨型白兔（G 系）（彩图 14）

德国巨型白兔原产于德国，是著名的大型皮肉兼用兔。其育成历史有两种说法：一种认为由英国蝶斑兔输入德国后育成；另一种则认为由比利时兔和弗朗德巨兔等杂交选育而成。

外貌特征：德国巨型白兔被毛为白底黑花，黑背线、黑耳朵、黑眼圈、黑嘴环、黑臀花，花色对称，美观，故有“熊猫兔”的誉称。体躯长，呈弓形，腹部离地较高，骨骼粗大，体格健壮，好动，行动敏捷。

生产性能：德国巨型白兔早期生长发育较快，抗病力强、繁殖力高。仔兔出生重 70g，90 日龄体重可达 2.5kg，成年兔重 5～6kg。母兔繁殖率高，每窝产仔 11 只左右，母性稍差，饲料营养满足时，泌乳力也不错。缺点是毛色遗传不稳定。该兔对饲养管理条件要求较高。

2. 大型新西兰白兔（N 系）（彩图 15）

大型新西兰白兔是近代世界最著名的肉兔品种之一，广泛分布于世界各地。有白色、红色和黑色 3 变种，它们之间没有遗传关系，而生产性能以白色最高。我国多次从美国及其他国家引进该品种，均为白色变种，表现良好，深受我国各地养殖者欢迎。

外貌特征：被毛纯白，眼球呈粉红色，头宽圆而粗短，耳朵短小直立，颈肩结合良好，后躯发达，肋腰丰满，四肢健壮有力，脚毛丰厚，全身结构匀称，具有肉用品种的典型特征。

生产性能：早期生长发育速度快，饲料利用率高，肉质好。在良好的饲养管理条件下，8 周龄体重可达到 1.8kg，10 周龄体重可达 2.3kg，成年体重 4.5～5.4kg。屠宰率 52%～55%，肉质细嫩。适应力强，较耐粗饲，繁殖率高，年产 5 胎以上，胎均产仔 7～9 只。

大型新西兰白兔在我国分布较广。据观察，其适应性和抗病力较强，饲料利用率和屠宰率高，性情温顺，易于饲养。特别是其耐频密繁殖、抗脚皮炎能力是其他品种难以与之相比的。适于集约化笼养，是良好的杂交亲本。据笔者试验，该兔无论是与大型的品种（如比利时兔）杂交作母本，还是与中型品种（如太行山兔）杂交作父本，均表现良好。

3. 德国合成白兔（Z 系）

该兔被毛纯白，红眼，头清秀，两耳薄，体躯长，成年体重 3.5～4kg，90 日龄体重 2.1～2.5kg，属小型品种。其最大的优点是繁殖性能好，年产仔 60 只，每胎产仔 8～10 只，幼兔成活率高，适应性强，耐粗饲，较适宜于杂交利用。

上述三系配套生产的商品杂交兔，在德国年产商品仔兔 60 只，胎均产仔 8.2 只，84 日龄上市体重 2.9～3kg，日增重高达 40g，料肉比 2.8∶1。四川省畜牧所在一般饲养条件下，商品兔 90 日龄体重 2.4～2.6kg，日增重 32g 以上，料肉比 3.3∶1，胎均产仔 7.8 只，屠宰率 51%～52%，净肉率 80%左右，各项指标达到国内领先水平。

十五、弗朗德巨兔（彩图 16）

原产地和育种史不详。据推测，起源于比利时北部的弗朗德地区，数百年来，广泛分布于欧洲各国，但长期误称为比利时兔，直到 20 世纪初期，才正式定名为弗朗德巨兔，是世界最早和最著名的肉用兔品种，它对以后许多大型品种的育成均有贡献。

弗朗德巨兔被毛根据颜色分为 7 系，即钢灰色、黑灰色、淡黄褐色、黄褐色、蓝色、黑色和白色等。被毛浓密，质量好，富有光泽。头大，额高，两耳大而直立，眼睛稍突，白色兔眼睛为红色，有色兔眼睛颜色和被毛颜色一致，如黑色兔眼睛也为黑色。背腰扁平，臀部丰满，骨骼略粗，体型结构匀称。

该品种体格大，性成熟晚，繁殖力低。成年体重 6.5～11kg，体长平均 95cm，最长达 101.6cm，产肉力高，肉品质好。对我国塞北兔的育成有较大贡献，在东北、华北地区均有少量饲养。

十六、安阳灰兔（彩图 17）

安阳灰兔又名银灰兔、大耳灰兔等，是河南省安阳灰兔育种协作组在林县、安阳县等地，经严格选择培育而成的皮肉兼用型品种，于 1987 年 10 月通过品种鉴定，被列为河南省优良地方品种。

主要特征：体型中等，头大小适中。被毛青灰色，富有光泽，被毛密度中等；眼呈蓝色，部分成年母兔有肉髯，腰背长，背平直而略呈弧形，后躯发达，四肢强健有力。

优点：生长早期增重速度快，6～7 月龄增重速度下降，8 月龄平均体重 4.5kg。繁殖力强，出生后 4 月龄性成熟，6 月龄开始配种。每胎平均产仔 8.1 只，此兔耐粗饲，适应性强，耐热耐寒，适应于农区饲养，8 月龄屠宰率 51%。

十七、黑优兔（彩图 18）

黑优兔又名黑熊兔，是在北京市郊区、河北省、河南省、山东省等省（直辖市）饲养较多的一种皮肉兼用的优良地方品种。该兔被毛纯黑色，有光亮。头粗大，背腰长，四躯健壮，后躯发育良好，两耳宽厚、直立，俗称“大耳黑”。

黑优兔毛为黑褐色，个别毛略带黄尖。头大、额宽、嘴圆。两耳宽厚直立，稍倾向两侧，耳根较粗。背腰长，四肢粗壮，后躯发育良好。一般具有生长发育快，成熟早，耐粗饲，繁殖力强等特点。成年兔体重 4～6kg，一年可繁殖 5～6 胎，每胎平均产仔 6～7只。

十八、齐兴肉兔（彩图 19）

齐兴肉兔是四川省畜牧科学研究院育成的肉兔新品系。齐兴肉兔全身纯白，红腿，35 日龄断奶均重 700g，90 日龄重 2.2kg，成年体重 3.6kg。

该兔繁殖力强，发情明显，配种容易，配血窝受胎率高，年总产仔数可达 50 只。

齐兴肉兔遗传性能稳定，饲料报酬高，与齐卡兔系配套生产商品杂优兔，胎平均产仔 8.2 只，90 日龄均重 2.54kg。耗料指数为 3.28∶1，育肥成活率 90%以上，全净膛屠宰率达 52%，蛋白质含量达 22%。

齐兴肉兔生产性能好，适应性广，抗病力强，配套利用优势明显，可与齐卡兔系公兔或德国巨型白兔作三系或两系配套生产商品肉兔，此产品有广阔前景。

十九、其他兔品种

力克斯兔，我国通常称为“獭兔”的各种皮用兔，甚至安哥拉毛用兔，其兔肉也可用于加工某些兔肉制品。例如，獭兔肉不仅宜于加工兔肉干、兔肉罐头等产品，而且产品的出品率比肉兔高。毛用兔的兔肉可用于与其他肉类混合，加工低温香肠、高温火腿肠等乳化、重组型肉制品。

尽管家兔按照经济用途可分为毛用兔、肉用兔、皮用兔及皮肉兼用兔，但随着兔品种改良技术的进步，家兔越来越趋向于向皮肉兼用兔的方向发展。以上所述齐兴肉兔，以及喜马拉雅兔、日本大耳兔等不仅是制品加工的良好原料，其皮质也极为优良。而力克斯兔、加利福尼亚兔、比利时兔、法国公羊兔、青紫蓝兔、丹麦白兔、弗朗德巨兔等皮用兔种的肉均可用于加工优质兔肉制品。甚至毛用各系安哥拉兔、长毛兔等也可选择性加工某些兔肉制品。

第二节　兔肉的营养价值

一、兔肉的营养特性及保健作用

早在古书中记载：“飞禽莫如鸪，走兽莫如兔”。在国外，兔肉被誉为“益智肉”、“保健肉”、“美容肉”。兔肉的营养特性可概括为“三高三低”，“三高”即高蛋白质、高磷脂、高消化率；“三低”即脂肪含量低、胆固醇含量低、尿酸含量低。与其他肉相比，兔肉的营养特性如表 1-1 所示。

表 1-1　主要肉类营养特性

种类	消化率/%	蛋白质/%	脂肪/%	胆固醇/(mg/kg)
兔肉	85	21.0	8.0	65
猪肉	75	15.7	26.7	126
牛肉	55	17.4	25.1	106
羊肉	68	16.5	19.4	70
鸡肉	50	18.6	14.9	69～90

我国中医学对兔肉早有很高的评价：晋朝陶隐居云：“兔肉为羹亦益人”。宋朝《证类本草》曰：“辛无毒，主补中益气”。明朝李时珍在《本草纲目》中述兔肉：“凉血，解热毒，利大肠”。这些都从中医的角度证实了兔肉天然的保健功效和其特有的营养价值。

兔肉可以经过蒸、煮、炒、焖、炸、熏等各种方法烹调后，单独加工做出上百种鲜美可口的兔肉菜肴，并可与猪、牛、家禽等肉类配合烹饪，做成各具猪、牛、禽肉风味的菜肴，故兔肉又称“随行肉”。

二、兔肉组成

1. 兔肉的结构

兔肉的结构与畜肉一样，也是由肌肉组织、脂肪组织、骨骼组织和结缔组织所组成。其中，禽、兔肉的肌肉组织所占的比例比其他畜肉多，所以，这就决定了禽、兔肉的食用价值和商品价值相对地较高。

家兔肌肉组织最发达的部位是后半身肌肉（腿部及后肢肌肉）和咬肌，前半身肌肉则不发达。肌肉颜色为淡红色，有时也发黄，野兔的肌肉为深红色。家兔的肌肉组织占兔肉的 90%以上，其肉质细嫩，消化率极高。

兔肉的脂肪为白色，有时为黄色，一般占胴体重的 8%。通常在肌肉中没有大的脂肪层。兔肉的脂肪含卵磷脂多，含胆固醇少。因此，兔肉对控制体重者、限制脂肪摄入量的老年人及有心血管病倾向的人来说，是一种比较好的肉食。

2. 兔肉的化学组成

兔肉肉质细嫩，消化率位于猪、牛、羊、禽肉之首，高达 85%。据四川省畜牧科学研究院试验测定，100 日龄左右屠宰的进口纯种兔，屠宰率平均为 52%～54%；净肉率平均为 78%～82%；肉骨比为 3.9∶1～4.7∶1。兔肉中水分含量为 76%～77%，粗蛋白含量为 21%～22%，粗脂肪含量为 0.28%～1.23%，失水率为 17%～22.8%，兔肉 pH 为 6.2～6.4，肌纤维直径为 50.2～64.7μm。据测定报道，兔肉中各主要营养成分如表 1-2 所示。

表 1-2　兔肉的营养成分

<table>
<tr><th colspan="2">营养成分</th><th>含量</th><th colspan="2">营养成分</th><th>含量</th></tr>
<tr><td colspan="2">粗蛋白质/%</td><td>18.5①</td><td rowspan="6">矿物质②</td><td>锌/(mg/kg)</td><td>54</td></tr>
<tr><td colspan="2">粗脂肪/%</td><td>7.1①</td><td>钠/(mg/kg)</td><td>393</td></tr>
<tr><td colspan="2">水分/%</td><td>71.0①</td><td>钾/(g/kg)</td><td>2</td></tr>
<tr><td colspan="2">粗灰分/%</td><td>10.64</td><td>钙/(mg/kg)</td><td>130</td></tr>
<tr><td colspan="2">胆固醇/(mg/100g)</td><td>136②</td><td>镁/(mg/kg)</td><td>145</td></tr>
<tr><td colspan="2" rowspan="2">不饱和脂肪酸占总脂肪酸比例/%</td><td rowspan="2">63</td><td>铁/(mg/kg)</td><td>29</td></tr>
<tr><td rowspan="9">氨基酸③</td><td>缬氨酸/%</td><td>4.6</td></tr>
<tr><td rowspan="8">维生素②</td><td>硫胺素/(mg/100g)</td><td>0.11</td><td>蛋氨酸/%</td><td>2.6</td></tr>
<tr><td>核黄素/(mg/100g)</td><td>0.37</td><td>亮氨酸/%</td><td>8.6</td></tr>
<tr><td>尼克酸/(mg/kg)</td><td>21.2</td><td>赖氨酸/%</td><td>0.87</td></tr>
<tr><td>吡哆醇/(mg/kg)</td><td>0.27</td><td>组氨酸/%</td><td>2.4</td></tr>
<tr><td>泛酸/(mg/kg)</td><td>0.10</td><td>精氨酸/%</td><td>4.8</td></tr>
<tr><td>维生素 B_{12}/(μg/kg)</td><td>14.9</td><td>苏氨酸/%</td><td>5.1</td></tr>
<tr><td>叶酸/(μg/kg)</td><td>40.6</td><td>异亮氨酸/%</td><td>4.0</td></tr>
<tr><td>生物素/(μg/kg)</td><td>2.8</td><td>苯丙氨酸/%</td><td>3.2</td></tr>
</table>

①以鲜重计；②以干物质计；③占蛋白质的百分比。

从表 1-2 中可见，兔肉蛋白质含有多种氨基酸，尤其是人体所必需的赖氨酸、蛋氨酸等，磷脂、烟酸、矿物质、B 族维生素等也较为丰富，现代营养学研究进一步证实了兔肉的营养保健功能。

三、兔肉与其他肉类的比较

家兔的营养价值与家禽一样，高于其他畜肉。家兔、家禽与畜肉的营养成分比较见表 1-3 至表 1-5。从表 1-4 中可看出，鲜兔肉的蛋白质含量高达 21%，以干物质计算，兔肉的蛋白质含量为 70%，比猪、牛、羊肉都高；而兔肉的脂肪含量低达 8%，以干物质计算，兔肉的脂肪、胆固醇含量均比猪、牛、羊肉低得多。兔肉中磷脂、矿物质，特别是钙与磷的含量均较高，有利于儿童的骨骼发育和老年人的机体修复；兔肉的消化率也明显高于其他畜禽肉，可达 85%。因此，兔肉对于儿童、产妇、老人和患者是十分优良的高蛋白营养食品。

表 1-3 几种主要肉类中的胆固醇含量

肉种	兔肉	鸡肉	鸭肉	猪肉	牛肉	小牛肉	绵羊肉	山羊肉	黄鱼
含量/mg/100g	65	60～90	70～90	126	106	140	70	60	98

表 1-4 家兔、家禽与畜肉营养成分比较表

营养成分	鲜兔肉	鸡肉（鲜肉、皮、上杂）	牛肉（上等肉总可食部分）	羊肉（去骨上等羊羔肉）	猪肉（中等肥度、胴体去骨瘦肉块）
水分/%	70	75.7	56.7	61	56.3
能量/(kJ/100g)	678	519	1 260	1 101	1 290
蛋白质/%	21	18.6	17.4	16.5	15.7
脂肪/%	8	4.9	25.1	21.3	26.7
维生素 B_1/(mg/100g)	0.08	0.7	0.07	0.15	0.76
维生素 B_2/(mg/100g)	0.06	0.38	0.15	0.2	0.18
烟酸/(mg/100g)	12.8	5.6	4.2	4.8	4.1
能量/(kJ/100g)①	2 260	2 135.80	2 909.93	2 823.08	2 951.94
蛋白质/%①	70	76.54	40.18	42.31	35.93
脂肪/%①	26.67	20.16	57.97	54.62	61.90
维生素 B_1/(mg/100g)①	0.27	2.88	0.16	0.38	1.74
维生素 B_2/(mg/100g)①	0.2	1.56	0.35	0.51	0.41
烟酸/(mg/100g)①	42.67	23.05	9.70	12.31	9.38
可消化率/%	85	50	55	68	75

①表示干基含量。

表 1-5　兔肉和其他畜禽肉矿物质含量　单位：%

含量	兔肉	鸡肉	猪肉	牛肉
水分	65.95	71.24	72.55	72.52
矿物质含量	1.779	1.649	0.761	1.511
钾	0.479	0.56	0.169	0.338
钠	0.067	0.128	0.042	0.024
钙	0.026	0.015	0.006	0.012
镁	0.048	0.061	0.012	0.024
磷	0.579	0.580	0.240	0.495
铁	0.082	0.013	0.004	0.043
硫	0.498	0.292	0.288	0.575
矿物质含量①	5.22	5.73	2.77	5.50
钾①	1.41	1.95	0.62	1.23
钠①	0.20	0.45	0.15	0.09
钙①	0.08	0.05	0.02	0.04
镁①	0.14	0.21	0.04	0.09
磷①	1.70	2.02	0.87	1.80
铁①	0.24	0.05	0.01	0.16
硫①	1.46	1.02	1.05	2.09

①表示干基含量。

第三节　兔的屠宰及检验

一、屠宰场场址选择与布局、卫生要求

（一）场址选择

我国现行的兽医卫生条例规定：凡新建屠宰场的地点及建筑设备，经过当地城市规划委员会及卫生监督机关的批准，依据批准的设计图纸办理。场址选择的基本要求有5点。

（1）屠宰厂（场）地点，应离居民点、医院、学校、水源及公共场所至少500m以上。

（2）要求在水源和居民点下游下风，地势平坦，且有一定的斜度，以便于车辆运输和污水的排出，地下水位离地面的距离不得低于1.5m，以保证场地的干燥和清洁。为便于采光与通风，厂房的方向应朝南或东南。

（3）交通便利，靠近公路与铁路，地面应为柏油或水泥，便于洗涮及消毒，围墙须2m高。

（4）供水与下水系统要完善，水源要求清洁。因许多污染物由水而来，要求用自来水或深井水，禁止用江水、河水，若实在无自来水或深井水，江水、河水须经净化后方可利用。下水必须无害化处理方可排放。

（5）粪便、胃肠内容物必须经发酵处理后，方可排放，以防止病原微生物扩散。在

设计时，必须要有粪便发酵处理场所。只有当粪便完全变成无害后，方可运出作为肥料。

（二）屠宰场的平面布局

平面布局既要符合卫生要求，又要便于科学管理，既相互连贯又合理布局，做到健康兔与病兔隔离和分别宰杀，使原料、成品、副产品及废弃物的运输不致交叉相遇，以避免污染。为便于卫生管理及满足流水作业的卫生要求，整个布局可分为彼此隔离的6个区。

（1）家兔饲养管理区即贮兔场，包括三圈一室：宰前预检分类圈、饲养圈、候宰圈及兽医室。

（2）生产加工区包括四间二室一库：屠宰加工车间、副产品整理车间、肉品和复制品加工车间、制药车间、卫检办公室、化验室、冷库。

（3）病兔隔离区包括一圈三间：病兔隔离圈、急宰间、化制间、无害处理车间。

（4）行政生活区办公室、宿舍、库房、车库、俱乐部、食堂等为一区，稍具规模的厂（场）应另辟生活区，应在生产加工区的上风点。

（5）动力区包括锅炉室、压缩车间、供暖、供电、供汽及制冷等设备。

（6）粪便及污水处理区，应设有水质化验分析室、污水处理沉淀池及相应的污水处理设备。

贮兔场应距生活区较远。制药车间、化验室、办公室及宿舍应布置在生产区的上风点。病兔隔离圈、急宰间、化制间及污水、粪便处理场所应布置在生产区的下风点，并与其他部门保持适当的距离。

（三）屠宰场的卫生要求

1. 贮兔场

贮兔场应离生产区至少300m，容量应等于屠宰量的3倍，它是贮养家兔处，也是进行验收、检疫、分类和家兔休息处，故应设有月台、地磅夹道、分群栏（一般按来源地分群，宜小不宜大）等。地面不能渗水，且不要太光滑，贮兔圈光线要好，温度冬季不低于4℃，要定期清洗、消毒，每日清圈，做好粪便发酵，排粪沟应圆底光滑。

2. 病兔隔离圈

病兔隔离圈是用于收养有病的，尤其是怀疑有传染病的家兔。其大小、容兔量应不少于贮兔场的1%。隔离圈与贮兔场和急宰间应保持联系，而与其他部门严格隔离。派专人管理，要设高而坚固的围墙，围墙及地面应坚固便于消毒、冲洗。饲槽等一切用具均为专用，应设粪尿专用池、尸体专用车，出入口要设消毒槽。

3. 急宰车间

急宰车间卫生要求同病兔隔离圈，用于屠宰各种病兔的场所（非烈性传染病）。面积为贮兔场的10%。位于病兔隔离圈的侧方。急宰车间除屠宰室外，还应设有：冷却室、有条件利用肉的无害处理室、胃肠加工室、皮张消毒室、尸体病料化制室。大型肉联厂，可建立单独的病兔化制车间，同时设有专用的更衣室、淋浴室、污水池、粪便处理池和用具。

4. 候宰圈

候宰圈是家兔宰前停留休息的地方，其建筑应与屠宰加工车间相连。位于其旁侧或楼下，应设有饮水设备和淋浴间。

5. 屠宰加工车间

屠宰加工车间是卫检人员履行其职责的主要场所，是肉联厂或屠宰场最重要的车间。

1）*建筑要求* 水泥、纹砖地面，2m 高瓷砖墙裙，地面倾斜 1.5°，高与地面之比为 1.4～1.6，窗台向内急剧倾斜（不能放东西），天花板距地面 4.5m 以上，放血道处天花板与地面间距离应为 6m 以上。

光源以自然光为最好，人工照明可选用日光灯，不能用其他有色灯，禁用油灯。

2）*传道装置* 一般用传送轨道，上有架空轨道，下设光滑水泥斜槽。轨道上应设有病兔分叉道。

3）*车间之间的传送* 用小推车或转运机及滑桶，用于上层向下层转运分类用。

4）*通风* 北方一般采用自然风，南方须有降温设备。夏季要注意防蝇。冬季在出入口处要有套房以隔离外界冷空气，最好是送风：20～28℃，1～2h 换 1 次。

5）*上下水系统* 上水应设有冷水、热水龙头，下水应具有足够的排水道口。

6. 供水系统

用于屠宰加工企业的水，应符合卫生部颁发的《生活饮用水卫生标准》。

1）*水源要求用自来水或深井水* 在井周围的 20～30m 以内不得有厕所、粪坑及其他渗水坑、垃圾堆等。水源周围的农田不得使用工业废水灌溉和施用持久性剧毒农药，不得破坏深部土层。

2）*物理性状* 无色、无味、无沉淀。

3）*化学性质* pH 为 6.5～8.5。总硬度以 CaO 计不超过 250mg/L。铜、锰、锌、挥发酚类均不能超过相应的规定指标。

4）*毒理学指标* 氟化物不超过 1mg/L（适宜浓度为 0.5～1mg/L），氰化物不超过 0.05mg/L，汞不超过 0.001mg/L，砷、硒、镉、铬、铅的含量均不能超过限量。

5）*生物、细菌污染* 细菌总数：1mL 水中不超过 100 个。大肠菌群：1L 水中不超过 3 个。

6）*水的消毒* 消毒液不能有过浓的气味，一般用漂白粉、过氧乙酸等。用漂白粉消毒时，水中游离性氯在接触 30min 后，应不低于 0.3mg/L，集中式给水管末梢水不低于 0.05mg/L。

7. 废水处理系统

加工厂的废水处理通常包括机械处理及生物处理两道程序。机械处理是用粗眼筛板、滤器、漂浮沉淀池和砂室等装置，机械地去除废水中固体物的方法，其中包括脂肪和其他悬浮固体物的回收。生物处理是利用存在于自然界的大量微生物所具有的氧化分解有机物的能力，除去废水中溶解的胶体有机污染物质。

判断污水处理质量效果的最常用的指标之一是 BOD。BOD 即生化需氧量（或生化耗氧量），是指水体有机污物通过微生物的生物化学作用，而被氧化分解时所耗去的水体氧气的总数量，缩写为 BOD，此数值越高，说明水体有机污物含量越多，污染越严重。其剂量单位以每升中的毫克数（mg/L）表示。而 BOD_5 则表示水样在 20℃条件下的 5 日生化需氧量。

我国规定：工业污水排出口 BOD 最高允许值为 60mg/L，排入地面水后，不得使地面水 BOD 超过 4mg/L。

二、屠宰设备设施

小型肉兔加工厂零星屠宰，多用手工操作，所需设施为简单屠宰操作台，附加浸泡池及相关刀具即可。

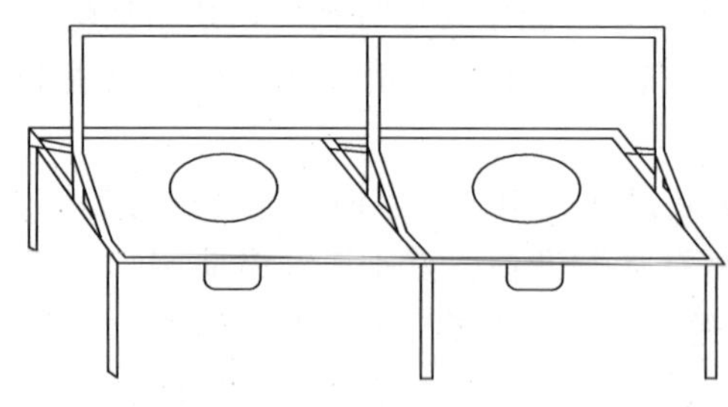

图 1-1　屠宰操作台

手工操作的屠宰间应有挂兔的铁架，供屠宰人员操作使用，架的总高度 180cm，架的下半部做成不锈钢案板，宽 60cm，长 100cm，高 70cm，每两个连在一起便于搬运摆放，数量以屠宰量而定。每天屠宰量大的可多做几个，屠宰量小的可以少做几个，案板的中间开一个直径 30cm 的圆孔，下面做成漏斗形，屠宰时漏斗下面可放一个铝盆或塑料盆，接屠宰时扒下来的兔内脏。案板便于屠宰人员放刀具。案板上部立杆高 110cm，顶部焊上横杆（图 1-1）。

浸泡池可以修成水泥池，注入清水浸泡兔胴体，也可以用不锈钢或镀锌铁皮做成可以移动的大铁皮箱，池子的大小或大铁皮箱的大小、数量视屠宰量而定。

现代化的兔肉加工过程是采取机械流水线作业，即用空中吊轨移动装置，进行肉兔的屠宰与加工。用机械方法代替手工操作，不仅效率高，劳动强度低，而且减少污染机会，保证兔肉的新鲜卫生。表 1-6 为机械屠宰分割兔所需的主要设备，机械流水线作业现场见彩图 20。

表 1-6　兔屠宰分割加工主要生产设备表

序号	名　称	序号	名　称
1	屠宰输送机	11	胴体喷淋机
2	预冷输送机	12	刀具消毒装置
3	分割输送机	13	托盘式输送机
4	自动吊链清洗机	14	分级输送带
5	自动卸吊链机	15	不锈钢工作台
6	集血槽	16	称重打印装置
7	兔皮输送机	17	各种手动工具
8	断颈机	18	真空包装机
9	内脏收集装置	19	打包机
10	病脏收集装置	20	中央电控及通信系统

三、屠宰工艺

（一）宰前管理

为了保证兔肉及其产品质量，对待宰肉兔必须做宰前检验、宰前饲养、宰前断食等准备工作。

1. 宰前检验

被宰肉兔必须是来自非疫区的健康肉兔。宰前应进行严格的健康检查，膘情正常、发育良好、体重不低于1.5kg，确认健康的即可转入饲养场进行宰前饲养。病兔或疑似病兔应转入隔离舍饲养，并按兽医常规进行处理。一般幼兔肉质幼嫩，水分含量高，脂肪含量较低，缺乏风味；老龄兔肉虽风味较浓，但结缔组织较多，肉质坚硬，质量较差。因此肉兔一般饲养3～4个月、体重2～2.5kg时屠宰较为适宜。

2. 宰前饲养

经检疫合格的待宰肉兔，可按产地、品种、强弱等情况进行分群、分栏饲养。对肥度良好的肉兔，要进行恢复饲养，以恢复运输途中的损失；对瘦弱兔则应采取肥育饲养，以期在短期内迅速增重，改善肉质。宰前饲养应以精料为主，青料为辅，尤以大麦、玉米、甘薯、南瓜等碳水化合物高的饲料最为适宜。待宰肉兔由于运输的疲劳，其正常的生理机能受到抑制或破坏，抵抗力降低，血液中微生物数量增加，血液循环加速，可能导致肌肉组织中的毛细血管充血，容易造成屠宰放血不全。为防止屠宰时放血不全，在宰前饲养中还必须限制肉兔的运动，保证休息，解除疲劳，以提高产品质量。

3. 宰前断食

肉兔屠宰前应断食8h以上。断食的目的是减少消化道中的内容物，便于开膛和清理内脏，防止屠宰过程中肉质被污染；同时能促使肝脏中的糖元分解成乳酸，均匀分布于机体各部，屠宰后能迅速达到尸僵和提高酸度，从而抑制微生物的繁殖；有助于体内硬脂肪酸和高级脂肪酸分解为可溶性的低级脂肪酸，均匀分布于肌肉各部，促使肉质肥嫩；还能节省饲料，降低成本，保持待宰肉兔安静休息，有助于屠宰放血。在断食期间，应供给足量的饮水，以保证肉兔正常的生理机能，促使粪便的排出和屠宰放血完全；充足饮水，还有利于剥皮操作和提高屠宰产品质量。但宰前3h停止供给饮水，可避免倒挂放血时胃内容物从食道流出。

（二）屠宰工艺

在兔的屠宰中，机械流水线作业多和用手工操作屠宰方法大体相同，主要包括击昏、放血、剥皮、剖腹净膛、胴体修整、宰后检验等工序。

1. 击昏

击昏的目的是使临宰肉兔暂时失去知觉，减少和消除屠宰时的挣扎和痛苦，便于屠宰时放血。目前常用的方法有电击法、棒击法、颈部移位法、灌醋法和直接放血法等。

电击法俗称“电麻法”，被认为是最好且应替代其他方法的一种击昏方法。该法用电流通过兔体麻痹中枢神经引起晕倒，同时还刺激心跳活动，使心搏升高，便于放血。“电麻器”常用双叉式，如同长柄钳子，钳端附有海绵体，适用电压为40～70V，电流为0.75A，使用时先蘸5%的盐水，插入耳根后部，使肉兔触电昏倒，即可宰杀。

棒击法广泛用于家庭屠宰加工，提起肉兔后腿，使兔头下垂或提起肉兔两耳，用木棒或铁棒猛击后脑使其昏厥毙命。棒击时应迅速、熟练，否则不仅达不到击昏的目的，而且引起兔骚动，同时被击部位有淤血，影响兔头的深加工质量。

颈部移位法。比较适用于家庭屠宰加工。操作者用一手抓住兔的后两肢，另一只手捏住头部，然后两手猛用力一拉，并使兔头向后扭，从而使颈部移位致昏。

灌醋法。适用于家庭屠宰加工，给肉兔灌服食醋数汤匙，引起心脏衰竭，呼吸困难而致昏。由于肉兔对食醋的反应很敏感，服醋后血液中的安定碱类很快被夺去，引起心脏衰弱，出现麻痹及呼吸困难，口吐血沫，片刻即死，同时肉兔服食醋后，腹腔的血管异常扩张，全身血液大部分积聚在内脏，血压下降，也是致死的原因之一。

直接放血法是将肉兔倒挂起来，然后用小利刀割断颈部动脉血管，放出体内血液致死。此法由于放血完全，可提高兔肉的质量和延长保存期，因此一直被广泛采用。

2. 放血

肉兔被击昏后应立即放血。目前最常用的是颈部放血法，即将击昏的肉兔倒挂在钩上，用小刀切开颈部放血。放血应充分，因为放血程度的好坏，对兔肉的品质和贮藏起着决定性的作用。放血充分的胴体，肉质细嫩，含水量少，容易贮存；放血不全的胴体，肉质发红，含水量高，贮存困难。放血不净的原因，主要是因肉兔疲劳或放血时间短所致，一般要求放血时间不少于2min。

3. 剥皮

小规模生产，多采用手工或半机械化剥皮。将放血后的肉兔倒挂（一般挂住一条后腿），然后将前肢腕关节和后肢跗关节周围的皮肤切开，再用小刀沿大腿内侧通过肛门把皮肤挑开，刀口处分离皮肉，再用双手紧捏兔皮的腹部、背部向头部方向翻转拉下，犹如翻脱袜子，最后抽出前肢，剪掉耳朵、眼睛和嘴周围的结缔组织和软骨，至此一个毛面向内、肉面向外的筒状鲜皮即被剥下（图1-2）。在剥皮时应注意不要损伤毛皮，不要挑破腿肌和撕裂胸腹肌。机械操作有采用剥皮机剥皮的。剥下的鲜皮应立即理净油脂、肉屑、筋腱等，然后用利刀沿腹部中线剖开为“开片皮”，毛面向下，板面向上伸开铺平，置通风处晾干，晾干后的兔皮即可向收购部门出售。南方好多地区群众喜食带皮的兔肉，则进行煺毛，将放血后的肉兔放入65℃左右的热水中浸烫，使各部位受热均匀，即可进行煺毛。煺毛用手推法，速度要快，以免热水浸烫时间过长而引起焦毛，而煺毛不干净。若徒手煺毛，也可准备一盆凉水，每煺一把毛浸一下手，以防烫手。

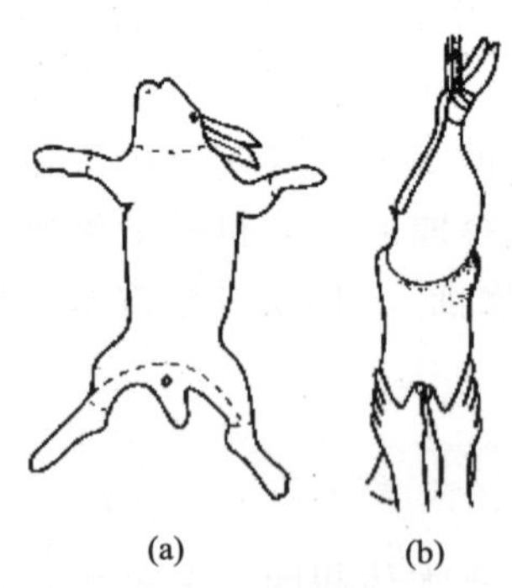

图1-2　兔剥皮方法

(a) 剥皮切割线；(b) 退套剥皮法

4. 剖腹净膛

屠宰剥皮或煺毛后应剖腹净膛。先用刀切开耻骨联合处，分离出泌尿生殖器官和直肠，然后沿腹中线打开腹腔，取出除肾脏外的所有内脏器官。打开腹腔时下刀不要太深，以避免开破脏器，污染屠体。在取出脏器时，还应进行宰后检验。

5. 胴体修整

检验合格的屠体，在前颈椎处割下头，在附关节处割下后肢，在腕关节处割下前肢，在第一尾椎处割下尾巴。并按商品要求进一步整形，去除残余的内脏、生殖器官、腺体和结缔组织，还应摘除气管、腹腔内的大血管，除去胴体表面和腹腔内的表层脂肪，最后用水冲洗胴体上的血污和浮毛，沥水冷却。修整的目的是为了达到洁净、完整和美观的商品要求。

四、宰后检验

胴体检验是宰前检验的继续和补充，主要进行内脏检验和肉品质检验。

（一）内脏检验

内脏检验包括肺部、心脏、肝脾、胃肠检验。肺部主要观察色泽、硬度和形态，注意有无充血、出血、溃烂、变性及化脓等病理变化；心脏主要观察心外膜有无炎症、出血点，心肌有无变性，心囊液的性状是否正常等；肝脾主要观察色泽、硬度及有无出血点，检验肝脏有无球虫、线虫等，注意脾脏有无灰白色小结节和假性结核病变等；胃肠检验主要观察有无出血现象，检查肠系膜、淋巴结有无肿胀、出血，胃、肠黏膜有无充血、炎症，盲肠蚓突及回肠与盲肠连接处有无灰白色小结节。在检查中若发现球虫病和仅在内脏部位的豆状囊尾蚴、非黄疸性黄脂兔，肉品不受限制；凡发现结核、假性结核、巴氏杆菌病、黏液瘤、黄疸、脓毒症、坏死杆菌病、李氏杆菌病、副伤寒、肿瘤和梅毒等疫病，一律另作处理。

（二）肉品质检验

肉品质检验是最后一个兽医卫生检验环节，主要检查胴体有无疑症、出血、化脓、外伤等。正常胴体的肌肉为淡粉红色，放血不全或老龄兔的肌肉为深红色或暗红色。鲜兔肉的色泽要求瘦肉呈均匀的鲜红色，有光泽，脂肪呈白色或微黄色；组织有弹性，指压后的凹陷部立即恢复；具有鲜兔肉正常气味，无异味；肉表面较干或微湿润，不粘手，煮沸后肉汤澄清透明，脂肪团聚于水面，有兔肉香味。如果发现下列情况应禁止外销：肌肉色泽暗红，放血不全的；肌肉、脂肪呈黄色或淡黄色的；营养不良，脊椎骨突出瘦脊的；表面有创伤，修割面过大的；经水洗或污染面超过 1/3 的；有严重骨折、曲背、畸形者；胸、腹部有严重炎症的；背部肉色苍白或肉质粗糙的；胴体露骨、透胸或腹肌扯下的。正常合格的鲜兔肉检验标准见第三章第四节兔肉制品产品标准。

第四节　宰后兔肉变化与兔肉防腐保鲜

一、兔肉的成熟

（一）兔肉成熟的概念

兔屠宰后，当肌肉僵直达到最大限度后，在适当温度条件，经过一定时间，肌肉组织僵硬度会自动缓慢地解除而逐渐变软，从而消除或部分克服其风味低劣、持水性差和硬橡胶感等特点，又开始逐渐软化、多汁，使肉的风味和适口性大大改观，营养价值提高，这一过程称为肉的成熟。

（二）成熟兔肉的特点

1）pH的变化　成熟兔肉的pH由僵直期最低的5.4～5.6逐渐回升至6.0左右，此值可持续到腐败前。

2）持水力的变化　僵直期兔肉的保水力达到最小值，然后随着僵直的解除保水力逐渐回升，至成熟期达到最大值。

3）嫩度的变化　刚屠宰的兔肉柔软性最好，达到最大僵直期时嫩度最差，至成熟期肉的嫩度又重新增强。嫩度的这种变化，主要由于肌纤维断裂、肌动球蛋白发生解离，以及结构弹性蛋白的变化而引起的。

4）肌肉蛋白组成的变化　兔肉在成熟过程中，受组织蛋白酶的分解作用，使游离态氨基酸的含量增多，主要表现在浸出物中。新鲜肉的浸出物中氨基酸很少，而成熟肉的浸出物中有许多氨基酸存在，其中最多的是谷氨酸、精氨酸、亮氨酸、缬氨酸等，甘氨酸也较多。这些氨基酸都能够增强肉的滋味和香气，使成熟肉的风味得以提高。

（三）成熟兔肉的形态特征

（1）肉表面形成一层很薄的“干膜”，有羊皮纸样感觉，这层膜具有保护作用，保持水分、减少干耗，又可防止微生物的入侵。

（2）肉质柔软，且富有弹性，肉的横断面有肉汁流出，切面湿润多汁。

（3）具有特异的芳香而微酸的气味，烹饪时容易煮烂，肉汤澄清透明，具有浓郁的肉香味。

肉的成熟过程在一定温度范围内随着温度的升高而加快。但温度过高，由于微生物的活动易引起肉的腐败。为此，在实际生产中将肉的成熟过程列为屠宰动物初步加工的最后一道工序，即肉的“冷却”，使其在2～4℃条件下经过2～3昼夜，促其适当地成熟且不过早结束成熟过程，使肉在流通过程中保持一定的鲜度。

二、兔肉的变质

肉的腐败变质是指肉在组织酶和微生物作用下发生质的变化，最终失去食用价值。

肉变质时的变化主要是蛋白质和脂肪分解。肉在内源性酶作用下的蛋白质分解过程，称为肉的自溶，由微生物作用引起的蛋白质分解过程，称为肉的腐败，肉中脂肪的分解过程称为酸败。

（一）肉的自溶

肉在冷藏时，有时发生酸臭味，切开深层肌肉颜色变暗，呈红褐色或绿色。经检查硫化氢反应呈阳性，氨定性反应呈阴性，涂片镜检没有发现细菌。这是在无菌状态下，组织酶作用于蛋白质使其分解而引起的自溶现象。肉自溶的机制尚不十分清楚，可能与肉内组织酶活性增强引起某些蛋白质的轻度分解有关。

动物屠宰后，肉尸的温度保持在37℃左右，加上糖元及ATP分解所产生的热量，会使肉温略有升高。这样较高温度的肉尸，如果放置在不良条件下贮藏，如肉尸间隔过密，贮藏室温高，空气流通慢，特别是肉尸肥大时，不能很快冷却，肉深层热量得不到及时散发，此时自溶酶活性加强，引起蛋白质分解至氨基酸阶段，以及含硫氨基酸分解产生硫化氢和硫醇，硫化氢与血红蛋白中的铁及游离的铁结合，形成硫化血红蛋白（Mb-SH）和FeS，结果使肉的某些部位出现红褐色，呈酸性反应，并有少量的二氧化碳气体，带有一股难闻的酸臭味，肌肉松弛、无光泽、缺乏弹性。这种肉如果自溶程度较轻，可切成小块，放在通风良好的地方，散发不良气味，除去变色部位，仍可不受限制地使用。若自溶严重，除采取以上措施并经高温处理外，不得出售。发现有肉的自溶现象后，应马上处理，否则蛋白质被分解成氨基酸，为微生物繁殖提供良好的营养条件，很快会引起肉的腐败。

（二）肉的腐败

健康动物血液和肌肉通常是无菌的，肉类的腐败变质，实际上是由于在屠宰、加工、流通等过程中受外界微生物的感染所致。肉被污染后，微生物由肉表面沿血管、淋巴和结缔组织向深层扩散，特别是临近关节、骨骼和血管的地方最容易腐败。肌肉蛋白是高分子的基体粒子，微生物不能通过肌膜而扩散，大多数微生物都是在蛋白质分解产物上才能迅速发展，所以肉的成熟或自溶为微生物的繁殖准备了物质条件。

由微生物所引起的蛋白质的腐败作用是复杂的生物化学反应过程，所进行的变化与微生物的种类、外界条件、蛋白质的构成等因素有关，一般的分解过程如图1-3所示。

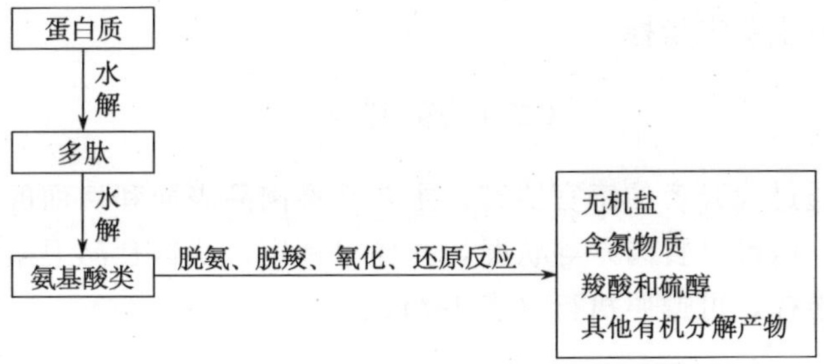

图1-3　肉蛋白分解腐败图示

在外界微生物分泌的酶作用下，蛋白质遭受分解初步产物是多肽。多肽与水形成黏液，附在肉表面，故鲜肉发黏是腐败的开端，煮制时肉汤变得黏稠浑浊，常以此鉴定肉的新鲜程度。蛋白质进一步分解产生氨基酸，氨基酸经复杂的生物化学变化，产生有机碱、有机酸、醇及其他有机物质，分解的最终产物为 CO_2、H_2O、NH_3、H_2S 等。

三、兔肉的防腐保鲜

（一）肉品新鲜度的鉴定指标

检验肉品的新鲜度，一般采用感官检查和实验室检验方法配合进行。感官检查通常是在实验室检验之前进行，感官检查认为合格肉即可允许出售。若感官检查认定不合格时，即禁止出售或销毁。只有当感官检查不能确认时，方进行实验室检验。

肉品新鲜度变化的鉴定指标一般包括 4 个方面，即感官指标、物理指标、化学指标和微生物指标。

1. 感官指标

感官检查是鉴定肉品新鲜度的简便、灵敏和较准确的方法。由于蛋白质分解，使肉品的硬度和弹性下降，组织失去原有的韧性，出现颜色异常，蛋白质分解产物所特有的气味更为明显。人类的感官器官相当灵敏，如极微量的腐败产物胺类和硫醇等异类臭物质，一般采用化学手段难于检出，但通过嗅觉可以鉴定。

2. 物理指标

蛋白质分解的物理测定指标，主要根据其分解时低分子物质增多的影响，指标有电导度、折光率、冰点下降、黏度升高、保水量与膨润量等，其中肉浸液的黏度测定与感官鉴定的符合率较高。

3. 化学指标

肉品新鲜度鉴定的化学指标，主要根据蛋白质的分解产物，如吲哚、有机酸、氨和胺类、硫化氢、肉浸液 pH、三甲胺、挥发性盐基氮等。我国在鉴定肉、鱼类新鲜度的化学指标中，只将挥发性盐基氮（TVBN）一项列入了国家食品卫生标准。此外，pH、硫化氢、粗氨等也有参考意义。

4. 微生物指标

肉品中微生物的数量说明其污染状况及腐败变质程度，目前应用细菌总数与大肠杆菌群数量作为其卫生鉴定指标。

（二）感官检查

感官检查是通过检验者的感官器官，主要观察肉品表面和切面的状态，如色泽、黏度、弹性、气味、肉汤（食肉）等状况，并作出判定。我国食品卫生标准中已规定了各种畜禽肉的感官指标，可遵照执行（表 1-7）。

表 1-7　鲜兔肉感官指标

指标	一级鲜度	二级鲜度
色泽	肌肉有光泽，红色均匀，脂肪洁白或淡黄色	肌肉稍暗，切面尚有光泽，脂肪缺乏光泽
黏度	外表微干或有风干膜，不粘手	外表干燥或粘手，新切面湿润
弹性	指压后的凹陷立即恢复	指压后的凹陷恢复慢，且不能完全恢复
气味	具有鲜兔肉正常的气味	稍有氨味或酸味
煮沸后肉汤	透明澄清，脂肪团聚集于表面而具有特有香味	稍有浑浊，脂肪呈小滴浮于表面，香味差或无鲜味

（三）兔肉的防腐保鲜方法

兔肉是高蛋白食品，极易腐败变质，如果在室温下放置时间过久，因受到微生物的侵袭产生种种变化，很快导致腐败。因此，兔肉的防腐保鲜很重要。防止鲜兔肉腐败变质的主要方法为冷藏法、冻藏法、气调法和气调冷藏结合法等。

1. 冷藏法

兔肉放在普通家用冰箱内，只能放 2～3 天，在专用冷柜（0～4℃），可保存 7 天。如果冻结后冷藏，可使兔肉在较长时间内不致腐败变质。其加工方法是，先将屠宰、检验、修整后兔肉按质量及规格分级，放入 3℃左右冷室预冷 3～4h，然后置于零下 25～30℃下迅速冻结，延续时间 24～40h，相对湿度调节为 85%～90%。冻结后兔肉在零下 15～20℃冷藏，可贮存 1 年。零下 12℃左右冷藏，可保存 6 个月，零下 4℃冷藏，则只能存放 2 个月。兔肉现代冷藏保鲜技术控制参数如表 1-8 所示。

表 1-8　兔肉现代冷藏保鲜技术控制参数

方法	技术参数
屠宰后屠体冷却	方法一：冷室温度为－1～2℃，相对湿度为 85%～95%，风速为 0.3～3m/s，冷却终温不高于 4℃（在具备特别良好的屠宰分割条件下冷却至不高于 7℃也可） 方法二：冷室温度为－8～－5℃，相对湿度为 90%，风速为 2～4m/s，冷却大约 30min 后转入冷室，温度为 0℃，相对湿度为 90%，风速为 0.1～0.3m/s，至终温不高于 4℃（在具备特别良好的屠宰分割条件下冷却至不高于 7℃也可）
屠体分割	分割间温度为 8～10℃，分割总体时间不超过 10min，肉温尽可能保持在不高于 4℃（在具备特别良好的卫生条件下冷却至不高于 7℃也可）
兔肉包装	PA 或 PE 材料包装，简单真空或气调（最好 70% O_2＋30% CO_2，60% O_2＋40% CO_2 也可），包装间温度为 8～10℃，总体时间不超过 10min，肉温尽可能保持在不高于 4℃（在具备特别良好的卫生条件下保持不高于 7℃也可）
包装肉的冷藏	冷室温度为－1～2℃，风速为 0.1～0.3m/s，避光或光度不超过 60lx，冷藏滞留时间为 2～3 天
包装肉的运输	冷藏运输车温度为－1～2℃，运输时间不长于 2h，肉温尽可能保持在不高于 4℃（在具备特别良好的卫生条件下保持不高于 7℃也可）
鲜肉在销售点的销售	销售柜温度为 0～4℃，相对湿度为 85%～90%，肉温尽可能保持在不高于 4℃（在具备特别良好的卫生条件下保持不高于 7℃也可）。货架寿命简单包装为 3 天，真空包装为 7 天，气调包装为 14 天

2. 冻藏法

1）兔肉的速冻　　兔肉冷却包装入箱后，应立刻送入冻结间进行速冻。因速冻后的肉在融化后，能最大限度地恢复原有肉的滋味和营养；而慢冻则形成大的冰晶，破坏了肌肉组织，融化后汁液流失严重，降低了肉品质量和营养价值。速冻间的温度应保持在－23℃以下，相对湿度95％以上，纸箱应分别排列在货架上，速冻时间：出口兔肉不得超过48h，一般不超过72h，肉的中心温度达－15℃时，即可转入冻藏间冻藏。

2）兔肉的冻藏　　兔肉的冻藏条件与要求有以下4点。

（1）肉品入库后，应按入库的先后、批次、品种、规格分别存放，并做到先进先出，防止积压变质。

（2）垛底要有垫板，垛与垛之间要留有通道。

（3）肉品在堆码时，不得用脚直接踩踏肉品。

（4）冻兔肉在冻藏期间，要由制冷工人和兽医卫生检查人员密切配合，定期进行质量检查，及时发现和处理有腐败变质征兆的肉品，并认真做好出库的卫生质量检验和监督工作。

虽然冻兔肉的冻藏温度越低，保藏时间就越长。但在实际冻藏过程中，为确保冻藏质量和降低能耗，冻兔肉中心温度不得高于－15℃，相对湿度90％左右，空气为自然循环流速，温度要保持相对稳定，不得忽高忽低。

兔肉在冻藏期间的变化类似于禽肉，贮藏时间过长，则出现肉质干枯、脂肪酸败，有时出现肉质腐败变质，尤其是注意防止脂肪酸败，产生辛辣和刺鼻的哈味、霉味等，而造成产品浪费，带来经济损失。

3. 气调法

1）保鲜机制　　鲜肉的气调保鲜就是利用适合保鲜的保护气体置换包装容器内的空气，抑制细菌生长，结合调控温度，以达到长期保存和保鲜的一种技术。研究表明，大气环境和温度是影响鲜肉贮藏期的主要因素。在常温的大气环境中，细菌迅速繁殖而导致鲜肉变质，因而降低贮藏温度，并创造一个人工气候环境，则可有效延长鲜肉的贮藏保鲜期。鲜肉气调保鲜机制，就是通过在包装内充入一定的气体，破坏或改变微生物赖于生存繁殖及色变的条件，以达到保鲜的目的。气调保鲜常用的气体通常为CO_2、O_2和N_2，或是它们的各种组合。每种气体对鲜肉的保鲜作用不同。

2）具体方法

（1）100％纯CO_2气调包装保鲜。在冷藏条件下（0℃），充入不含O_2的CO_2至饱和可大大提高鲜肉的贮藏保鲜期，同时可防止肉色由于低氧分压引起的氧化褐变。用这一方式保存猪肉至少可达15周。如果能做到从屠宰到包装、贮藏过程中有效防止微生物污染，则贮藏期可达20周。因此，纯CO_2气调包装保鲜适合于批发的、长途运输的、要求较长保存期的销售方式。为了使肉色呈鲜红色，让消费者所喜爱，在零售以前，改用含氧包装，或换用聚苯乙烯托盘覆盖PE薄膜包装形式，使氧与肉接触形成鲜红色的氧合肌红蛋白，吸引消费者选购。改成零售包装的鲜肉在0℃下约可保存7天。

(2) 75%O_2 和 25%CO_2 的气调包装保鲜。用 75%O_2 和 25%CO_2 组成的混合气体充入鲜肉包装内，既可形成氧合肌红蛋白，又可使肉在短期内防腐保鲜。在 0℃的冷藏条件下，可贮藏保鲜 10～14 天。这种气调保鲜肉是一种只适合于在当地销售的零售包装。

(3) 50%O_2、25%CO_2 和 25%N_2 的气调包装保鲜。用 50%O_2、25%CO_2 和 25%N_2 组成的混合气体作为保护气体充入鲜肉包装内，既可使肉色鲜红、防腐保鲜，同时又可防止因 CO_2 逸出包装盒受大气压力压塌。这种气调包装同样是一种适合于在本地超市销售的零售包装形式。在 0℃冷藏条件下，保存期可达到 14 天。

第五节　兔肉的初加工

一、兔肉的分割加工

（一）分　　割

兔屠体一般分段及分块如图 1-4 和图 1-5 所示，在分割上新鲜兔肉主要分割为三部分，即前腿肉、背腰肉及后腿肉，其分割方法分别介绍如下。

前腿肉：在胸腰椎间切断，沿脊椎骨中线切成两半（图 1-5 中 7 和 8），去骨。

背腰肉：从第 10～11 肋骨间向后至腰荐椎处切下（图 1-5 中 5 和 6），去骨。

后腿肉：切去背腰后，沿脊椎中线切开分成两只（图 1-5 中 1、2、3 和 4），去骨。

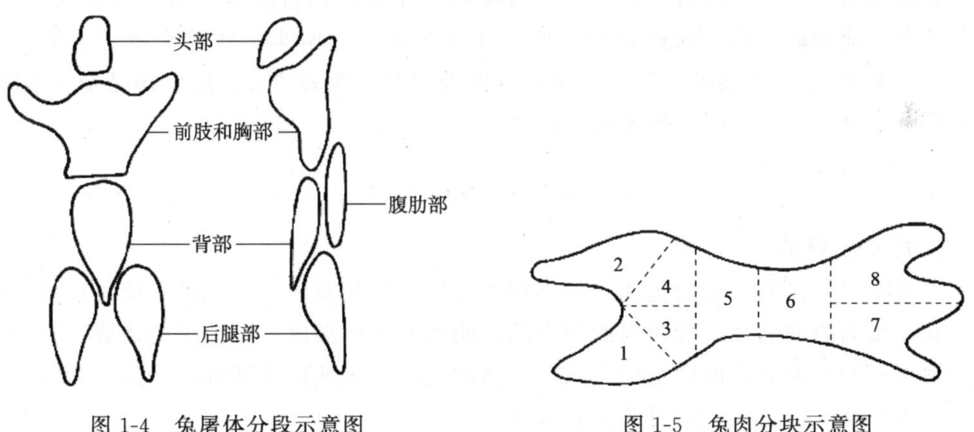

图 1-4　兔屠体分段示意图　　图 1-5　兔肉分块示意图

（二）去　　骨

去骨也称为剔骨。兔肉在拆骨前应先过称，胴体进行拆骨。拆骨前先拉出肾脏，以便计算出肉率。

拆前肢骨：先将肋骨上的肌肉划下，再拆肩胛骨、前臂骨及肋骨。

拆后肢骨：先拆下骨盆，再拆股骨和腔骨、排骨。

拆脊椎骨：自后而前将脊椎骨拆下。脊椎骨、小骨突的凹部肌肉应用尖刀剔除，并拆下里脊肉和颈脊顶部的肌肉，除颈椎下部略带肉外，脊椎骨及肋骨上应做到不带肌肉。

操作时，要使拆的平面骨上和圆骨上不带肉，拆下的兔肉上不带骨及骨屑，每只兔肉连成一整块，尽量减少碎肉，将脱落的碎肉包入整肉内。拆骨时下刀要轻、快、准，不留小骨架、骨渣、碎骨（特别是脊椎上的碎骨）、软骨及伤斑。拆骨刀尖一般保持0.5cm，一旦发现断刀尖事故，应立即停止拆骨，直到找到刀尖为止。

（三）商品分级

1. 规格要求

在外观上，凡胴体暗红色或放血不充分、露骨、透腔、脊椎突出、背部发白、肉质过老，有严重曲背、畸形者及修割面积超过规定，都不宜作带骨兔肉。去骨兔肉则不许带碎骨和软骨。

2. 分级标准

带骨兔肉：按质量分级，参照出口规格要求，共分四级。如果是出口冻兔肉不需分割，保持整个胴体完整。

特级：每只净重为1500g以上。

一级：每只净重为1001～1500g。

二级：每只净重为601～1000g。

三级：每只净重为400～600g。

分割兔肉：按部位进行分割，分为前腿肉、背腰肉和后腿肉（带骨肉不剔骨）。分割要求有：前腿肉在胸、腰椎之间切断，并沿脊椎劈成两半。切除脊椎骨、胸骨和胫骨；背腰肉第10～11腰肋骨间向后至腰荐椎处切断，除去肋骨；后腿肉是指去背腰后，沿荐椎中线劈成两只，除去腰椎和荐椎。

（四）兔肉的冷却

1. 冷却的目的

肉的冷却是将刚屠宰的兔肉经初步加工后放在冷却室内，使胴体后腿最厚处中心温度降低，减弱酶的活性，延缓肉的僵直期，使肉的表面形成一层油干的薄膜，起到阻止微生物入侵和在肉的表面繁殖的作用，为肉的进一步成熟打下基础。经过冷却的肉，能较长时间保持鲜红色泽，并可改善其风味。

兔肉的冷却是兔肉冷冻的准备过程。对于刚屠宰后的兔肉，其肉尸的温度约为37℃，同时，由于兔肉屠宰后有一个“后热”过程，在此过程中，肝糖元还要产生一定的热量，使兔肉尸的温度处于缓慢上升的趋势，结合肉尸表面潮湿，最适合微生物生长繁殖，对于肉的保藏极为不利。所以，冷却的直接目的就在于迅速排除肉尸深部的热量，降低其深层的温度，延缓微生物对肉尸的渗入和在其表面生长繁殖，同时若肉尸厚度较厚，如果采用一次冻结，即不经过冷却而直接冻结，致使肉尸深部的热量不易散失，使肉尸深部产生“变黑”等不良现象，影响冻结效果。

2. 冷却过程

冷却过程又可分为快速冷却和缓慢冷却。由于缓慢冷却会使肉的质量损失大，水分蒸发，肉尸表面会形成很厚的干燥层，吸水膨润后，为微生物的生长繁殖创造条件，所以在国内的冻兔肉生产中，一般都采用快速冷却。在这一过程中，肉尸表面会形成能渗透的透明干膜，能降低肉尸特别是分割肉的肉汁损耗，从而减少肉尸表面的微生物，同时使肉尸低 pH 持续时间延长，这些都为长期保藏兔肉创造了条件。

3. 冷却条件的选择

冷却条件包括冷却间空气的温度、空气的相对湿度和空气的流速等。

1）冷却间空气的温度

肉类在冷却过程中，虽其冰点为－1℃左右，但它却能冷到－10～－6℃，使肉尸短时间内处于冰点及过冷温度之间而不至于冻结。但由于肉尸在进入冷却间的开始阶段，其本身热量大量导出，因此，冷却间在进料之前应先降至－4℃左右，这样等进料后，可以维持冷却间温度在 0℃左右，而不会过高，随后整个冷却过程维持在－1～0℃。如果温度过低，有引起冻结的可能，过高会延缓冷却速度。

2）冷却间空气的相对湿度

水分是微生物活动的主导诱因。因此，空气湿度越大，微生物活动越强，尤其是霉菌。湿度过高，无法使肉尸表面形成一层良好的干燥膜；湿度过低，肉尸的损失太大。综合上述各因素，在冷却的初始阶段（约冷却时间的 1/4，即开始的 6～8h），维持相对湿度在 95％以上，以尽量减少肉尸表面的水分蒸发，由于此时间较短，微生物不至于大量繁殖；在后阶段（约冷却时间的 3/4，即 16～18h），则维持相对湿度 90％～95％；在临近冷却结束时，维持相对湿度在 90％左右，这样既使肉尸表面尽快结成干燥膜，又不至于过分干燥。

3）冷却间空气的流动速度

由于空气的热容量小，不及水的 1/4，导热系数也小。所以其他参数不变，通过增加空气流动速度可以达到迅速冷却的目的，但过强的空气流动速度，会大大增加兔肉表面干缩和电耗，而冷却速度却增加不大。因此，在冷却过程中空气流速以不超过 2m/s 为宜，一般为 0.5m/s 左右。

4）冷却时间

一般经过 24h 冷却，肉尸深部的温度达到 0℃左右，可按分级要求进行包装，进入冷冻间进行冷冻。

5）冷却的方法

肉的冷却方法有两种，一种是一次冷却法，另一种是两次冷却法。目前在欧洲有些国家（如丹麦）是采用两次冷却法，它是一种新工艺，即冷却过程在同一冷却间里分两段进行，但前段的风速和风温不同，要求风温和风速是自动调节。第一阶段风温为－10～－5℃，时间为 2～4h，肉尸的内部温度降低到 20℃；第二阶段温度为 2～4℃，一般是在当天夜间进行，经过 14～18h 的冷却，肉的内部温度达到 4～6℃。

6）冷却时的注意事项

（1）冷却室入货前应保持清洁，还要进行消毒。

（2）肉的胴体应吊挂而不能叠放，如果互相接触则冷却进行缓慢，甚至会因散热不良使局部温度升高，结果导致自溶和腐败。

（3）冷却过程中，应尽量减少开门次数和人员出入，以维持稳定的冷却条件和减少微生物的污染机会。有条件者，可安装紫外灯进行照射灭菌。

二、兔肉的包装

兔肉在分级后包装前，为使兔肉深部的温度迅速下降，并在表面形成干燥层，以免兔肉包装后发生质变，应送到冷却间，冷却间温度保持在0℃左右，最高不超过2℃，最低不超过－1℃，相对湿度为85％。经2～4h即可包装入箱。

带骨兔肉在包装前须将兔的两肢尖端伸入腹腔，以两侧腹腔盖之，两后肢须弯曲，使形体美观。按分级标准分别用聚乙烯薄膜包装一圈半，包两层，做到不露头颈，腿部不戳破包裹薄膜。此外，也有袋装的，袋装时应注意排列整齐、美观、紧密，以背向外，头尾交叉为好，尾部紧贴箱壁，头部与箱壁间留1～2cm空隙，便于透冷和解冻。

去骨兔肉包装前，须先称好，5kg一大堆，然后把一大堆略分成四等分，整块的平堆，零碎的夹在中间卷紧，放在上面和下面的两卷各卷成“田”字形，四卷卷好后，装入聚乙烯薄膜袋，每四袋装一箱，每箱重20kg，并且要求每箱质量相差不超过200g，防止大小悬殊。兔肉包装好后即速冻，速冻后即转入冷库。

三、优质冷鲜兔肉加工与贮运技术

（一）冷鲜兔肉概念

“冷鲜兔肉”也称为“冷却兔肉”或“冰鲜兔肉”，是指家兔经检验合格屠宰后迅速冷却，并从分割、运输、贮存、流通到消费全过程始终保持在0～4℃不中断冷链条件下的生鲜兔肉。与热鲜兔肉和冻兔肉相比较，冷鲜兔肉具有更为卫生、安全、红嫩、营养等特点。发达国家鲜肉市场80％以上是冷鲜肉，冷鲜兔肉在国内大中城市已逐步扩大市场份额，并将逐步成为鲜肉消费的主流。

（二）工艺及关键控制点

肉兔应按GB/T 17239标准要求进行屠宰加工，屠宰加工过程中的卫生要求按GB 12694标准执行。

1. 兔肉的屠宰工艺流程

活兔卸载→检疫→待宰→电击→放血沥血→剥皮→净膛→冲洗→同步检验→冷却

原料选择：肉兔须符合《NY 5130—2002无公害食品——肉兔饲养兽药使用准则》、《NY 5131—2002无公害食品——肉兔饲养兽药防疫准则》、《NY 5132—2002无公害食品——肉兔饲养饲料使用准则》和《NY 5133—2002无公害食品——肉兔饲养管理准则》。

2. 预冷工艺

肉兔应在宰杀后1h内进入预冷间，并采用快速冷却法冷却。冷却间相对湿度应达到85%～95%，空气流速为0.33m/s，约5h左右，胴体中心温度应≤4℃（表1-9）。

表1-9　冷鲜兔肉和禽肉预冷却工艺推荐表

方法	冷却控制参数
冷却间相对湿度/%	85～95
冷却间空气流动速度/(m/s)	0.3～3
冷却时间/h	4～8
冷却后肉温/℃	≤4
失重率/%	0.8～1.2

3. 排酸成熟工艺

根据销售市场对产品保鲜期的不同要求，可采用常规排酸冷却或真空包装排酸冷却，常规排酸冷却时，排酸间温度为－1～2℃，相对湿度为85%～95%，空气流动速度为0.1～0.3m/s；真空包装排酸冷却时，排酸间温度为－1～2℃，空气流动速度为0.1～0.3m/s。如果需要较长的保鲜期，还可采用真空热收缩排酸冷却，具体如表1-10所示。

表1-10　冷鲜肉排酸成熟工艺推荐表

方法	常规排酸冷却	真空包装排酸冷却
冷却排酸间温度/℃	－1～2	－1～2
相对湿度/%	85～95	—
空气流动速度/(m/s)	0.1～0.3	0.1～0.3
光照/lx	避光或＜60	避光或＜60
冷却排酸时间/d	3～4	2～3
肉块中心温度/℃	1～2	1～2
货架寿命/d	7～14	21～28（可达35）

4. 分割、包装、贮运及营销方法

根据产品销售方向，冷鲜肉可选择不同的分割、包装、贮运及营销方式，具体方式如表1-11所示。

表1-11　冷鲜肉分割、包装、贮运及营销方式

产品销售方向	分割、包装、贮运及营销方式
学校、企业、机关等，单位食堂或大宾馆，定点定时供货	预冷却至肉块中心温度为2℃，真空包装或气调包装后冷却排酸，冷藏、运输，直接供货
专卖店零售、超市零售	一般产品，可直接真空包装或简装直接出售；对高档产品，可采用硬塑成型盒气调小包装，上覆尼龙保鲜薄膜，冷藏车运输至专卖店，气调包装或真空包装出售

四、冻兔加工与冻藏

肉的冷冻保藏是目前广泛采用的一种保藏方法，可防止肉品腐败而长期保藏，调节市场需求。

（一）兔肉冷冻的目的及其存在问题

肉的冷冻保藏，即肉类在冻结状态下的保藏。兔肉的冷冻是兔肉冷却的继续，是让已降温至冻结点左右的兔肉继续降温使其进入冻结状态。微生物繁殖的临界温度为－12℃，但此温度下，酶和非酶作用及物理变化还不能有效被控制，所以必须采用更低的温度，在实际生产中的推荐温度为－18℃。

冻结的直接目的是使肉保持在低温度下，防止肉深部发生微生物的、化学的、酶的及一些物理的变化，以保证冻结肉的质量。因此，冻结不仅要保持感观上的冻结状态，更主要的是防止肉的变质。但在冻结状态下，不可避免地产生冰晶，冰晶又会给肉的品质以不良影响。因此，如何减少冰晶的影响，便成为研究的最大技术问题。在冷冻肉生产中，提倡快速冻结，又提倡深度低温冻结，其主要原因就是它们都具有减少冰结晶对肉质影响的作用。

（二）冻结方法

冻结方法分为快速冻结和缓慢冻结两种。缓慢冻结在肌肉组织中形成的结晶中心少，且结晶中心首先在肌纤维之间形成，因为肌纤维间隙中的酸、盐和组织液及其他物质的浓度低于肌纤维中肌细胞的浓度，浓度越低其冻结温度越高，随着冰晶的形成和增大，细胞间隙中组织液的浓度增高。因此，细胞中的水分向间隙转移，冰晶再扩大，大晶体的尖锐晶面对结缔组织层起破坏作用，在解冻时，导致细胞汁液流失。快速冻结则不同，由于形成很多的结晶中心，产生体积小的晶体，不会破坏纤维细胞。因此，速冻比慢冻能更好地恢复肉原来的性质，不同冻结方法的冻结速度如表 1-12 所示。

表 1-12　不同冻结方法的冻结速率

冻结方法	冻结速率/(cm/h)
非常缓慢的冻结	＜0.2
缓慢冻结	0.2～1.0
快速冻结	1.0～5.0
非常快速的冻结	＞5.0

（三）兔肉冷冻时的变化

（1）兔肉冻结时，肉汁形成冰晶，主要是由肉汁中的纯水部分所组成，其中的可溶性物质，集中到剩余的液相中。随着水的冻结，冰点下降，至温度降至－10～－5℃时，组织中的水分有 80％～90％已冻结成冰（表 1-13）。通常将这以前的温度称为冰晶的最大生产区，温度继续降低，冰点也继续下降，当达到肉汁的冰晶点以后，全部水分冻结成冰，肉汁的冰晶点为－65～－62℃，通常把肉汁中冻结水分与总水分之比称为冻结率，其计算方法为

冻结率＝（1－肉的冰晶点/冻结肉的温度）×100％

表 1-13　肉的冻结温度和肉汁中水分的冻结率

冻结温度/℃	－1.5	－2.5	－5	－7.5	－10	－17.5	－20	－25	－32.5
冻结率/％	30	63.5	75.6	80.5	83.7	88.5	89.4	90.4	91.3

(2) 干耗。肉类在冷冻保藏期间最重要的变化是水分蒸发或升华，使肉的质量减少，俗称干耗。冷冻肉的干耗仅限于表面层，经过长期保藏的冷冻肉，其表面层形成一层脱水的海绵层，并发生较强的氧化作用。

(3) 颜色的变化。冻肉的颜色逐渐由鲜红色的氧合肌红蛋白变成褐色的高铁肌红蛋白，这一变化是从表面开始逐渐向深层延伸，温度越低延伸得越慢。肉的色泽变化，除一部分是由于生化作用的结果外，多是由某些细菌所分泌的水溶性或脂溶性的黄、紫、绿、蓝、褐、黑等色素所致，如假单胞菌、产碱杆菌、明串珠球菌、细球菌、变形杆菌等。肉品上产生的色素，一般无卫生学意义，只要无腐败现象，经清除后可供食用。

(4) 组织结构的变化。肉品的缓慢冷冻过程中，可在细胞组织周围形成大冰晶，从而造成细胞组织的破裂，致使冻肉解冻后均有多量的汁液流出。若采取快速冷冻方法，可减少细胞破裂。

(四) 冻结温度

通常新鲜食品中的水分自−2.5～−0.5℃开始冻结，至−65～−62℃完全冻结。冻结时尽可能使温度低一些，水分少残留一些为佳，冻结最好采用−23℃以下的温度，使兔肉的中心与表面温度一致，并恒定在−18℃左右保藏。

(五) 冻结肉的保藏

冻结肉的保管是调节供需的一种原料贮备，经过保管的冻结肉，其食用价值、外形、气味和滋味等不应有重大改变。经过冻结的肉，为了较长期地保存，应移贮于冷藏库中冷藏。肉在冷藏库中可以堆码成垛，垛底垫以专用清洁的木质格架，离地 30cm，垛高 2.5～3m，肉垛与周围墙壁、天棚之间应保持 30～50cm 的距离，垛与垛之间要留有通道。

影响冻结肉保管时质量的主要因素是空气温度、相对湿度和空气循环速度。适宜的保管条件是保持恒定的低温和较高的相对湿度及空气速度最小的自然循环。保管温度是主要因素，温度高低决定了各种反应的速度、微生物的生长速度、干耗等，我国目前一般把冻结肉的保管温度恒定在−20～−18℃，此温度下，微生物的发育几乎完全停止，肉表面水分蒸发量较小，各种生化变化大大地受到抑制，肉类的保藏性和营养价值保持较好，制冷设备的运转费也比较经济，保藏时间在 1 年内不会腐败，相对湿度以 95%～100%为宜，空气以自然循环为好。

(六) 冷冻肉品中出现的异常现象与卫生处理

1. 发黏

多见于冷却肉，冻结肉一般不会出现发黏现象。发黏原因是由于肉吊挂冷却时，胴体相互接触，降温较慢，通风不好，招致明串珠球菌、细球菌、无色杆菌、假单胞菌等的繁殖，并在肉面上形成黏液样物质，手触有黏滑感，甚至起黏丝，同时伴有陈腐气味。发黏肉如果发现较早，无腐败现象，用清水清洗风吹后即可消除，或者修割后供食用；但若有腐败现象则不能食用。

2. 发霉

霉菌在肉表面上生长，经常形成白点或黑点。白点是由白色分枝孢霉菌引起，直径为2～6mm，很像洒上石灰水的点，这种白点多在肉表面，抹去后不留痕迹；黑点是由蜡叶芽枝霉菌引起，直径为6～13mm，呈漏斗状生长，浸入肉深层可达1cm，不易抹去。其他如青霉、曲霉、刺枝酶、毛霉等也可在肉表面生长，形成不同色泽的霉斑。发霉的肉若无腐败现象，除去表面霉层后可供食用；若霉菌已侵入深层，切除受侵部位后应立即食用。如同时具有明显的霉败味或腐败象征，则不能供食用。

3. 发光

在冷库中常见肉上有磷光，这是由一些发光杆菌所致。在鸡肉上有时也能出现荧光，则是荧光假单胞杆菌、产碱杆菌、黄色杆菌所致。肉上有发光现象时，一般没有腐败菌生长；一旦有腐败菌生长，磷光便消失。发光的肉经卫生消除后可供食用。

4. 脂肪氧化

冻肉的外观脂肪呈淡黄色并有酸败味者，称为脂肪氧化。这种现象常与动物生前体况不佳、加工卫生不良、冻肉存放过久或日光照射等因素有关。在低温时脂肪组织可发生缓慢氧化，特别是含较多不饱和脂肪酸的脂类。脂肪氧化首先表现出不良气味，外观先出现黄色斑点，继而脂肪整体变黄，并产生酸气味。若氧化仅限于表层，可将表层削去作工业用油，其余部分，取小块作煮沸试验，无酸败者可供加工食用。

5. 腐败

常见于股骨附近肌肉和结缔组织，大多由厌氧芽孢杆菌所引起。这种腐败由于发生在深部，检验时不易发现，必要时可采取扦插法检查，深层腐败肉，将变质部分彻底割除后，经高温处理再利用。

6. 干枯

外观肌肉色泽深暗，肉表层形成一层脱水的海绵状，称干枯肉。干枯现象的发生，是由于冻肉存放过久，尤其是反复融冻，使肉中水分丧失所致。轻度干枯者，应割去表层干枯部分后食用；严重的干枯肉，不能供食用。

（七）冻肉在冷藏期间的检验

冻肉在冷藏期间，卫生人员要经常检查库内温度、湿度和冻肉的质量情况；定期抽查肉温，查看冻肉有无软化、变形、生霉、变色、异味及干枯、氧化等异常现象。发现变质现象或临近安全区的冻肉，要采样化验，测定挥发性盐基氮和其他项目，以便做好产品质量分析和预报工作。已经存有冻肉的冷藏间，不应再加装鲜肉，以免原有冻肉发生软化或解霜。要严格执行先进先出的原则，以免因贮藏过久而发生干枯和氧化。靠近库门的冻肉易于氧化变质，因此，要注意经常更换。

参考文献

黄良天. 2007. 兔业市场. 农产品市场周刊（下旬），(6)：40-41

马美湖. 2002. 毛皮特种动物深加工工艺与技术. 北京：科学技术文献出版社：164-166

马新武，陈树林. 2000. 肉兔生产技术手册. 北京：中国农业出版社：80-86，481-498

钱鹤良，等. 1995. 肉兔高产饲养新技术. 上海：上海科学技术出版社：21-28
余锐萍. 2005. 安全优质肉兔的生产与加工. 北京：中国农业出版社：120-157
唐良美. 1998. 养兔窍门百问百答. 北京：中国农业出版社：172-175
陶岳荣. 1993. 肉兔高效益饲养技术. 北京：金盾出版社：1-8
汪志铮. 2003. 肉兔养殖技术. 北京：中国农业大学出版社：30-50
王卫. 2007. 优质冷却兔肉、禽肉加工贮运技术. 成都大学学报（自然科学版），87：277-279
吴祖兴. 2000. 现代食品生产. 北京：中国农业大学出版社：76-80
向前. 2002. 兔产品加工技术. 郑州：中原农民出版社：18-20
杨寿清. 2005. 食品杀菌和保鲜技术. 北京：化学工业出版社：310-320
展跃平. 2006. 肉制品加工技术. 北京：化学工业出版社：25-27

第二章　兔肉制品加工辅料、基本工艺与设备

第一节　兔肉制品加工辅料

在肉制品加工中，除以肉为主要原料外还使用各种辅料。辅料的添加使得肉制品的品种形形色色、多种多样。不同的辅料在肉制品加工过程中发挥不同的作用，如赋予产品独特的色、香、味，改善质构，提高营养价值等。可将这些辅料分为调味料、香辛料和添加剂三大类。

一、调　味　料

调味料，也称佐料，是指被用来少量加入其他食物中来改善味道的食品成分。在肉制品加工中，凡能突出肉制品口味，赋予肉制品独特香味和口感的物质统称为调味料(有些调味料也有一定的改善肉制品色泽的作用)。调味料的种类多、范围广，包括咸、甜、酸、鲜等赋味物质，如食盐、酒、醋、酱油、味精等。

调味料在肉制品加工中虽然用量不多，但应用广泛，变化较大。其原因之一是每种调味料都含有区别于其他调味料的特殊成分，这一点是调味料中应注意的重要因素。在肉制品加热过程中，通过这些特殊成分的理化反应，起到改善肉制品滋味、质感和色泽等作用，从而导致肉制品形成众多的特殊风味，有助于提高食欲，增加营养，有的还起到杀菌和防腐的作用。

肉制品中使用调味料的目的，在于产生特定的风味。所用的调味料的种类及份量，应因制品及生产目的的不同而异。由于调味料对风味的影响很大，因此，添加量应以达到所期望的目的为准，切不可认为使用量大就味道好。就中式肉制品来说，几乎所有的产品都离不开调味料，调味料使产品要么鲜美，要么浓醇，料味突出。但使用不当，不仅造成调味料的浪费，而且成本提高。例如，如果香气过浓，会使产品出现烦腻冲鼻的恶味和中草药味。所以在调味料的使用量上应恰到好处，从而使制品达到口感鲜美、香味浓郁的目的。

每种调味料基本上都有自己的呈味成分，这与其化学成分的性质有极密切联系。不同的化学成分，可以引起不同的味觉。以下就肉制品加工中常用的调味料作简单介绍。

(一) 咸味调料

咸味在肉制品加工中是能独立存在的味道，主要存在于食盐中，其他还有酱油、豆豉、腐乳等。

1. 食盐

食盐是肉制品加工中的主要咸味调料，其作用和用量有以下几项。

1）食盐在肉制品加工中的作用

（1）调味作用。添加食盐可增加和改善食品风味。在食盐的各种用途中，当首推其在饮食上的调味功用，即能去腥、提鲜、解腻，减少或掩饰异味、平衡风味，又可突出原料的鲜香之味。因此，食盐是人们日常生活中不可缺少的调味料之一。

（2）提高肉制品的持水能力、改善质地。氯化钠能活化蛋白质，增加水合作用和结合水的能力，从而改善肉制品的质地，增加其嫩度、弹性、凝固性和适口性，使成品形态完整、质量提高。增加肉糜的黏性，促进脂肪混合以形成稳定的乳状物。

（3）抑制微生物的生长。食盐可降低水分活度，提高渗透压，抑制微生物生长，延长肉制品的保质期。

（4）生理作用。食盐是人体维持正常生理机能所必需的成分，如维持一定的渗透压。

2）食盐在肉制品中的用量

肉制品中适宜的含盐量可呈现舒适的咸度，突出产品的风味，保证满意的质构。用量过小则产品寡淡无味，如果超过一定限度，就会造成原料严重脱水，蛋白质过度变性，味道过咸，导致成品质地老韧干硬，破坏了肉制品所具有的风味特点。另外，出于健康的需求，低食盐即食盐含量＜2.5％的肉制品越来越多。所以，无论从加工的角度，还是从保障人体健康的角度，都应该严格控制食盐的用量，且使用食盐时必须注意均匀分布，不使它结块。

我国肉制品的食盐用量一般规定是：腌腊制品6％～10％，酱卤制品3％～5％，灌肠制品2.5％～3.5％，油炸及干制品2％～3.5％，粉肚制品3％～4％。同时根据季节不同，夏季用盐量比春季、秋季、冬季要适量增加0.5％～1％，以防肉制品变质，延长保存期。

2. 酱油

酱油和盐一样，既能调味增香，也有防腐作用，是我国传统的调味品。酱油分红、白两种，前者色浓，后者色浅。酱油的原料甚多，其中以黄豆制品的质量较好。酱油为中式肉制品的重要调料，而西式肉制品则不用酱油。

近年来我国各地在制作传统口味香肠时多使用白酱油（无色）或鲜汁酱油，促进香肠制品成熟发酵，防止酱油对香肠色泽的影响。中式酱肉制品（红烧制品）多采用红色酱油，使酱肉呈美观的酱红色，增加鲜味。

酱油是肉制品加工中重要的咸味调味料，一般含盐量18％左右，并含有丰富的氨基酸等风味成分。

酱油在肉制品加工中的作用主要有以下4点。

（1）为肉制品提供咸味和鲜味。

（2）添加酱油的肉制品多具有诱人的酱红色，是由酱色的着色作用和糖类与氨基酸的美拉德反应产生。

（3）酿制的酱油具有特殊的酱香气味，可使肉制品增加香气。

（4）酱油生产过程中产生少量的乙醇和乙酸等，具有解除腥腻的作用。

在肉制品加工中以添加酿制酱油为最佳，为使产品呈美观的酱红色，应合理地配合糖类的使用，在香肠制品中还有促进发酵成熟的良好作用。

3. 豆豉

豆豉又称香豉，是大豆的酿造品，为我国人民最早使用的调味料之一。豆豉是以黄豆或黑豆为原料，利用毛霉、曲霉或细菌蛋白酶分解豆类蛋白质，达到一定程度时，即用加盐、干燥等方法，抑制微生物和酶的活动，延缓发酵过程。使得熟豆中的一部分蛋白质和分解产物在特定条件下保存下来，形成具有特殊风味的豆豉。豆豉是我国四川、江南、湖南等地区常用的调味料。

豆豉作为调味品，在肉制品加工中主要起提鲜味、增香味的作用。豆豉除作调味和食用外，医疗功用也很多。中医认为豆豉性味苦、寒，经常食用豆豉有助于消化，增强脑力，减缓老化，提高肝脏解毒功能，防止高血压和补充维生素，消除疲劳，预防病症，减轻醉酒，解除病痛等。

豆豉在应用中要注意其用量，防止压抑主味。另外，要根据制品要求进行颗粒或蓉泥的加工。在使用保管中，若出现生霉，应视含水情况，酌量加入食盐、白酒或香料，以防止变质，保证其风味质量。

4. 腐乳

腐乳是豆腐经微生物发酵制成的。按色泽和加工方法不同，分为红腐乳、青腐乳、白腐乳等。

在肉制品加工中，红腐乳的应用较为广泛，质量好的红腐乳，应是色泽鲜艳，具有浓郁的酱香及酒香味，细腻无渣，入口即化，无酸苦等怪味。腐乳在肉制品加工中的主要应用是增味、增鲜、增加色彩。

红腐乳：特点是色红褐，质细腻，有芳香及微弱的香味，可久藏。存放时间越长，味道越鲜美。浙江绍兴所产最为有名。

青腐乳：色青白，质细腻，味鲜，有氨及硫化氢味。

白腐乳：包括糟腐乳和醉方两种，糟腐乳的特点是色白而带黄，上盖糯米酒糟，酒味较浓厚，稍带甜味。醉方的特点是表面有一层米黄色皮，有酒香味，味道鲜美。

（二）甜味调料

肉制品中常用的甜味调料有砂糖、红糖、蜂蜜、冰糖、葡萄糖、绵白糖和淀粉水解糖浆等。

1. 砂糖

砂糖是白色或无色的结晶性粉末，甜度较大，味道纯正，易溶于水，是一种广泛使用的调味料，添加到制品中能产生甜味并有助鲜作用，可使肉品保持原色，缓冲咸味，在味道上取得平衡，促使肉质松软。西式肉制品生产中添加量为0.5%～1%，中式肉制品中，烧烤类和南式香肠用量较大，一般为5%～8%。

糖在肉制品加工中赋予甜味并具有矫味、去异味、保色、缓和咸味、增鲜、增色作用，在腌制中使肉质松软、适口。由于糖在肉加工过程中能发生碳氨反应及焦糖化反应从而能增添制品的色泽，尤其是中式肉制品的加工中更离不开食糖，目的都是使产品各自具有独特的色泽和风味。添加量原料肉的0.5%～1%较合适，中式肉制品中一般用量为肉重的0.7%～3%，甚至可达5%。

2. 红糖

红糖含蔗糖约84%，所含游离果糖、葡萄糖较多，故甜度较大。由于未脱色精制，水分、杂质较多，容易结块，吸潮，甜味不如砂糖纯厚，多用在酱卤制品中，用于着色和调味。

3. 蜂蜜

蜂蜜在肉制品加工中的应用主要起提高风味、增香、增色、增加光亮度及增加营养的作用。将蜂蜜涂在产品表面，淋油或油炸，是重要的赋色工序。

4. 葡萄糖

葡萄糖在肉制品加工中的应用除了作为调味品，增加营养以外，还有调节pH和氧化还原的目的。对于普通的肉制品加工，其使用量为0.3%～0.5%比较合适。

葡萄糖应用于发酵的香肠制品，因为它提供了发酵细菌转化为乳酸所需要的碳源。为此目的而加入的葡萄糖量为0.5%～1%，葡萄糖还作为助色剂、发色剂和保色剂用于腌制肉中。

5. 绵白糖

绵白糖又称绵糖，或简称白糖，色泽白亮，晶粒细软，入口溶化快。绵白糖有两种：一种是精制绵白糖，它是用白砂糖磨成糖粉后，拌入2.5%的转化糖浆而制成的，其质量较佳；另一种是土法制的白糖，色泽较暗或带微黄。高档肉制品中经常使用绵白糖。

（三）酸味调料

酸味在肉制品加工中是不能独立存在的味道，必须与其他味道合用才起作用。但是，酸味仍是一种重要的味道，是构成多种复合味的主要调味物质。

酸味调味料品种有许多，在肉制品加工中经常使用的有食醋、番茄酱、番茄汁、山楂酱、草莓酱、柠檬酸等。酸味调味料在使用中应根据工艺特点及要求去选择，还要注意人们的习惯、爱好、环境、气候等因素。下面主要介绍一下食醋和柠檬酸这两种酸味调料。

1. 食醋

食醋在肉制品加工中有调味、去腥、调香等作用。

1）*调味作用*　食醋与糖可以调配出一种很适口的甜酸味——糖醋味，如“糖醋排骨”、“糖醋咕咾肉”等。实验中发现，任何含量的食醋中加入少量的食盐后，酸味感增强，但是加入的食盐过量以后，则会导致食醋的酸味感下降。在具有咸味的食盐溶液中加入少量的食醋，可增加咸味感。

2）*去腥作用*　在肉制品加工中有时往往需要添加一些食醋，用以去除腥气味，尤其鱼肉类原料更具有代表性。在加工过程中，适量添加食醋可明显减少腥味。如用醋洗猪肚，既可保持维生素和铁少受损失，又可去除猪肚的腥臭味。

3）*调香作用*　这是因为食醋中的主要成分为乙酸，同时还有一些含量低的其他低分子酸。而制作某些肉制品往往又要加入一定量的黄酒和白酒，酒中的主要成分是乙醇，同时还有一些含量低的其他醇类。当酸类与醇类同在一起时，就会发生酯化反应，在风味化学中称为“生香反应”。炖牛肉、羊肉时加点醋，可使肉加速熟烂及增加芳香气味；骨头汤中加少量食醋可以增加汤的适口感及香味，并利于增加骨中钙的溶出。

2. 柠檬酸

柠檬酸用于处理腊肉、香肠和火腿，具有较强的抗氧化能力。柠檬酸也可作为多价整合剂用于提炼动物油和人造黄油。柠檬酸可用于密封包装的肉类食品的保鲜。柠檬酸在肉制品中还可降低肉糜的 pH。在 pH 越低，亚硝酸盐的分解越快越彻底，当然，对香肠的变红就越有良好的辅助作用。但 pH 的下降，对于肉糜的持水性是不利的。因此，国外已开始在某些混合添加剂中使用糖衣柠檬酸。加热时糖衣溶解，释放出有效的柠檬酸，而不影响肉制品的质构。

（四）鲜味调料

鲜味调料是指能提高肉制品鲜美味的各种调料。

鲜味是不能在肉制品中独立存在的，需在成味基础上才能使用和发挥。但它是一种味道，是许多复合味型的主要调味品之一，品种较少，变化不大。在使用中，应恰当掌握用量，不能掩盖制品全味或原料肉的本味，应按“淡而不薄”的原则使用。肉制品加工中主要使用的是味精。

1. 味精

味精的主要成分是 L-谷氨酸钠（$C_5H_8NaO_4H_2O$）。植物性蛋白的谷蛋白水解后得到谷氨酸和谷氨酸单钠盐。谷氨酸钠是无色或白色的柱状结晶，具有独特的香味，它们的味觉极限值为 0.03%，与砂糖和食盐相比味道很强。它易溶于水，在制品中容易分散，在加工过程中很少会受到 pH 和其他化学变化的影响，作为菜肴烹调和食品制作中的助鲜剂普遍使用，其用量根据原料肉种类、鲜度及其他调味品和食盐用量不同而有所不同，一般使用量为 0.25%～0.5%。

味精能提高肉制品的鲜美味，在肉制品加工中主要使用强力味精、复合味精和营养强化型味精。

1）强力味精　强力味精的主要作用除了强化味精鲜味外，还有增强肉制品滋味，强化肉类鲜味，协调甜、酸、苦、辣味等作用，使制品的滋味更浓郁，鲜味更丰厚圆润，并能降低制品中的不良气味，这些效果是任何单一鲜味料所无法达到的。

强力味精不同于普通味精的是：在加工中，要注意尽量不要与生鲜原料接触，或尽可能地缩短其与生鲜原料的接触时间，这是因为强力味精中的肌苷酸钠或鸟苷酸钠很容易被生鲜原料中所含有的酶分解，失去其呈鲜效果，导致鲜味明显下降，最好是在加工制品的加热后期添加强力味精，或者添加在已加热到 80℃以后冷却下来的熟制品中。总之，应该尽可能避免与生鲜原料接触的机会。

2）复合味精　复合味精可直接作为清汤或浓汤的调味料，由于有香料的增香作用，因此用复合味精进行调味的肉汤其肉香味很醇厚。可作为肉类嫩化剂的调味料，使老韧的肉类组织变为柔嫩，但有时味道显得不佳，此时添加与这种肉类风味相同的复合味精，可弥补风味的不足，可作为某些制品的涂抹调味料。

3）营养强化型味精　营养强化型味精是为了更好地满足人体生理的需要，同时也为了某些病理上和某些特殊方面的营养需要而生产的，如赖氨酸味精、维生素 A 强化味精、营养强化味精、低钠味精、中草药味精、五味味精、芝麻味精、香菇味精、番茄味精等。

2. 肌苷酸钠、鸟苷酸钠、尿苷酸钠和 I＋G

肌苷酸钠是白色或无色的结晶性粉末。近年来几乎都是通过合成法或发酵法制成的。性质稳定，在一般食品加工条件下（pH 为 4～7）、100℃加热 1h 无分解现象，但在动植物中的磷酸酯酶作用下分解而失去鲜味。肌苷酸钠鲜味是谷氨酸钠的 10～20 倍，与谷氨酸钠一起对鲜味有相乘效应，所以一起使用，效果更佳。使用时，由于遇酶容易分解，所以添加酶活力强的物质时，应充分考虑之后再使用。

鸟苷酸和尿苷酸钠一样是核酸关联物质，它们都是白色或无色的结晶或结晶性粉末。其中鸟苷酸钠是蘑菇香味的，由于它的香味很强，所以使用量为谷氨酸钠的1％～5％就足够。I＋G 是肌苷酸钠与鸟苷酸钠的混合物，有增加鲜味的作用，通常与谷氨酸钠一起使用，使用量为谷氨酸钠的 1/2。

3. 琥珀酸、琥珀酸钠和琥珀酸二钠

琥珀酸具有海贝的鲜味，由于琥珀酸呈酸性，所以一般使用时以一钠盐或二钠盐的形式出现。对于肉制品来说，使用范围为 0.02％～0.05％。

4. 鱼露

鱼露又称鱼酱油，它是以海产小鱼为原料，用盐或盐水腌渍，经长期自然发酵，取其汁液滤清后而制成的一种鲜味调料。鱼露的风味与普通酱油有很大区别，它带有鱼腥味，是广东、福建等地区常用的调味料。

鱼露由于是用鱼类作为生产原料，所以营养十分丰富，蛋白质含量高，其呈味成分主要是呈鲜物质肌苷酸钠、鸟苷酸钠、谷氨酸钠等。咸味是以食盐为主。鱼露中所含的氨基酸也很丰富，主要是赖氨酸、谷氨酸、天冬氨酸、丙氨酸、甘氨酸等。鱼露的质量鉴别应以颜色橙黄和棕色、透明澄清、有香味、不浑浊、不发黑、无异味为上乘。

鱼露在肉制品加工中的应用主要起增味、增香及提高风味的作用。在肉制品加工中应用比较广泛，形成许多独特风味的产品。

二、香　辛　料

（一）香辛料的分类及作用

香辛料是植物的种子、果肉、茎、叶、根部具有独特的香味和滋味，而且有促进消化吸收功能的植物器官的总称。可赋予产品一定风味，抑制和矫正食物不良气味，增进食欲。很多香辛料有抗菌防腐作用，同时还有特殊生理药理作用，是肉制品加工过程中不可缺少的。根据香辛料的香味和辣味大致可分为辛辣性香辛料、芳香性和辣性混合的香辛料、芳香性香辛料和葱类，另外还有酒类等其他一些香辛料。

香辛料具有刺激性的香味，在赋予肉制品以风味的同时，可增进食欲，帮助消化和吸收。可将香辛料分为整体形式、破碎形式、抽提物形式和胶囊形式。

1）*整体形式* 即香辛料保持完整，不经任何预加工。在使用时一般在水中与肉制品一起加工，使味道和香气溶于水中，让肉制品吸收，达到调味目的。

2）*破碎形式* 香辛料经过晒干、烘干等干燥过程，再经粉碎机粉碎成不同粒度的颗粒状或粉末。使用时一般直接加到食品中混合，或者包在布袋中与食品一起在水中煮制。

3）*抽提物形式* 将香辛料通过蒸馏、萃取等工艺，把香辛料的有效成分——精油提取出来，通过稀释后形成液态油，使用时直接加到食品中去。

4）*胶囊形式* 天然香辛料的提取物通常为精油形式，不溶于水中，经胶囊化后应用于肉制品中，分散性较好，抑臭或矫臭效果好，香味不易逸散，产品不易氧化，质量稳定。

肉制品加工中，香辛料的配比在各肉制品加工企业是不相同的。一般说来，在哪一种产品中加入什么样的香辛料，又如何调配，是有讲究的。在实际使用各种香辛料时，应在加工前考虑材料的不同情况，来决定选用哪种香辛料才可获得满意的效果。使用香辛料归根到底是个味觉问题，必须要根据不同消费者口味和原料肉的不同种类而定，不影响肉的自然风味。

（二）常用香辛料

1. 辛辣性香辛料

常用辛辣性香辛料有辣椒、黑芥子、姜和胡椒 4 种。

1）*辣椒* 辣椒为一年生茄科草本植物，果实为浆果，因变种较多，其形状大小各不一样。辣椒的主要成分是辣椒油，是一种挥发油，占 0.05%～0.07%，为辣椒中的辣味成分。辣椒含有大量胡萝卜素、抗坏血酸，能增进食欲、增加热量，促进消化液分泌和血液循环，有杀虫、杀菌、散寒、除湿、开胃的功效。

2）*黑芥子* 黑芥子原产于地中海沿岸及欧洲中部，尤以英国、荷兰、意大利、德国等国广泛栽种，我国南方地区也有生产。黑芥子为芥菜成熟的种子，干燥种子略呈圆形，种皮外面呈赤棕色或淡棕色，内呈黄色。表面具有粗糙的网形小窝及附着白色的鳞片。干燥芥子无臭，加水研细，则产生强烈辛辣香气，其主要成分为含有一种配糖体的黑芥子苷。芥子有发汗散寒、温中开胃、利气豁痰、消肿止痛的药效，在肉制品中少量使用芥子，具有健胃、助消化功用。食用时先用水调，再放在火边烤，或用开水冲，调成膏状使用。

3）*姜* 姜科，通称生姜，多年生，草本植物。原产于亚洲东南部，我国南方各省均有栽培，以广东、福建等省最多。姜的芳香成分为挥发油，含量 1%～3%，主要有生姜醇、姜花、茴香萜、枸橼醛、按油精、樟脑萜等组成。其辛辣成分为姜辣素、姜烯酮与姜酮等。香味成分主要是柠檬醛、沉香醇、冰片等。生姜有特殊的香辛辣味，有调味去腥、驱寒祛湿、促进食欲、调整胃肠的作用，在肉制品生产中常用于酱卤制品加工。

4）*胡椒（又名古月）* 胡椒原产于印度尼西亚，后移植到我国南方，属胡椒科，为多年生攀援植物，分黑胡椒与白胡椒两种。胡椒果实为圆球形核果，成熟后为红色。晒干后果皮皱缩而黑称黑胡椒，以水浸去皮再晒干即为白胡椒，胡椒含有8%～9%胡椒碱和1%～2%芳香油，这是形成胡椒特殊辛辣味和香气的主要成分，因挥发性成分在外皮含量较多。因而黑胡椒的风味要好于白胡椒，但白胡椒外观色泽较好。胡椒有健胃顺气、解热利尿、暖肠胃、止吐等药效，且味辛辣而芳香，是广泛使用的调味佳品，尤其是西式灌制品，大多使用胡椒作为主要调味香料而使产品具有香辣鲜美的风味特色。

2. 芳香性和辛辣性混合的香辛料

常用的有小豆蔻、肉豆蔻、丁香、肉桂、大茴香、花椒、香辣椒和麝香草。

1）小豆蔻　多年生姜科草本植物的干燥果实，又称砂仁、阳春砂。主产于斯里兰卡、印度等国，我国广东、广西、云南亦有生产。以个大、坚实呈灰色、气味浓者为佳品，含挥发油1.3%～2.6%。挥发油的主要成分为龙脑、右旋樟脑、松油醇、桉油醇等，气味芳香浓烈，药性辛温，具有健胃、化湿、止呕、健脾消胀、行气止痛等功效。肝肠、猪肉肠、汉堡饼等西式肉制品常用，起矫臭压腥作用，中式肉制品中也常用此香辛料，如砂仁腿胴、砂仁宝肚就是因其配方中使用砂仁而得名。含砂仁的产品食之清香爽口，风味别致并有清凉口感。

2）肉豆蔻　肉豆蔻又名玉果，产于印度尼西亚、几内亚、斯里兰卡和巴西等地，是肉豆蔻科高大乔木肉豆蔻材的成熟干燥种仁。其果实卵圆形，坚硬，呈淡黄白色，表面有网状皱纹，断面有棕色、黄色相间的大理石花纹。以个大、体重、坚实、表面光滑、油性足、破开后香气强烈者为佳品。种仁含8%～15%挥发油，油中主要含多种萜烯类化合物及豆蔻醚、丁香酚等，气味芳香，药性辛温，具有健胃、促进消化、止呕等功效。在西式灌制品中使用很普遍。

3）丁香　丁香原产于印度尼西亚马鲁胡群岛，广东、广西等省（自治区）有栽培，是属于桃金娘科常绿乔木的干燥花蕾及果实，花蕾称为公丁香，果实称为母丁香。以完整、朵大、油性足、颜色深红、香气浓郁、入水下沉者为佳品。丁香因含有丁香酚和丁香素等挥发性物质，故具有浓烈的香气。其药性辛温，具有镇痛、祛风、温肾降逆作用。磨成粉状加入制品中，香气极为显著，是卤制品中常用香料。

4）肉桂　肉桂俗称桂皮，是樟科常绿乔木植物天竺桂、细叶香桂、川桂干燥的树皮。我国广东、广西、四川、云南等地均有出产。桂皮呈褐黑色有灰白花斑，气清香而凉似樟脑，味微甜辛，以皮薄、呈卷筒状、香气浓厚者为佳品。肉桂中含有1%～2%的挥发油，油中含有桂皮醛、水芥烯、丁香油酚等化学成分。其性辛温，具有暖脾胃、散风寒、通血脉等功效。由于桂皮有特殊的香味，是重要的香辛料，它与胡椒、丁香一起成为肉制品加工常用的调料。

5）大茴香　俗称大料、八角。是木兰科的常绿乔木植物，其果实有八角，所以俗称八角茴香。八角树是亚热带植物，为我国南方特有的一种经济作物，以广西的百色、钦州产量最大。大茴香以红褐色、朵大饱满、完整、味浓者为上品。由于其所含的芳香油的主要成分是茴香脑，因而有茴香的芳香气味，味微甜而稍带辣味，是一种辛平的中药。具有促消化、去寒健胃、兴奋神经、驱虫止呕等药效，是熟肉制品和烹调食品加工中广泛应用的香辛料。

6）花椒　花椒又名秦椒、川椒，为芳香料灌木或小乔木植物花椒树的果实。花椒果实中含有挥发油，油内含有异茴香醚及香茅醇等物质，所以具有强烈芳香气味，味辛麻而持久，是很好的香麻味调料。花椒性味辛温，具有温中散寒、除湿、止痛和杀虫等功用，是中式肉制品中常用香辛料。

7）香辣椒　桃金娘科，未成熟果实干燥后使用，主要产地牙买加、海地等。精油成分是丁香油酚、桉油醇、丁香油酚甲醚、水茴香茹、丁香油烃、棕榈酸等。香味的主要成分是丁香油酚。具有桂皮、肉豆蔻、丁香混合的香味，在西餐、鱼肉菜肴、肉制品加工中经常使用。

8）麝香草　紫苏科，麝香草的干燥叶子制成的，原产地法国、西班牙。精油成分有麝香草脑、香芹酚、沉香醇、龙脑等。酱卤肉制品放入少许，可去除生肉腥臭，并有提高产品保存性的作用。

3. 芳香性香辛料

常用的有芫荽、鼠尾草、小茴香、白芷、月桂叶、山萘等。

1）芫荽　又名胡荽，俗称香菜。伞形科，一年生或二年生草本植物，有特殊香味。芫荽芳香成分主要有d-沉香醇、d-α 蒎烯、β 振烯、γ 萜品烯等精油。其中沉香醇占 60%～70%。芫荽是制作肉制品，特别是猪肉香肠、波洛尼亚香肠、法兰克福香肠常用的香辛料。

2）鼠尾草　唇形科，一年生草本植物。产于欧洲、日本及中国。含挥发性油 1.3%～2.5%，芳香味与艾蒿相近，主要成分有侧柏酮、鼠尾草烯。制作火腿、香肠时常用干燥的叶子或粉末，特别是在制作猪肉产品时是不可缺少的。和肉桂叶一起使用可除羊肉的膻味。

3）小茴香　小茴香俗称谷茴、席香。是伞形科属越年生草本植物的成熟果实，外形像干瘪的稻谷。含挥发油 3%～8%，其主要成分是茴香脑、茴香酮，可挥发出特异的茴香气，其枝叶可防虫驱蝇。性味辛温，其功能开胃、理气，为用途较广泛的香辛料之一。在烹调鱼肉时，加入少许小茴香，味香且鲜美。小茴香适宜高寒地区生长，主产于内蒙古、山西、甘肃、陕西等地，而以津谷茴与内蒙古产品质量最佳。

4）白芷　是伞形科的多年生草本植物的干燥根部，根圆锥形，外表呈黄白色，切面含粉质，有黄圈，以根粗壮、体重、粉性足、香气浓者为佳品。因其含有白芷素、白芷醚等香精化合物，故气味芳香，具有除腥、祛风、止痛及解毒功效，是酱卤肉制品中常用的香料。

5）月桂叶　樟科，常绿乔木，以叶及皮作为香料。原产地中海沿岸及南欧各国。我国广东、浙江、台湾等也有出产。月桂叶中含 1%～3%的挥发油，其主要成分是桉油醇、丁香油酚、丁香油酚酯等。月桂叶有去除肉制品中生肉臭味的作用，肉类罐头中常用此香料，汤、鱼等菜肴中也常使用。

6）山萘　又称砂姜。为姜科山萘属多年生草本植物的根状茎，切片晒制而成的干片，含少量挥发油，其主要成分为龙脑、桉油精、对甲氧基桂皮酸等。山萘性辛温，温中化湿，引气止痛，具有浓烈的芳香气味，在酱卤制品中加入山萘，有抑腥增香作用。

4. 葱类

葱类包括大蒜、洋葱和大葱。

1）大蒜 百合科，多年生宿根草本植物，原产于西亚，很早传入我国，各地普遍栽培。大蒜全身都含挥发性的大蒜素，具有特殊的蒜辣气味，可以起到压腥去膻的调味作用，并有助于消化、增进食欲、消毒杀菌、祛风的功效，所以在肉制品加工中常将大蒜捣成泥后加入，以赋予制品特殊风味。

2）洋葱 百合科，属宿根生草本植物。洋葱叶稍肥厚呈鳞片状，密集于短缩茎周围，形成鳞茎约为10cm的扁球形，这部分通常在地下，可食部分是鳞茎。洋葱的香味及辣味成分主要是二硫化二丙醇缩甲醛（Ⅰ）、二硫化二烯基（Ⅱ）、二丙基二硫醚（Ⅲ）等硫化物。洋葱在生的时候辣味很强，加热后变成甜味。洋葱与肉一起煮能除去肉的腥味、膻味，所以常用于肉类罐头制品。

3）大葱 大葱属百合科。叶圆筒而中空，叶鞘茎部包合成假茎，进行培土软化，便造成棍状的葱白。葱白是主要的食用部分，我国各地都有栽培。大葱化学成分以糖和含氮物质为主。葱的特殊风味取决于所含挥发性物质和葡萄糖等，挥发物质主要成分是烯丙基二硫化物，也称为蒜素，有辛香味，可解腥，有促进食欲和杀菌的功能，主要用于中式肉制品中。

5. 其他

包括各式酒类等。酒是中式肉制品生产中的一种重要调味剂，酒类香味浓郁，味道醇和，有去腥增香、提味解腻、固色防腐等作用。中式肉制品生产中常用黄酒、白酒、香槟酒、葡萄酒、料酒等，酒可与糖结合生成芳香醛，发出浓郁香气，使制品独具特色。

三、添 加 剂

根据《中华人民共和国食品卫生法》规定，食品添加剂是指“为改善食品品质和色、香、味，以及为防腐和加工工艺的需要而加入食品中的化学合成或者天然物质”，食品添加剂的应用对改善食品感官质量和营养特性，以及保证产品安全可贮性具有重要作用。我国的《食品添加剂使用卫生标准》将其分为发色剂、防腐剂、抗氧化剂、漂白剂、酸味剂、凝固剂、疏松剂、增稠剂、消泡剂、甜味剂、乳化剂、品质改良剂、抗结剂、增味剂、酶制剂、被膜剂、发泡剂、保鲜剂、营养强化剂等22类。以下将常用的添加剂作一介绍。

（一）发 色 剂

在腌制肉制品中最常用的发色剂是硝酸盐及亚硝酸盐包括硝酸钠、硝酸钾和亚硝酸钠。肉发色过程中亚硝酸一定被还原生成NO后，才能与肌红蛋白生成稳定的NO肌红蛋白络合物，使肉具有鲜红色。

1）硝酸钠（$NaNO_3$） 为无色结晶或白色结晶粉末，稍微有咸味，易溶于水。将硝酸盐添加到肉制品中，硝酸盐在微生物的作用下变成亚硝酸盐，亚硝酸盐与肌红蛋白生成稳定的亚硝酸肌红蛋白络合物，使肉制品呈鲜红色，并能防止制品腐败变质，但易产生致癌物质，最大使用量为0.5g/kg，即每50kg原料精肉中使用硝酸钠不得超过25g。

2）硝酸钾（KNO_3）　别名土硝、硝石、盐硝或火硝。为无色透明结晶或白色的结晶性粉末，无臭，味咸，凉，稍有吸潮性，易溶于水，微溶于乙醇。可代替硝酸钠作混合盐的成分之一，用以腌制肉类，使用量不超过0.5g/kg。

3）亚硝酸钠（$NaNO_2$）　别名快硝，是白色或淡黄色结晶粉末，吸湿性很强，长期保存时应放入密闭容器里。亚硝酸钠除了防止肉品腐败，提高保存性外，还具有改善风味、稳定肉色的特殊功效。此功效比硝酸盐还要强，能缩短腌制时间，因此也称为快硝，但亚硝酸钠毒性较强。摄取多量的亚硝酸盐进入血液后，使正常的血红蛋白（二价铁）变成高铁血红蛋白（即三价铁），失去携带氧气的功能，导致组织缺氧，潜伏期仅0.5～1h，症状为头晕、恶心、呕吐、全身无力、心悸、全身皮肤发紫，严重者呼吸困难，血压下降、昏迷、抽搐，如果不及时抢救，会因呼吸衰竭而死亡。

本品外观、口味与食盐相似，必须防止误用引起中毒，最大使用量为0.15g/kg。

（二）发色助剂

在腌制肉制品中，肉的还原性随着肉的种类、质量以及加工条件等因素而变化，总保持一定条件是较困难的，为了达到理想的还原状态，常使用发色助剂。最常用的发色助剂为抗坏血酸、异抗坏血酸、抗坏血酸钠、异抗坏血酸钠及烟酰胺等。

1）抗坏血酸、抗坏血酸钠　抗坏血酸是维生素C，抗坏血酸钠就是其钠盐。抗坏血酸具有很强的还原作用，且能抑制和减少致癌物质亚硝酸胺的形成，但是对热和重金属作用极弱，不稳定。因此，一般使用稳定性较高的钠盐，使用量为原料肉的0.02%～0.05%，超过此值并无益处，一般在腌制或斩拌时添加。

2）异抗坏血酸、异抗坏血酸钠　异抗坏血酸和异抗坏血酸钠是抗坏血酸和抗坏血酸钠的异构体，其性质与抗坏血酸相似，发色效果、防止退色效果及防止亚硝酸胺形成的效果相近，使用量同抗坏血酸相同。

3）烟酰胺　也称尼克酰胺，属于维生素B群的营养强化剂的一种，与抗坏血酸钠同时使用有促进发色、防止退色的作用，添加量为0.01%～0.02%。国外早已用烟酰胺作为西式方火腿的助色剂，国内近几年来才开始使用。

（三）黏着剂

1. 淀粉

淀粉的种类很多，常使用的有马铃薯淀粉、玉米淀粉、绿豆淀粉、小麦淀粉。随着淀粉种类不同，其性质有所不同，颗粒的形状也不同。淀粉在水中使水变浑浊，加热后会吸水膨胀呈糊状，为糊化淀粉α-淀粉。淀粉糊化温度不同，一般是薯类淀粉糊化温度较低，特别是马铃薯淀粉糊化温度更低，而小麦、大米等种子淀粉的糊化温度较高。

在肉制品加工中添加淀粉可作黏着剂、填充剂、增稠剂之用；生产灌肠、西式火腿、肉丸、肉饼、午餐肉罐头等制品时，添加量为5%～30%，起到黏着和持水性。

2. 明胶

明胶是通过骨胶原分解而成的一种蛋白质。纯明胶在干燥状态下像玻璃似的透明，很脆，无臭无味，不溶于冷水，加水后缓慢吸水膨胀软化，可吸5～10倍重的水。在热水中溶解，溶液冷却后凝结成胶块。为了形成胶冻，浓度一般掌握在15%左右。凝固物状态与琼脂比较，有柔软性，富于弹性，口感柔软。

在肉类罐头生产中常使用明胶作增稠剂，肉灌制品中添加适量明胶，可增加切面光泽。

3. 琼脂

琼脂又名冻粉或琼胶，是以半乳糖为主要成分的一种高分子糖类，不被酶所分解，几乎没有营养价值，分为条状与粉状两种产品。琼脂溶胶的凝固温度较高，在35℃变成凝胶，在夏季室温下也可凝固。吸水性和持水性高，可吸收20多倍水，琼脂凝胶耐热性较强，热加工很方便。

在肉类罐头加工中，添加琼脂可增加汁液黏度，延缓结晶析出。在西式火腿加工中使用，可增加黏着性、弹性、持水性和保型性，对制品感官形状有重要作用。

4. 卡它胶

卡它胶又名角叉菜胶、角叉菜聚糖。卡它胶是高分子质量的D-吡喃半乳糖硫酸钾、D-吡喃半乳糖硫酸钠、D-吡喃半乳糖硫酸镁和D-吡喃半乳糖硫酸钙及3,6-脱水半乳糖直链聚合物。

卡它胶一般是白色至浅黄褐色，表面皱缩，微有光泽，半透明的片状或粉末状，无臭，无味，有的稍带海藻味。多用于生产火腿、压缩火腿、火腿肠等产品中，可增加产品出品率，改善产品弹性和口感。

肉制品生产中，常用的卡它胶分为两种：一种为注射型，分散性好，用注射机对大块火腿肉进行注射；另一种为滚揉型，可在生产压缩火腿、香肠的滚揉工序中加入使用。

（四）乳　化　剂

乳化剂是一种分子中同时具有亲水基和亲油基的物质，它可介于油和水的中间，使一方很好地分散于另一方的中间而形成稳定的乳浊液。乳化剂广泛应用于肉类食品加工中，它可使食品组分均匀混合、分散，从而防止加热时油水分离，使产品的流变性变化，对改善食品外观、风味、适口性及保存性均有一定的作用。用于肉制品中的乳化剂主要有大豆蛋白、酪蛋白、血清蛋白、小麦蛋白和卵蛋白等，下面主要介绍一下大豆蛋白、酪蛋白和卵蛋白三种乳化剂。

1. 大豆蛋白

大豆是含蛋白质较多的植物，脱脂大豆含蛋白质50%以上。肉制品加工中过去常直接使用脱脂大豆粉，一般添加量为3%～5%，但由于大豆特有的豆臭味较大，现在脱脂大豆粉使用渐少，而多使用大豆分离蛋白和大豆浓缩蛋白。

大豆分离蛋白是通过溶液化和分离作用，随后用等电点沉淀法把蛋白质从豆饼中抽出。最终的大豆分离蛋白在干基时蛋白质含量为90%。分离蛋白可被制成可溶性、含量高和低豆腥味的蛋白。大豆浓缩蛋白是通过二步乙醇-水萃取法从脱脂豆粉中去掉可溶性糖、风味成分和抗营养因子而制成。蛋白质含量以干基计为70%，其余主要为食物纤维及一些灰分。

大豆蛋白的凝固温度为55～60℃，具有优良的乳化性、保水性、保油性、黏着性、凝胶形成性等功能特性。

肉制品中添加大豆蛋白，可使油脂乳化，在蒸煮过程中大豆蛋白的凝胶效应发生在肌纤维产生收缩之前，在肌肉组织的外围形成一层致密的覆盖膜，从而大大减轻了由于肌纤维收缩造成的汁液流失，提高了肉的保水性。

2. 酪蛋白

酪蛋白是乳中主要的蛋白质，约占乳蛋白的80%。可用酸性溶液（pH4.6）使乳蛋白质凝固后分离出酪蛋白。酪蛋白溶解于碱溶液中，经喷雾干燥可制成低黏度的酪蛋白钠，或用鼓式干燥法可制成高黏度的酪蛋白钠。

酪蛋白钠易分散于水中，可在脂肪球表面形成蛋白膜，使脂肪以微粒形式分散于水中，形成较稳定的乳浊液，且酪蛋白在正常巴氏杀菌温度下不具热凝性，所以这层酪蛋白膜不会因变性收缩，起到了良好的乳化稳定作用，其在肉制品中的添加量约1%。

酪蛋白钠可与水、脂肪预先制取稳定的乳化液（酪蛋白钠：水：脂肪＝1：8：8），在拌馅过程中加入，可增加灌肠的保水性、保油性，增强肉的结着力。

3. 卵蛋白

卵蛋白即蛋清，占全卵重的60%，是有黏度的水溶性蛋白质，是由卵白蛋白、伴清蛋白、溶菌酶、卵黏蛋白、卵类黏蛋白等8种蛋白质混合而成的。卵蛋白有冻结和干燥两种贮存形式，肉制品加工中几乎使用的都是蛋清粉。

（五）保　水　剂

为了提高肉的保水性，通常在肉中添加磷酸盐。磷酸盐不仅能提高肉的保水性，减少营养物质流失，增加弹性和结着力，使制品富有鲜嫩的口感，还能封闭金属离子，防止添加剂和盐的再结晶，增加乳化性，防止氧化、腐败，防止维生素分解。国外在火腿和灌肠配方中已普遍使用磷酸盐。磷酸盐有多种，目前我国肉制品中允许添加的磷酸盐主要有焦磷酸钠、三聚磷酸钠和六偏磷酸钠三种。

磷酸盐在肉制品加工中有各种使用方法，一般在腌制时使用量为原料肉的0.2%～0.4%最适宜，通常是聚磷酸盐与焦磷酸盐等混合起来使用，一般不使用单一品种。

（六）着　色　剂

着色剂又称食用色素，是指为使食品具有鲜艳的色泽、良好的感官性状以增进食欲而加入的物质。食用色素按其来源和性质分为食用天然色素和食用合成色素两大类。

食用天然色素主要是由动物、植物组织中提取的色素，包括微生物色素。食用天然色素中除藤黄（gamboge）对人体有剧毒不能使用外，其余的一般对人体无害，较为安全。

食用合成色素也称合成染料，属于人工合成色素。食用人工合成色素多系以煤焦油为原料制成，成本低廉，色泽鲜艳，着色力强，色调多样，但大多数对人体健康有一定危害，且无营养价值。因此，在肉品加工中的使用要控制在限量范围内。

1. 天然着色剂

天然着色剂是从植物、微生物、动物可食部分用物理方法提取精制而成。天然着色剂的开发和应用是当今世界发展趋势，如在肉制品中应用越来越多的红曲米、红曲色素、焦糖色素、高粱红、栀子黄、姜黄色素等。天然着色剂一般价格较高，稳定性稍差，但比人工着色剂安全性高。

1）*红曲米和红曲色素*　红曲米是由红曲霉接种于蒸熟的大米上，经培养繁殖后所产生的红曲霉红素。红曲色素是由红曲霉菌菌丝体分泌的次级代谢物。能形成红曲色素的真菌主要有 3 种，即紫红曲霉、红色红曲霉和毛曲霉。红曲米和红曲色素对酸碱度稳定、耐热性好、耐光性好，几乎不受金属离子、氧化剂和还原剂的影响，着色性、安全性好。因此，红曲米和红曲色素是肉类制品加工中最为常用的天然着色剂。

但是，使用时应注意用量不能太大，否则将使制品的口味略有苦酸味，并且颜色太重而发暗。另外，使用红曲米和红曲色素时应添加适量的食糖，用以调和酸味，减轻苦味，使肉制品滋味更加柔和。

2）*焦糖色素*　焦糖色素又称酱色或焦糖，或糖色，为红褐色或黑褐色的液体、块状或粉末状。可以溶解于水及乙醇中，具有焦糖香味和微苦味，但稀释至常用浓度则无味。焦糖的颜色不会因酸碱度的变化而发生变化，并且也不会因长期暴露在空气中受氧气的影响而改变颜色，即使在 150～200℃的高温下也非常稳定，是我国传统使用的色素之一。

焦糖色素在肉制品加工中常用于酱卤、红烧等肉制品的着色，其使用量按正常需要而定。

3）*高粱红*　高粱红是以高粱壳为原料，采用生物加工和物理方法制成，有液体制品和固体粉末两种，属水溶性天然色素，对光、热稳定性好，抗氧化能力强，与天然红等水溶性天然色素调配可呈紫色、橙色、黄绿色、棕色、咖啡色等多种色调。肉制品中使用量视需要而定。

2. 人工着色剂（化学合成着色剂）

人工着色剂常用的有苋菜红、胭脂红、柠檬黄、日落黄、亮蓝等。人工着色剂在使用限量范围内使用是安全的，其色泽鲜艳、稳定性好，适于调色和复配。价格低廉是其优点，但由于对其安全性的担忧，肉类加工很少使用。

（七）防　腐　剂

防腐剂是能够杀死或抑制微生物生长繁殖、防止食品腐败变质、延长食品保存期的一类物质。我国《食品添加剂卫生标准》中允许使用的防腐剂有 10 多种，在肉类加工中常用的有以下 4 种。

1. 乙酸

1.5%的乙酸就有明显的抑菌效果。在 3%范围以内，因乙酸的抑菌作用，减缓了微生物的生长，避免了霉斑引起的肉色变黑变绿。当浓度超过 3%时，对肉色有不良作用，这是由酸本身造成的。例如，采用3%乙酸和3%抗坏血酸处理时，由于抗坏血酸的护色作用，可以获得良好的护色、防腐作用，且不影响肉的风味。

2. 山梨酸钾

山梨酸钾在肉制品中的应用很广，它能与微生物酶系统中的巯基结合，破坏许多重要酶系，达到抑制微生物增殖和防腐的目的。由于山梨酸是一种不饱和脂肪酸，它在人体内可以正常地参与代谢，可以看作是食品成分之一，对人体无害。山梨酸钾可以有效地抑制沙门氏菌、腐败链球菌。目前广泛地应用于白条鸡、午餐肉、鱼类产品的防腐保鲜中。除单独使用外，山梨酸钾还可以与磷酸盐、乙酸等结合使用，效果更好。

3. 乳酸钠

乳酸钠的使用目前还很有限。美国农业部（USDA）规定最大使用量高达4%。乳酸钠的防腐机制一是添加的乳酸钠降低产品的水分活性，二是乳酸根离子对乳酸菌有抑制作用，阻止微生物的生长。目前，乳酸钠主要应用于禽肉的防腐。

4. 乳酸链球菌素

乳酸链球菌素（nisin）是由乳酸链球菌合成的一种多肽抗生素，由氨基酸组成，为窄谱抗菌剂。只能抑制或杀死革兰氏阳性细菌，如乳酸杆菌、链球菌、芽孢杆菌、梭状芽孢杆菌或其他厌氧性形成芽孢的细菌等，对革兰氏阴性菌、酵母菌及真菌均无作用。乳酸链球菌素可有效阻止肉毒梭菌的芽孢萌发，它在保鲜中的重要价值在于它针对的细菌是食品腐败的主要微生物。可用于肉、鱼、禽类肉制品，最大用量为0.5g/kg。

（八）抗氧化剂

肉制品中含有丰富的油脂成分，在存放过程中常常发生氧化酸败，添加抗氧化剂可以延长制品的贮藏期。抗氧化剂有油溶性抗氧化剂和水溶性抗氧化剂两大类。油溶性抗氧化剂能均匀地分布于油脂中，对油脂或含脂肪的食品可以很好地发挥其抗氧化作用。水溶性抗氧化剂是能溶于水的一类抗氧化剂，多用于对食品的护色（助发色剂）、防止氧化变色以及防止因氧化而降低食品的风味和质量等。肉类加工中常用的抗氧化剂有以下5种。

1. 丁基羟基面香醚（BHA）

丁基羟基面香醚为白色或微黄色的蜡状固体或白色结晶粉末，带有特异的酚类臭气和刺激味，对热稳定。不溶于水，溶于丙二醇、丙酮、乙醇与花生油、棉籽油、猪油。BHA有较强的抗氧化作用，还有相当强的抗菌力，是目前国际上广泛应用的抗氧化剂之一。最大使用量（以脂肪计）为0.01%。

2. 二丁基羟基甲苯（BHT）

二丁基羟基甲苯为白色或无色结晶粉末或块状，无臭无味，对热及光稳定，不溶于水和甘油，易溶于乙醇、乙醚、豆油、棉籽油、猪油。BHT抗氧化作用较强，耐热性好，价格低廉，但其毒性相对较高。它是目前在肉制品加工方面广泛应用的廉价抗氧化剂。

3. 没食子酸丙酯（PG）

没食子酸丙酯为白色或浅黄色晶状粉末，无臭、微苦。易溶于乙醇、丙酮、乙醚，难溶于脂肪与水，对热稳定。PG对脂肪、奶油的抗氧化作用较BHA或BHT强，三者混合使用时最佳。加增效剂柠檬酸则抗氧化作用更强。

4. 生育酚（VE）

生育酚又称维生素E，为黄色至褐色几乎无臭的澄清黏稠液体，溶于乙醇，几乎不溶于水。可和丙酮、乙醚、氯仿、植物油任意混合，对热稳定。其抗氧化作用比BHA、BHT的抗氧化力弱，但毒性低，也是食品营养强化剂。主要适于作婴儿食品、保健食品、乳制品与肉制品的抗氧化剂和营养强化剂。

5. 茶多酚（TP）

茶多酚是一种从茶叶中提取而得的抗氧化剂。主要成分是儿茶素类，对油脂和含油食品具有优异的抗氧化作用，具有防止食品褪色、抑菌、抗人体衰老、提高维生素类物质的稳定性和抑制致癌物质——亚硝酸胺的形成等作用，有助于人体保健和治疗人类疾病。茶多酚安全性高，我国规定用于油脂、火腿的最大用量为0.4g/kg；用于油炸食品最大用量为0.2g/kg，用于肉制品、鱼肉制品最大用量为0.3g/kg。

第二节　兔肉精深加工基本工艺与设备

肉制品加工的主要目的在于通过各种工艺方法对原料肉进行处理，使最终产品具有良好而特有的颜色、香味、香气、形状和口感，提高肉品的营养生理价值和食用特性，同时保证产品卫生安全，改善产品可贮性，延长产品保存期。为此可采用的基本工艺包括冷却或冻结、腌制、绞切、斩拌、充填灌装、蒸煮、烟熏、油炸、包装等。

一、冷却或冻结

低温控制是大多肉制品加工中必需的条件。肉的分割初加工、肉品腌制、绞切、斩拌、发酵初期等工序及成品贮藏时保持较低温条件，方可使原料呈现最佳的加工工艺特性（表2-1）。尤其是原料肉生产中，冷却、冷冻与冷藏是保证原料优质和均衡供给的最佳方法，因此冷藏和冷冻是原料生产中最重要的工艺。

表2-1　肉制品生产中不同工序的低温控制条件

工序	蒸煮香肠/℃	盐水火腿/℃	发酵香肠/℃
原料肉	－1～2（或－30）	－1～2	－30～0
原料肉分割	<12	<12	<12
腌制	2～8	0～5	
绞切、斩拌	10～18		－5～0
滚揉	<6	<6	
充填灌装	<20	<15	－3～1
发酵			10～20
产品包装	<15	<15	<15
产品贮藏	－1～2（<7）	－1～2（<5）	<15

（一）原料肉冷却

肉品生产上一般采用两种方法冷却原料肉，即速冷法和急冷法。

速冷法：在−1～2℃的冷藏间，使肉温降至<4℃。

急冷法：将鲜肉置于−8～−5℃冷藏间冷却 2h 后移入 0℃冷室，使肉温降至<4℃。

原料肉冷却与冷却肉贮藏参考值如表 2-2 所示。

表 2-2 原料肉冷却及冷却肉贮藏条件

参考控制值	冷却			冷藏	
	速冷法	急冷法		非包装	真空包装
		第一阶段	第二阶段		
冷室温度/℃	−1～2	−8～−5	0	−1～2	−1～2
相对湿度/%	85～95	约 90	约 90	85～95	85～95
气流速度/(m/s)	0.3～3	2～4	0.1～0.3	0.1～0.3	0.1～0.3
光照/lx				<60 或避光	<60 或避光
冷却时间/h	12～24（猪）	2	8～24（猪）		
	18～36（牛）		18～36（牛）		
肉温/℃	≤7		≤7		

胴体在屠宰后如果尽快地冷却，就可以得到质量好的肉，同时还可以减少损耗，有助于保鲜。冷却的胴体肉，通常可在屠宰后的第二天进行分割。胴体肉的温度在达到3～4℃时效果最佳。通过分割加工，温度会有所上升，所以不要马上转入冷藏、冷冻，而需要设置一间可使温度降至所需温度的预冷间。

冷却肉的冷藏是指不会使冷却肉的温度产生不良变化的一种贮藏方法，为此有专用的冷藏库。在冷却肉生产中，即使未达到一般的最终温度的胴体，也可以从冷却间中取出进行加工。肉温为 2～5℃的胴体，经过加工处理，温度可接近 10℃。这些肉不要马上移入冷藏库，应先入预冷室，待冷却到规定温度后再进行冷藏。

冷藏室的温度一般为 0～1℃，所以胴体温度要先降至冷藏室温度之后再送入冷藏室。相对湿度为 85%～90%，冷风流速为 0.1～0.5m/s 是较合适的。原料肉在快速冷却时，表面会产生适度的干燥，形成一层水分含量少的皮层，因此可以防止细菌繁殖。按上述条件冷藏的肉是理想的。

另外，冷藏室的空气湿度一旦下降，肉表面会有相当多的水分蒸发，肉的质量也会随之减少 2%～5%，产生经济损失。相反，空气中的湿度过大则会促使霉菌出现。可通过较适温度和湿度的调整，解决肉的干燥和霉菌产生等问题，使其处于良好的保存状态。

（二）原料肉冷冻

原料肉的冷冻也有两种方法：一是冷气冻结法，制冷空气温度为－45～－30℃，气流速度为2～4m/s；二是接触式冻结法，冻结温度为－45～－30℃。肉料冻结的原则是尽可能迅速，这样对原料质量保持有利。迅速冻结至－30～－20℃，可使肉内形成的冰晶多而小，对原料质量保持有利。而解冻则是尽可能缓慢，最佳解冻温度是0～5℃，汁液渗出损失最小，当然所需解冻时间也就较长。

肉类冻结前需经预处理加工工序，冻结前的加工大致可分为三种形式：胴体劈半后直接包装，将胴体分割、去骨后再包装、装箱，以及胴体分割、去骨然后装入冷冻盘。

1. 装箱分割肉的冻结

分割装箱冻结方法，是将劈半的胴体肉分割成部位肉、修整、装箱、冻结，即把劈半的胴体肉分割为前肩、背、腹、后腿4部分，这些分割肉约占胴体肉质量的75%（去皮肉）和70%（去毛带皮肉）以上，然后分别用聚乙烯薄膜包好。如果还要装入纸箱，则再包一层聚乙烯薄膜。装箱方法各块肉不尽相同，前肩和后腿装入大箱，背肉和腹肉装入小箱，每箱均装4块。接着用固定钉将纸箱封牢，再用纸带捆缚，以免肉和箱壁产生空隙。纸箱原料为双面防水的瓦楞纸。装入纸箱的分割肉要尽快装入－33℃以下的快速冻结库，24h后移入－20℃以下的冻结贮藏库。

2. 冷冻盘内分割肉的冻结

盘式冻结即将冷冻盘摆在操作台上，分割肉的脂肪面朝下，将肉面对肉面叠放，或横着并排摆放。注意肉与肉要接触紧密，表面不要出现凹凸现象，同时还须考虑冻结会产生大约10%的体积膨胀。冻结多为接触冻结的方式，通过油压装置从上下两面同时加压，所以冻结肉的形状几乎是一样的。

在撤盘时，由于肉和冷冻冰粘在一起，不可能直接分离，因此可用自来水浇，或者放入脱盘罐，给以轻度振荡，使两者分离。然后将冻结肉浸渍于水中包冰膜（用2～3mm的薄冰层将冻结肉的表面保护起来），在室温升高后，冰膜会融化，所以理想的温度是－5℃以下。通过这层冰膜可以使冻结肉与空气隔绝。由于冰膜会产生升华（成为蒸汽），时间一长会全部消失，因此需经常加冰膜，尤其是冻结肉的角部等处冰膜的损失较快，每隔2～3min加2～3次薄冰，冰膜就会逐渐增厚，以至达到3%～3.5%（冰薄升华量1年约为2%）。

3. 胴体的冻结

快速冷却的整片肉，通过吊轨直接移入快速冻结室冻结。达到－30℃所需要的时间，无包装胴体肉和弹力针织包装胴体肉为10h，聚乙烯和弹力针织双层包装的胴体肉约为20h。冻结胴体肉和弹力针织包装胴体肉，一经冻结贮藏，伴随着时间的推移，胴体会发生水分蒸发、氧化及冻灼伤。为防止这些现象，要加冰膜予以保护。但冰膜附着力较差，会产生龟裂，需采用添加剂法弥补薄冰的这一缺陷。

4. 带骨分割肉包装、装箱后的冻结

将整片带骨肉分割成前肩、背、腹、后腿4部分，然后用聚乙烯薄膜加以包装，装入瓦楞纸箱内。在这些纸箱上没有特意标明肉的数量，可以随意装入。装箱花费时间较长，需按前肩、腹、背、后腿的顺序依次装入。

（三）设　　备

1. 冷却冷冻设备

冷风冷却是利用强制流动的冷空气使被冷却食品的温度下降的一种冷却方法。它是一种应用范围较广的冷却方法。在兔肉制品加工中可根据生产规模及产品要求选择适宜的设备，包括各类活动式冷库、组合式固定冷库等（彩图 21）。

进入冷却间刚屠宰不久的肉胴或分割肉约为 35℃。为了抑制微生物和酶的活动，保持食品的鲜度，必须迅速将物品温度降至±0.5℃左右，并尽可能减少它的干耗。冷却间的温度一般采用 0℃（肉冷却间可采用－2℃），相对湿度为 90%。冷风冷却装置中的主要设备为冷风机。图 2-1 和图 2-2 所示为肉冷却设备布置和冷却装置示意图。

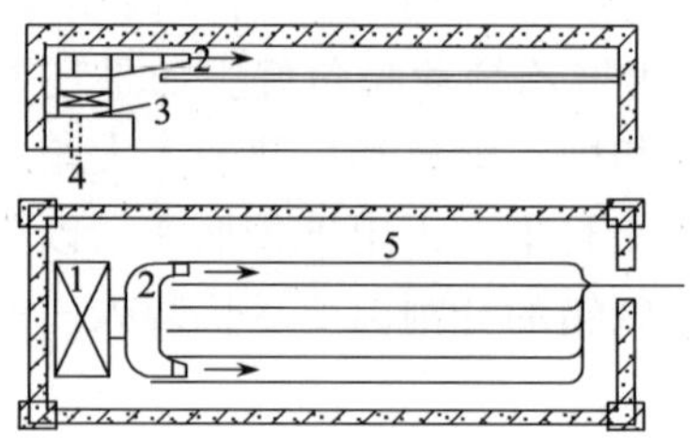

图 2-1　肉冷却设备布置示意图

1 为冷风机；2 为喷风机；3 为水盘；4 为排水管；5 为吊轨

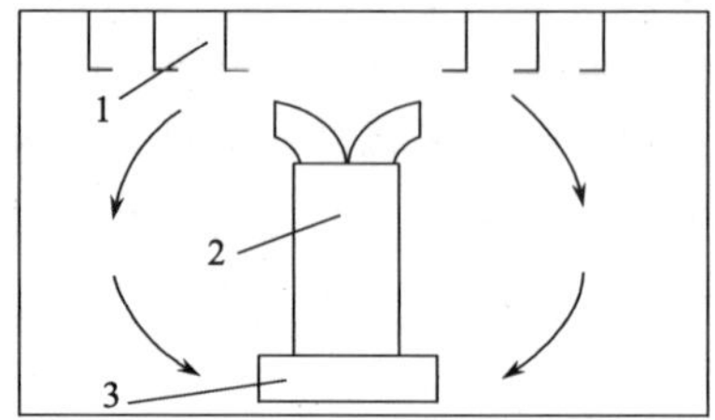

图 2-2　肉类冷风冷却装置示意图

1 为吊钩；2 为风道；3 为冷风机

为了使屠宰后的肉胴温度能在 20h 内从 35℃冷却至 4℃，一般采用柜式冷风机，并配置集中送风型的大口径喷口。冷风机通常布置在冷却间的纵向一端，它的四侧离墙面或柱边的间距不应小于 400mm，冷风机的设置高度应尽量利用库房的净高，使它的喷口上端稍低于库房的楼板底或梁底。经冷风机翅片管蒸发器冷却后的空气借离心式风机从喷口射出，并沿吊轨上面射向冷却间的末端，再折向吊轨下面，从吊挂的肉间流过，冷空气与肉进行热交换后又回到冷风机下面的进风口。冷空气的这种强制循环，加速了肉的冷却过程。同时，由于喷口气流的引射作用，靠近冷风机侧的空气循环加剧，从而使冷却间内的温度比较均匀。

在冷藏库的冷却间对肉类采用快速冷却，可采用变温快速两段冷却：第一阶段是在快速冷却隧道或冷却间内进行，空气流速为 2m/s，空气温度一般为－15～－5℃，相对湿度为 90%，当胴体表面温度降到－2～0℃时，后腿中心温度还在 16～20℃，这一阶段的特征是散热快，肉胴表面温度达 0℃以下，形成了“冰壳”；然后在温度为－1～1℃，相对湿度为 90%的空气自然循环冷却间内进行第二阶段的冷却，经过一定时间，肉内外温度基本趋向一致，达到平衡温度 4℃时，即可认为冷却结束。

国外采用另一种二段冷却法，第一阶段温度达到－35℃，对于猪等较大屠体在 1h 内完成；第二阶段冷却室空气温度为－20℃。整个冷却过程中，第一阶段在肉类表面形成不大于 2mm 的冻结层，此冻结层在 20h 的冷却过程中一直保持存在，研究认为这样可有效减少干耗，其自然干耗平均为 1%，较常法少 40%～50%。用快速方法冷却的肉类外观良好，色泽味道正常，并大大缩短了冷却时间。

采用变温快速两段冷却法的优点是：食品干耗小，平均干耗量为 1%；肉的表面干燥，外观好，肉味佳，在分割时汁液流失量少。但由于冷却肉的温度为 0～4℃，在这样的温度条件下，不能有效地抑制微生物的生长繁殖和酶的作用，所以只能作 1～2 个星期的短期贮藏。

常见的冷却设备为隧道式冷却装置，其工作原理是利用流动的冷空气使被冷却食品的温度下降，是冷风冷却的一种形式。在装置一侧的冷风机将冷却后的空气吹出，并在冷却装置中作横向循环，被冷却的食品放在金属传送带上作纵向输送，冷空气与食品发生热交换，使食品冷却（图 2-3）。

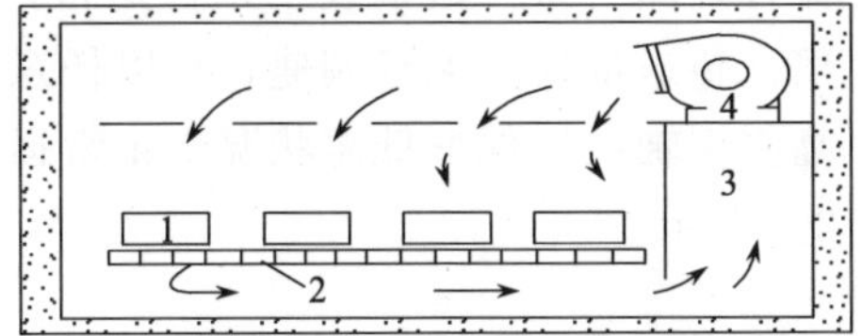

图 2-3　隧道式冷却装置示意图
1 为食品；2 为传送带；3 为冷却器；4 为风机

2. 冻结设备

肉品速冻设备主要有直接冻结设备和间接冻结设备。直接冻结设备有浸渍式、喷淋式，间接冻结设备有吹风式和接触式。

1）*浸渍式快速冻结装置*　　浸渍式快速冻结是将食品直接与温度很低的液体冷媒接触，从而实现快速冻结的方法，由于食品与液体冷媒直接接触，传热效果好。

浸渍式快速冻结装置结构，主要分上下两部分，上部装有给料装置、提升装置、传送装置和隔热结构，下部设排气管道，以排出大量的蒸发气体（图 2-4）。装置底架采用高强度不锈钢，并带有调节螺栓，调节十分方便。传动轴等部件均采用绝热处理或镀聚四氟乙烯。围护结构进出口设置三道，以防止跑冷。液氮的液面控制采用液位计控制，传送带调速采用变频调速，可以按不同产品调整不同的运行速度。装置还配备了报警系统，主要用于装置的正常运行监视，当装置主要部件发生故障时能及时告示管理人员，如运行不正常或液位过高或过低时，即发出警报。

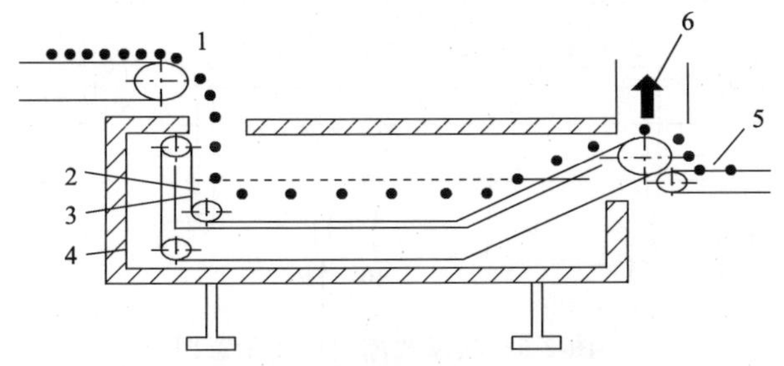

图 2-4　浸渍式快速冻结装置示意图
1 为进料口；2 为液氮；3 为传送带；4 为隔热箱体；5 为出料口；6 为氮气出口

2）**喷淋式快速冻结装置**　喷淋式快速冻结是利用超低温制冷剂的喷雾实现制冷，如使用压缩液氮、二氧化碳等喷淋冻结食品。用此法制成的速冻食品，其水分成为微细的冰晶，而细胞组织破坏少，其产品品质上乘。喷淋式快速冻结装置主要分三个区段，即预冷区、喷氮区、冻结区。产品产物进入预冷区，在高速氮气流吹冲下表层迅速冻结，而后进入喷氮区，液氮直接喷淋在产品上气化蒸发，吸收大量热量使产品继续冻结，最后在冻结区内冻结到温度中心点为－18℃。装置的传送机构一般设置单流程或三流程，即一条传送带或三条传送带，当装置长度相同时三流程冻结能力为单流程的三倍。传送带采用无级调速，可以任意选择传送速度。装置结构均采用不锈钢。风机采用高强度轴，以保证低温状况下正常运行，并装设长效单列滚珠轴承。液氮冻结装置如图2-5所示。

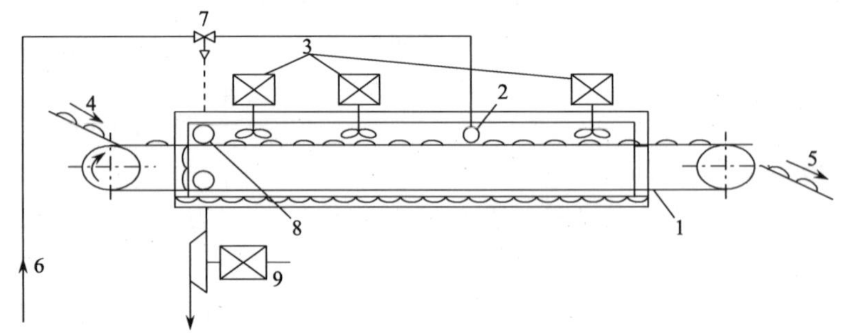

图 2-5　液氮冻结装置示意图

1 为传输带；2 为喷头；3 为风机；4 为进料；5 为出料；6 为供液氮管线；7 为调节阀；8 为感温器；9 为氮气排出口

3）**吹风式冻结设备**　吹风式冻结设备是利用空气作流动介质进行冻结的设备，是目前速冻食品行业的主要冻结设备（图2-6）。

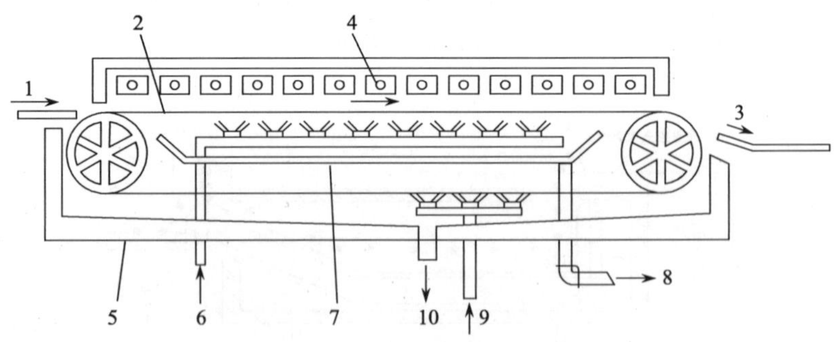

图 2-6　吹风式冻结设备示意图

1 为进料口；2 为钢质传送带；3 为出料口；4 为空气冷却器；5 为隔热外壳；6 为盐水入口；7 为盐水收集器；8 为盐水出口；9 为洗涤水入口；10 为洗涤水出口

4）接触式快速冻结设备　接触式冻结是指用制冷剂或低温介质冷却的金属板与食品密切接触使食品冻结的方法，因此又称为平板冻结法，是一种常用的速冻方法。接触式快速冻结装置一般由钢或铝合金制成的金属板并排组装起来，在板内配有蒸发管或制成通路，制冷剂在管内（或冷媒在通路内）流过，各板间放入食品，以液压装置使板和食品贴紧，拟提高平板与食品之间的表面传热系数。由于食品的上下两面同时进行冻结，故冻结速度大大加快。

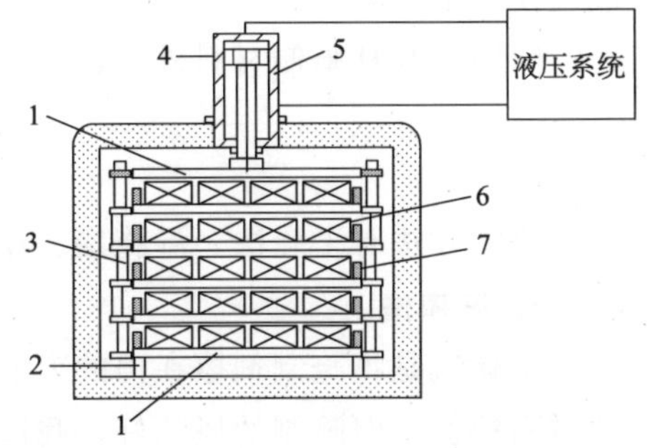

图 2-7　卧式平板冻结机示意图

1 为冻结平板；2 为支架；3 为连接铰链；4 为液压元件；5 为液压缸；6 为食品；7 为木垫块

接触式快速冻结装置的优点是不需要冷风，占空间小，每吨食品冻结时平板冻结装置占 6～7m^3，单位面积生产率高，因此能源消耗低。

接触式冻结装置有卧式和立式两种，图 2-7 为卧式平板冻结机示意图。

二、腌　　制

（一）腌制的目的

腌制是为了改善肉的风味、稳定肉的颜色、抑制微生物的生长繁殖、延长肉制品的货架期。

（二）肉制品中常用的腌制剂

肉制品中使用的腌制剂主要是食盐、硝酸盐和亚硝酸盐、砂糖、葡萄糖、碱性磷酸盐、抗坏血酸钠、异抗坏血酸钠。

1）食盐　食盐是肉类腌制中最基本的原料，它可使制品有一定的咸味，同时可提高肉品的保水性和黏结性，也能抑制微生物的生长。食盐在肉品中的添加量一般为2.5%～3%。

2）硝酸盐　硝酸盐的主要作用是使肉及肉制品呈现稳定的颜色，也具有抑制肉毒梭菌的作用。硝酸盐的最大使用量为 0.05%。

3）亚硝酸盐　亚硝酸盐的作用与硝酸盐基本一致，只是亚硝酸盐的效果更好更快。由于亚硝酸盐的毒性很强，应特别注意，必须严格按比例添加，最大使用量为 0.015%。

4）砂糖、葡萄糖　糖类的主要作用是增加肉制品的甜度，缓解盐的咸味，使肉变得柔嫩，产生风味物质，提高制品质量。砂糖、葡萄糖的用量一般为原料肉的0.5%～1%。

5）碱性磷酸盐　碱性磷酸盐可以提高肉制品的保水性，减少汁液流失。一般使用量为 0.5%。

6）抗坏血酸钠、异抗坏血酸钠　主要作用是加速腌制，促进发色。因此，也将这类物质称为发色辅助剂。抗坏血酸钠、异抗坏血酸钠还可减少致癌物质亚硝胺的形成。使用量一般为0.03%～0.05%。

除以上几种腌制材料外，还有使肉嫩化的两类，如木瓜蛋白酶、无花果蛋白酶等。

（三）腌 制 方 法

腌制方法有干腌法、湿腌法、注射腌制法、混合腌制法等。

1. 干腌法

干腌法是将腌制剂擦在肉的表面上，然后层堆起来的一种腌制方法。这种方法腌制的时间较长，但腌制的风味好，我国几种著名的火腿、咸肉等就是采用这种方法腌制。

2. 湿腌法

湿腌法是将肉浸泡在腌制剂中腌制的一种，此方法常用于分割肉、肋部肉的腌制。配制腌制液时，一般是用沸水将各种腌制材料溶解，冷却后使用。腌制温度3～5℃，时间4～5天。湿腌的制品，色泽和风味不如干腌制品，且费工费时，肉蛋白质流失也较多，制品不易保藏。干腌和湿腌结束的原料肉，要进行水浸。

3. 注射腌制法

传统的干腌和湿腌法，腌制剂的渗透和扩散受盐水浓度和温度的影响，腌制时间长，条件不易控制，且腌制不均匀。注射腌制法是用多针头盐水注射机将配制好的腌制液均匀注射入肉的内部的一种腌制方法。它的特点是腌制时间短、效率高，但其成品质量不及干腌制品，风味较差，煮熟时肌肉收缩的程度也较大。盐水注射法分动脉注射腌制法和肌肉注射腌制法。

1） *动脉注射腌制法* 此法是使用泵将盐水或腌制液经动脉系统压送入分割肉或腿肉内的腌制方法，为扩散盐液的最好方法。但一般分割胴体的方法并不考虑原来的动脉系统的完整性，故此法只能用于腌制前后腿。腌制液一般用16.5～17波美度。其优点在于腌制液能迅速渗透肉的深处，不破坏组织的完整性，腌制速度快。不足之处是用于腌制的肉必须是血管系统没有损伤、刺杀放血良好的前后腿。同时产品容易腐败变质，必须进行冷藏。

2） *肌肉注射腌制法* 肌肉注射法分单针头和多针头2种，注射用的针头大多为多孔的。但针头注射法适合于分割肉，一般每块肉注射3～4针，每针腌制液注射量为85mL左右，一般增重10%。肌肉注射可在磅秤上进行。

多针头肌肉注射最适合用于形状整齐而不带骨的肉类，肋条肉最为适宜。带骨或去骨肉均可采用此法。多针头机器，一排针头可多达20枚，每一针头中有小孔，插入深度可达26cm，平均每小时注射60 000次。由于针头数量多，两针相距很近，注射时肉内的腌制液分布较好，可获得预期的增重效果。

肌肉注射时腌制液经常会过多地聚集在注射部位的四周，短时间难以散开，因而肌肉注射时就需要较长的注射时间以便充分扩散腌制液。

盐水注射法可以降低操作时间，提高生产效益，降低生产成本，但其成品质量不及干腌制品，风味稍差，煮熟后肌肉收缩的程度比较大。

4. 混合腌制法

混合腌制法是为了克服单种腌制方法的不足，将两种腌制方法结合起来进行腌制。肉类加工中一种是把干腌法和湿腌法结合起来，先行干腌，然后再湿腌，该法具有色泽好，营养成分损失少，咸度适中的优点。另一种是把注射法和干腌法或湿腌法结合起来，即先注射盐水，然后再干腌或湿腌。

（四）腌 制 设 备

用于肉类的腌制工艺，除必需的腌缸、腌制冷库等用具及装置外，主要设备有盐水注射机、嫩化机、滚揉机等。

1. 盐水注射机

大块肉盐渍时，为缩短盐渍时间，可用注射器定量池将盐水直接注入肌肉中，使盐浓度分布均匀，腌制速度加快。注射器分手动式和自动式（空压式），见彩图 22 和彩图 23。现在多用多针头自动式，一般遇到骨头的会停止注射。

盐水注射机分高压盐水注射机（注射压力 0.8～1.2kPa）、中压盐水注射机（注射压力 0.5～0.7kPa）两种。由于生产高档产品盐水注射率有严格的规定，因而一般都选用中压盐水注射机。盐水注射机的型号和生产厂家很多。有几个针头的手动注射器，也有机械化程序很高的全自动连续注射机，注射针头从十几只到几百只不等。

值得提及的是，在选用盐水注射机时，要看盐水注射后其盐的分布是否均匀。在选择盐水注射机的产量时，也要注意盐水注射机的一次注射率，因为一次注射率与产量的关系很大。例如，注射 25%盐水，产量为 1000kg；注射 50%盐水，产量为 750kg；注射 75%盐水，产量为 500kg。如果需要增加注射率，可以两次注射或三次注射，但两次或两次以上的注射，易导致腌制肉污染上细菌。

目前我国生产盐水注射机的工厂很多，注射机的型号也不少，但一般尚不能达到进口盐水注射机的质量，为提高盐水注射机的质量，大多通过进口针头的方法来改进。

2. 嫩化机

嫩化机又称为蛋白活化机，它用三种方法来嫩化肉质。

刻痕：用多组圆盘形刀片切开肉的表面，肉的结缔组织和肌纤维被切断，由此获得具有真正嫩化作用的极其有效的“切缝效应”。

挤压：一对特殊形状的挤压滚筒，把肉的表面积延伸到最大限度，从而带来最佳的蛋白质活化。

拉长：通过滚筒的不同转速，使肉片拉长的功能效果得到最大提高。滚筒之间的间隔距离能够调到加工肉所需要的最佳程度，此外，可以使用各种类型的滚筒，如切缝滚筒、嫩化滚筒、挤压滚筒任意组合。例如，一种产品可用两对滚筒，另一种产品用一对滚筒来进行加工。常见的嫩化机见彩图 24。

3. 滚揉机

滚揉机的种类很多，有立式、卧式、真空式、控温式等多种类型。立式滚揉机、卧式真空滚揉机见彩图 25 和彩图 26。

立式滚揉机：它是由滚揉筒体、菱形桨叶、出料口等组成。肉原料按不同部位及不同工艺来决定，此机的运行时间可以人工控制，也可由机上安装的时间控制器来控制。此机结构简单，造价低廉，移动方便，但滚揉的效果不如真空滚揉机，同时出料时需用人工向外掏捞，很不方便。

真空滚揉机：可以自动加料和出料，用200L肉车由加料提升机和倒空装置加肉和出肉，由盐水注入口加入额外的盐水。在真空滚揉机上，装有高容量的真空泵，保证整个滚揉时间达到规定的真空度。强大的滚揉系统，滚筒的转速可以无级调速，并从0～12r/min任意设定来回正反转，按需要通过编程序机构将滚筒交替转向，划分成每个转向的独立程序。强大的真空系统在全部滚揉时间，包括该滚筒转动时，都能抽空，所以肉中所有的气穴都被除掉。交替的抽真空、空气吸入，使肉充气形成呼吸，通过呼吸来冲击滚揉，可得到最好的滚揉效果。有的滚揉机，还可以用CO_2来充气，当滚揉到最后阶段，充入可以抑制细菌生长和有一定杀菌作用的CO_2，微生物生长被抑制或制止，从而增加了肉产品的保质期。普通的无夹层的真空滚揉机和立式滚揉机，应放置在0～4℃的环境下工作。

可控温度的真空滚揉机：在真空滚揉机筒体外面，增设夹套，安装制冷回路，通入制冷剂，控制滚揉机内物料的温度（保持在0～4℃）。近几年来一批真空滚揉机采用了这种控温方法。

国内多家食品机械厂已生产出200～1500L的真空滚揉机，并带有程序控制器，基本上可满足国内肉制品工厂的需要。

三、绞切与斩拌

除生产火腿和培根类制品外，其他的灌肠制品、乳化制品等都要将原料肉进行绞切、斩拌和搅拌。

（一）绞　　切

绞肉的目的是将不同的原料肉，按要求大小切碎。绞肉在绞肉机中进行。绞肉操作中要求肉温不能超过10℃，因此在绞肉前最好把原料肉先微冻一下并切成小块。在绞脂肪时，投入量应少一些，防止脂肪融化。

（二）斩　　拌

斩拌是乳化型、重组型肉制品加工重要工艺，如西式香肠、灌肠、午餐肉、火腿肠、肉丸等产品加工均需斩拌，其目的是使原料肉馅通过乳化产生黏着性，同时在斩拌时还可将各种辅料混合均匀。斩拌在斩拌机中进行。斩拌的好坏直接决定着产品的质量，对于灌肠制品，斩拌工序尤其重要。斩拌机的刀速越快、刀刃越利，斩拌效果越好，肉馅的黏结性、保水性、乳化效果好，制品中脂肪不易分离。斩拌过程的温度不能超过15℃，故在斩拌中要添加冰水或冰屑（水的添加量根据产品类型为原料肉的5%～25%），斩拌时应先斩瘦肉，然后逐渐加入部分冰水，斩拌一段时间后，加入脂肪和调味料、香辛料、剩余的冰水等。

（三）搅　　拌

搅拌的目的是使原料肉、半成品或肉馅与其他辅料混合均匀。搅拌在搅拌机中进行。搅拌时应将准备好的原料肉、脂肪、半成品、其他辅料按配方称好，并按顺序（同斩拌的顺序一样）加入搅拌机。搅拌时间根据不同原料及产品要求而异，如肉馅搅拌需要 5～10min。

（四）切块成型

在有的产品加工中，需对成品和半成品进行绞切、成型处理，如兔肉干预煮后的切丁或切片，兔肉松蒸煮后的炒松、拉丝，兔酱调制后的磨细等。切块成型具体要求根据不同产品类型而定。

（五）设　　备

1. 绞肉机

绞肉机用于鱼肉及其他剔骨去皮肉类的绞碎。它主要由送料装置、切割装置、传动装置和机架构成，如彩图 27 所示。

送料装置包括料斗和送料螺旋。送料螺旋是一根变螺距、变根径的螺旋，其螺距沿物料匀送出方向逐渐减小，而根径则逐渐增大，因此，螺旋与机壳内壁之间容腔的容积也逐渐减小，使容腔对物料的挤压力逐渐加大，物料在越来越大的挤压力作用下沿轴向不断移动，直至被切割装置切割。送料螺旋的螺纹表面应光滑平整，以保证顺利送料，送料螺旋与机壳内壁的间隙不宜过大，以免物料从过大的间隙处产生倒流而影响送料效率和挤压力。

切割装置包括孔板和十字切刀。十字切刀一般有 4 个刀刃，用工具钢制造，它装在送料螺旋的端头，并随之一起旋转。孔板是一块钻有许多相同规格孔的金属板，用紧固螺母压紧在机壳上，并与切刀紧密贴合。清洗或更换孔板时，卸下紧固螺母，孔板可很方便地取下。一台绞肉机配有几种孔眼规格不同的孔板，以供选用，粗绞时可用孔径为 8～10mm 的孔板，细绞时可用孔径为 3～5mm 的孔板。孔板厚度一般为 10～20mm，常用不锈钢或低碳钢经渗碳、淬火、镀铬处理。

电动机通过皮带轮驱动送料螺旋旋转，其转速为 300～400r/min。

工作时，放于料斗内的物料，在不断旋转的送料螺旋作用下向前推压。随着物料的不断向前推进，挤压力不断增大，至端部孔板时，挤压力增至足够大，物料便挤进孔板的孔隙中，随即被旋转的切刀切断，将挤进孔内的部分与未挤进的部分分割开来，物料不断挤进，不断被切割，挤进孔眼中被切碎的物料不断从孔眼排出机外。

绞肉机所加工的肉块，其流动性较差，往往在料斗口打滑不进入机内，须施加一定压力。因此国外一些大型的绞肉机，为保证进料均匀，在料斗底部增设一个与送料螺旋在水平面上成垂直的大螺距供料螺旋，以将物料连续不断推进送料螺旋的螺腔。

2. 肉用切丁机

非冻结肉块属于质地柔软、刚度差、韧性强的物料，高效切制几何形状整齐规范肉丁需要采用专门的切丁机。

彩图 28 所示为鲜肉切丁机，可一次完成肉块的切丁。该切丁机的进料装置由进料槽、盖板和推料杆构成，其中进料槽与盖板可形成封闭筒状结构。进料口为方形，设置有分别做往复运动的纵向和横向刀栅。刀栅由刀架和刀片构成，根据加工要求可选择不同的刀片及间距挂接在刀架下，刀架分别由各自的曲柄驱动，一起构成曲柄滑块机构。为避免刀片的横向变形，设置有刀片限位架，其端面开设有纵横刀槽，工作时刀片在各自的刀槽内滑动。切断盘刀为具有良好滑切性能的凸刃口结构，可降低切断阻力，同时避免在切断过程中因压力过大使得肉块变形而造成产品切断面不齐。各切割构件均为快速拆装结构，便于作业后的清洗。

工作时，原料肉块由活塞以稳定的速度强制压向进料口，顺序受到纵横刀栅的切割而成条束，最后由切断刀片切制出肉丁。

3. 肉松机

1）*旋转式调料炒松机*　用途：旋转式调料炒松机适用于肉松加工中的调料焙炒用，特别适用于福建式肉松细小肉末的焙炒。

结构与工作原理：该机结构如彩图 29 所示。

旋转式调料炒松机主体为一卧式不锈钢圆筒，前端为敞开投料口，筒内设有数块固定炒板。筒后部底板封死。用法兰与传动轴连接，通过链传动使圆筒做旋转运动，筒的转速借电机带动无级减速器可以调节。筒的下部装有电加热装置，用以加热筒体，筒体外有保温固定外壳。由于圆筒处于连续旋转状态，而筒内肉松被加热后由炒板带至上部后，抛落到底部又被加热，湿气从加料口排出，焙炒好的肉松也从投料口取出。机架用型钢制造，底部设有 4 个车轮便于搬动，电气控制箱为封闭式厢体，电机和减速器装在箱内下部，为方便检修与安装，前面设有一个长方门。

调料炒松机有小型、中型两种。筒径在 600mm 以下为小型设备，有时在沿街商店门口现炒现卖也有所见，这类设备处理能力较小。筒径为 600～1200mm 的为中型设备，使用效力普遍。

2）*自动打松机*　用途：将调料烘干后的精肉条通过打松机打制成蓬松的肉纤维，称为肉松，是我国具有民族特色的肉制品，尤以江苏太仓著名，故又称太仓肉松。

设备种类：常见的打松机有卧式和立式两种，前者为长方形，后者为圆筒形。

结构与工作原理：

1）*卧式打松机*　卧式打松机的外形如彩图 30 所示。该机上部为不锈钢制的长方形料槽，槽内设有几根横轴，轴上套入不规则排列的特殊设计的打松棒针，横轴借机体下部电机通过链条传动。当肉料投入后，即被打松棒针扯拉，按肉直向纤维组织擦松成为肉松，从下部出口排出。整台设备下设有 4 个车轮，方便搬动。

2）*立式打松机*　立式大型肉松机外形如彩图 31 所示。该机上部为不锈钢圆柱体料筒，筒内转盘上设有多个特殊设计的擦松用刀棒，筒体内壁垂直方向安装有 2～4 把锯齿状固定擦刀，转盘由下部电机通过变速器传动，圆筒侧面设有可开启的出料口作排料用。当肉料投入筒内后由于圆盘的高速转动，受离心力作用抛向壁面后经擦刀挤擦拉成肉松。整机由型钢制的机架支撑，底部设有 4 个车轮，方便搬动。

4. 真空搅拌机

搅拌机又称混合机，午餐肉罐头生产的专用设备，供肉糜在真空状态下进行混合用。该机系真空 z 型轴搅拌式拌和设备，供肉糜在真空状态下进行搅拌、混合均匀用。真空搅拌机结构如图 2-8 及彩图 32 所示。

如图 2-8 所示，搅拌缸放置在机架上，缸体内壁材为不锈钢。缸内有两根转动方向相反的搅拌桨 5，搅拌桨也用不锈钢材料制成，它与缸内壁最近距离为 4mm。搅拌桨与搅拌轴 6 固接，由传动系统驱动。

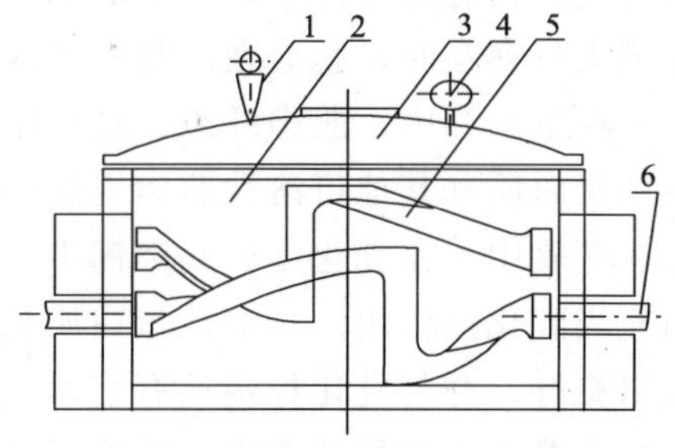

图 2-8　真空搅拌机示意图

1 为手动气阀；2 为搅拌缸；3 为盖子；4 为真空表；5 为搅拌桨；6 为搅拌轴

真空搅拌机工作时，还应配备传动系统、真空系统及泛缸倒料的液压系统。

搅拌机的传动系统是由一台双输出轴的电动机驱动的。前输出轴宜连弹性联轴器、圆弧圆柱齿轮减速器，经三排链传动带动一搅拌轴。另一搅拌轴与之并排，它们之间有一对齿轮传动，因此两搅拌轴转动方向相反。后输出轴宜连弹性联轴器，驱动液压系统的油泵泵液压油。液压油经油管、手动控制阀，驱动翻转油缸的动作。当设备真空搅拌完之后，操作手动控制阀使缸体翻转卸料，并借助搅拌桨的转动，能将已处理的食品送出。

搅拌缸上有盖子 3，盖子上有接管与真空系统连接，缸内真空度通过真空表 4 观察，手动气阀是开盖前破坏缸内真空度用的。

我国已有定型的 GT6E5 真空搅拌机，其盛肉糜的缸体容积 350L，配备翻缸驱动油泵压力 2450kPa，流量为 20～25L/min，外接真空泵抽气量为 $30m^2/h$，真空度为 80kPa，驱动搅拌轴电动机功率为 4kW，转速为 1430r/min，外形尺寸（长×宽×高）为 2288mm×1020mm×1502mm。

5. 斩拌机

斩拌机是肉糜制品生产过程中的主要机械设备，用于将肉料切碎成肉糜，并将加入的配料搅拌混合均匀。斩切过程中，由于肉料低速移送，使得高速旋转的刀具与之产生很大的相对运动，从而产生切割作用将肉料斩切得很碎。此外，肉料斩切过程中，肌肉组织受到破坏，肌球蛋白质和肌动球蛋白质等溶解析出成为肉糜的黏合剂，使水与脂肪结合而乳化，增强其保水性，从而使产品具有弹性和紧密的结构。

斩拌机按其功能分为标准型、真空型、真空-充氯型、真空-蒸煮型；按其盛放物料的容器形状又有盘型和球型两种。斩拌机型号规格是按其斩拌容器容量大小区分，有 80L、100L、200L 等。目前用得较广泛的还是非真空型斩拌机，如彩图 33 和彩图 34 所示。

6. 乳化机

肌肉、脂肪、水和盐混合后经高速斩切，形成水包油型乳化特性的肉糊，由此形成肉制品。乳浊液是指两种互不相溶的液体的混合物，一种为分散相，另一种为连续相。分散相以微滴状或小球的形式分散在连续相中。分散相微滴的直径范围为 0.1～5μm。肉乳浊液体系中，分散相主要是固体或液体脂肪颗粒，连续相则是含有盐类和溶解的或悬浮的蛋白质的水溶液。因此，肉乳浊液也是水包油型的乳浊液。

乳浊液一般不稳定。脂肪与水接触时，两相间有很高的界面张力。乳化剂的作用是可降低这种界面张力，以较少的能量形成乳浊液，并提高乳浊液的稳定性。乳化剂分子的特点是具有双亲性，即分子的亲水基对水有亲和性，而疏水基对脂肪有亲和性。当乳化剂大量存在时，就会在两相间形成连续层，把两相分开，使乳浊液稳定。

在生肉糊中，肌肉纤维、结缔组织纤维及其纤维碎片和不溶性蛋白质悬浮在含有可溶性蛋白质和其他可溶性肌肉组分的水相中。被可溶性蛋白质包裹着的球形脂肪颗粒分散在基质中。在乳化型香肠肉糊中，溶解在水相中的可溶性蛋白质包裹在脂肪颗粒表面而充当乳化剂作用。可溶性蛋白质包括肌浆蛋白和溶解后的肌原纤维蛋白，后者的乳化效果更好，并与乳化稳定性有密切关系。肌原纤维蛋白、肌动蛋白、肌球蛋白和肌动球蛋白不溶于水和稀盐溶液，而溶于高浓度的盐溶液，因此，香肠肉糊中盐类的主要作用之一就是将这些水不溶性蛋白质溶解到水相中，从而使它们能起到包裹脂肪颗粒的作用。

乳化机是将肉糊通过高速搅拌，使其形成稳定的分散体系。常见的乳化机见彩图 35。

7. 胶体磨

主要由料斗、定磨盘和动磨盘、排料口和传动机构组成。按安装方式可分为卧式胶体磨和立式胶体磨。卧式胶体磨的结构类似片磨机，如图 2-9 所示。立式胶体磨类似锥磨机如图 2-10 和彩图 36 所示。它的定、动磨盘的锥度不同，形成环形间隙，间隙由大到小，可以调节，料液在间隙中受到磨齿的剪切、挤压和冲击作用得以破碎和混匀。料液从料斗轴向进入胶体磨。定、动磨盘之间间隙为 0.5～1.5mm，动磨盘转速为 3000～15 000r/min。料液进入后受到磨盘工作齿面的高速磨削和强烈剪切作用而被粉碎。立式胶体磨用黏度为 10Pa · s 左右料液的均质作业，卧式胶体磨多用于黏度较低的物料。

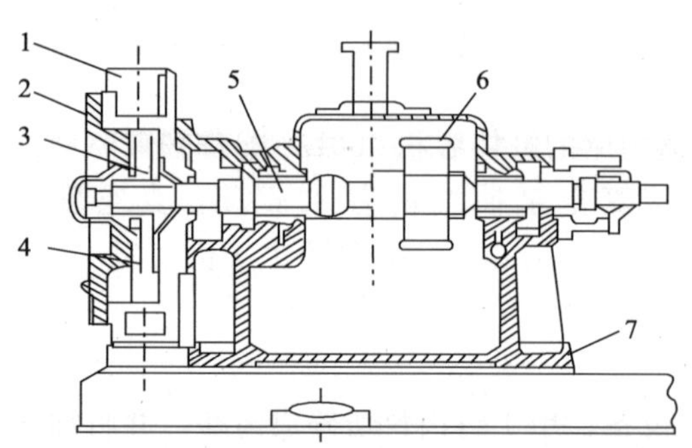

图 2-9　卧式胶体磨结构示意图

1 为进料口；2 为前机壳；3 为动磨片；4 为定磨片；5 为动、定磨片之间间隙调节装置；6 为传动机构；7 为机座

胶体磨的特点是：结构比较简单，操作方便，容易清洗；适用于黏度高的物料；转速高，要求动磨盘平衡性能好。

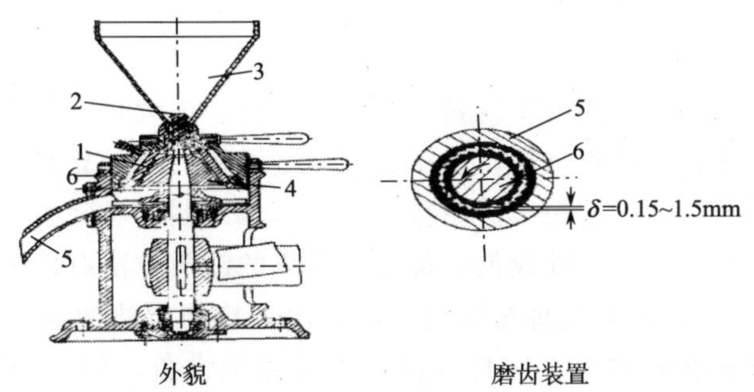

图 2-10　立式磨齿式胶体磨示意图

1 为定形盘；2 为螺旋；3 为料斗；4 为动磨盘；5 为出料口；6 为壳体

四、烟　　熏

（一）烟熏目的

烟熏可使制品产生一定的烟熏味道；使制品脱水干燥；防腐杀菌；增进色泽，延长货架期等。

（二）烟熏方法

烟熏方法有直接烟熏法、间接烟熏法和液熏法等。直接烟熏法是在烟熏室内使用木片燃烧直接烟熏；间接烟熏法是用烟雾发生器将烟送入烟熏室而对制品进行烟熏。若按温度分，则可分为冷熏、温熏、热熏和焙熏等。液熏法又称为湿熏法或无烟熏法，它是利用木材干馏生成的木醋液或用其他方法制成与烟气成分相同的无毒液体，浸泡食品或喷涂食品表面，以代替传统的烟熏方法。

1. 冷熏

冷熏是肉制品在 30℃以下进行的烟熏方法，主要用于干制的香肠（如色拉米肠、风干香肠）及带骨火腿和培根等。冷熏是在熏制的同时对制品进行了干燥，促进了成熟，增加了风味，延长了保存期。缺点是需要低温、长时间（25℃条件下需 4～7 天），制品失重较大，在夏季及气温较高地区很难控制。

2. 温熏

温熏是在 30～35℃下对制品进行熏制的方法，主要用于西式火腿和培根等制品的加工，时间 1～2 天。在此温度下熏制时，应严格控制微生物的生长，尽量缩短烟熏时间。

3. 热熏

热熏是在 50～80℃下进行的一种熏制方法。一般温度控制在 60℃，时间 5h 左右。此温度下，蛋白质几乎全部变性，制品表面较硬而内部含水较多，富有弹性。

4. 焙熏

焙熏是温度超过 80℃的一种烟熏方法，一般为 90～120℃，也有高达 140℃的。熏制后的肉品即可食用。但产品的耐贮藏性较差。

5. 液熏法

液熏法使烟熏食品生产能够实现科学化、卫生化、连续化，具有不再需要熏烟发生装置，节省了大量的设备投资费用，便于实现熏制过程的机械化和连续化，可大大缩短熏制时间的优点；同时，由于用于熏制食品的液态烟熏制剂已除去固相物质及其吸附的烃类，液熏法还具有致癌危险性较低的优点。常见的液熏方法有以下 8 种。

1）熏蒸法　用烟熏液代替熏烟材料，采用加热的方法使其挥发，和传统方法一样使其有效成分附着在制品上。这种方法仍需要熏烟设备，但其设备容易保持清洁状态。而使用天然熏烟时常会有焦油或其他残渣沉积，以致需要经常清洗。

2）注入法　此法适用于烟熏罐头食品，如油浸烟熏鸡肉、兔肉及各种鱼类罐头。其方法是将定量的烟熏香料液注入罐内，然后按照常规生产进行封口、杀菌等工艺。通过热杀菌能使烟熏香料在罐内自行散发均匀，对罐内固形物的色泽、质地等要求仍需按原工艺予以保证。

3）注射法　此法适用于大块形的食品，如各种火腿、熏肉、脂肉等肉制品，因其肉块大，质地较硬，熏香料不易在短时间内浸入，只能使用注射法。具体方法是将定量的烟熏香料液用新注射器从各个部位均匀注射到大块肉中，边注射边揉搓，使熏香料扩散，然后再按原工艺制成成品。

4）浸渍法　将烟熏液加 3 倍水稀释，将需要烟熏的制品在其中浸泡 10～20h，然后取出干燥，浸渍时间可根据制品的大小、形状而定。如果在浸泡时加入 0.5%左右的食盐则风味更佳。一般来说，稀释液中长时间浸渍可以得到风味、色泽、外观均佳的制品，有时候在稀释后的烟熏液中加 5 倍左右的柠檬酸或醋，便于形成外皮，主要用于生产去肠衣的肠制品。

5）喷雾法　此法适用于小块形食品，如熏豆、熏丝、熏豆块、烤鱼片等。其方法是将定量的熏香料用干净专用的喷雾器进行喷布，并边喷布边翻动使之均匀。

6）涂抹法　某些块形食品，如熏肉、熏鱼、烤鸡、烤鸭、烤鹅等可以用刷子将定量熏香料涂抹到食品上，经多次涂抹即成。

7）混合法　此法适用于液体、流体等食品，如饮料、汤料等。其方法是将定量的熏香料注入液体食品中，稍加搅动即可。

8）调和法　此法适用于肉糜食品，如各类香肠、红肠、熏素肠、素肚、午餐肉罐头等食品。方法是将定量的熏香料投入肉糜中，搅拌均匀即可。

（三）烟熏设备

烟熏工艺的目的是形成一种诱人的烟熏味和具有吸引力的烟熏色，同时烟中含有甲醛、木馏油、甲醇和一些酸类的杀菌剂成分，阻止或减少细菌生长，使烟熏食品防腐而可短期保藏。现代的烟熏设备是多功能的，可根据熏制工艺要求在同一设备内连续进行蒸煮、烘烤、干燥、烟熏和冷却工艺处理。烟熏设备和其他自动控制的热处理加工设备一样，对烟熏时工艺参数（烟气密度、温度、湿度、操作时间等）和操作程序进行自动控制或微机程序控制。国外烟熏设备的型式有厢式和连续式两种，前者应用广泛，可适应不同熏制工艺要求，后者仅作短时间烟照，用于烟熏鱼罐头生产线上。厢式烟熏设备由烟熏室、烟气循环系统和发烟器组成。图 2-11 是厢式烟熏设备的烟气循环系统。木屑在发烟器 12 内不完全燃烧而发生烟气，沿管道至蒸气加热器 5 与风闸 4 送入的新鲜空气混合并加热至所需的温度。循环风机将烟气 7 通过熏室两边侧壁垂直向下喷入，回烟 8 从熏室顶中间吸出，部分回烟返回加热器循环使用。排风机 6 将回烟部分送至发烟器再使用，部分烟气排放。排放的烟气进入烟气净化室 13，经过高温和催化剂作用将烟中碳微粒和有害物质燃烧后排放，以免污染大气环境。国外烟气排放标准每小时碳粒不超过 50～120mg。烟气的温、湿度和循环速度对熏制工艺有较大的影响。烟气的密度通过风闸控制新鲜空气和回烟量来调节。烟气循环速度则通过循环风机调速来调节，熏室内装有环境温度、湿度传感器和产品中心温度传感器，自动调节烟熏温度、蒸煮温度、烘灼或干燥温度及烟熏时烟气的相对湿度。

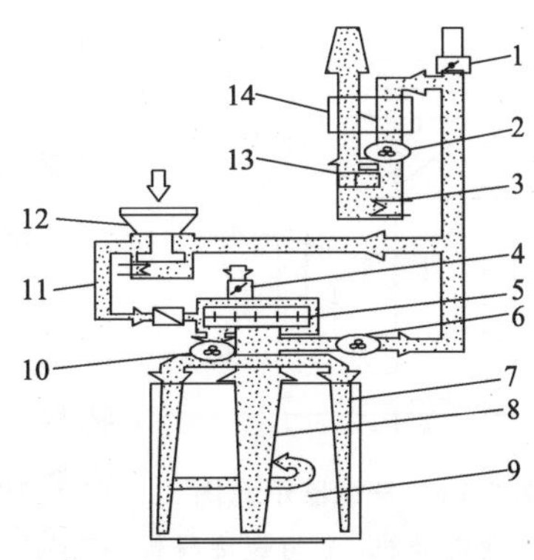

图 2-11　烟气循环系统示意图

1 为排烟风闸；2 为排风机；3 为加热器；4 为新鲜空气风闸；5 为蒸气加热器；6 为排风机；7 为烟气流；8 为回烟气流；9 为烟熏室；10 为烟气循环风机；11 为进烟管；12 为发烟器；13 为废气净化室；14 为空气加热器

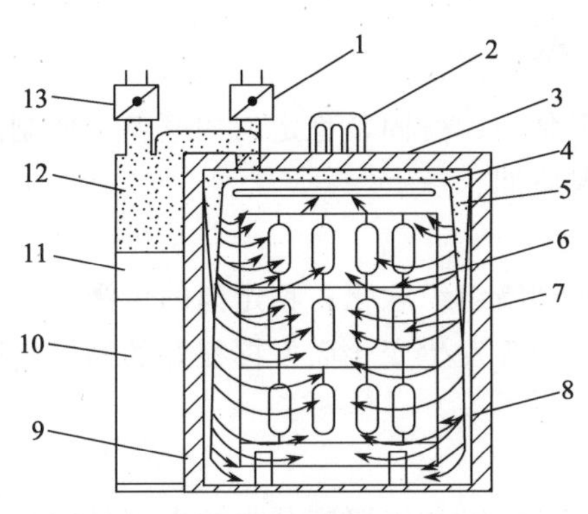

图 2-12　烟熏室内部结构

1 为新鲜空气闸；2 为电动机；3 为循环轴流风机；4 为加热器；5 为锥形喷嘴；6 为挂棒；7 为鱼或灌肠；8 为熏车；9 为进烟口；10 为发烟器；11 为控制屏；12 为烟气净化器；13 为烟气排放风闸

图 2-12 是烟熏室内部结构，箱体为不锈钢焊接成，室壁内有耐热绝缘层，室门框上有耐热橡胶制的密封垫，以机械力或压缩空气控制的门栓压紧，使烟熏室密封，操作时不漏烟气和高温蒸气。熏室、发烟器和风机等的管道联接均采用不锈钢并需保持气密。烟熏室内放入熏车，兔块或灌肠用绳索悬挂在挂棒上。熏室的顶部装置循环风机、排风机、新鲜空气风闸、排气风闸。烟从发烟器经熏室下部进入后，被顶部循环风机从室的中间吸入，通过顶部夹壁送往熏室两侧的一排锥形喷嘴，将烟气垂直向下喷入室内。室内烟气流与烟熏物平行，然后汇集至中心经蒸气加热器补充加热，由循环风机使之再循环，部分烟气通过排气风闸和排风机排放。大型烟熏设备均将循环风机、排风机、发烟器和加热室等与烟熏室分开并用管道连接。循环风机的电动机一般可调 2～3 档转速，根据熏制工艺要求调节烟气流的速度。烟熏室的规格，据室内熏车数分型，熏车为 1～2 辆，熏车尺寸高约为 2m，宽约 1m。

图 2-13 是发烟器的结构，由料斗、螺旋喂料器、燃烧室和灰室组成。贮料斗的木屑由螺旋喂料器定量送入燃烧室内进行不完全燃烧而发烟，燃烧后的木屑灰落入灰室的

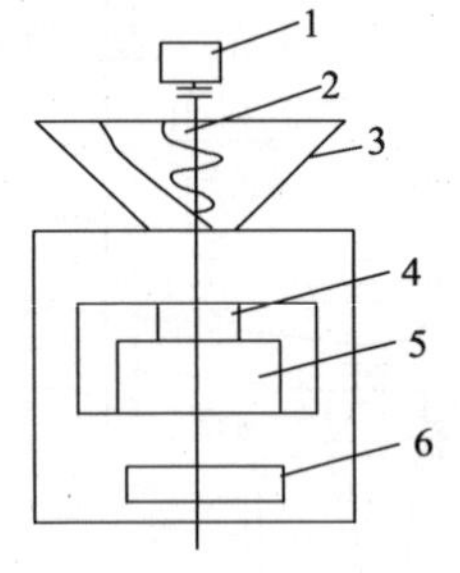

图 2-13　发烟器示意图

1为调速电动机；2为螺旋喂料器；3为木屑料斗；4为进料管；5为燃烧室；6为灰室

抽斗内，定时清除。发烟器装有自动控制仪，控制喂料器转速、助燃空气量、自动电子点火器和火焰监视器等，根据熏制工艺要求向烟熏室提供一定量的烟气。

烟熏设备现大多采用多功能自动烟熏蒸烤装置（彩图37），除烟熏外还可根据工艺要求进行蒸煮、烘烤、干燥和冷却工序。蒸煮是用低压蒸气为热源直接送入熏室内蒸煮物料，通过中心温度传感器测量产品蒸煮时的中心温度。烘烤和干燥是用高压蒸气（0.5～1MPa）送入加热器，循环风机使空气在熏室和加热器间循环加温，空气温度最高可达150℃。冷却装置是附设的制冷系统，制冷剂在蒸发器内蒸发吸热冷却空气，通过循环风机送入熏室，冷却熏制后的物料。熏制品的冷却工序与产品的质量有关，熏制品迅速冷却可防止熏鱼或灌肠表面起皱而影响外观，并防止微生物由于熏制品在适宜温度下缓慢冷却迅速滋长，影响产品的保藏期。但一般型号的烟熏设备没有冷却装置，需订货时提出具体要求。此外，烟熏设备都附有半自动或自动清洗熏室、管道的清洗装置，需在设备使用后或周期地通入化学洗涤液清洗，保持设备清洁。目前国内烟熏设备大都是从国外引进的，并已在消化吸收国外引进设备基础上研制成XZ-300型等多功能烟熏设备，每小时可处理灌肠200kg。

五、蒸　　煮

灌装好的肉块或肉馅要进行加热蒸煮，使肌肉黏结、凝固，稳定肉的颜色，使制品产生独特的香味，灭菌并使酶失活，延长制品的保质期。

1. 蒸煮的作用

蒸煮可使肌肉蛋白质变性，提高肉的硬度；使结缔组织软化；稳定肉的色泽；抑制微生物的生长和酶的活性；使制品中的黏结剂如淀粉等发生变化而发挥很好的黏结和凝固作用。但加热也会造成一些维生素损失。

2. 加热的方法

肉制品的种类不同，加热的温度要求也不同。现将以加工温度分类的肉制品的热加工方法简述如下。

1）低温制品　　如大多西式蒸煮香肠和灌肠，加热时环境温度为75～80℃，肉的中心温度要求达到68～70℃。加热可在蒸煮室进行或在恒温水浴锅中进行，小规模的则可用煤或煤气进行煮制。

2）中温肉制品　　酱卤肉制品等中式肉制品大多采用此法，加热的温度为100℃，中心温度可达到90～98℃。

3）高温肉制品　　加热时温度要求达到110～135℃，如高温火腿肠和某些软罐头为110～120℃，大多硬罐头制品121℃，并保持一段时间（根据肠体粗细不同而不同），这种加热则需在高压灭菌锅（釜）中进行。

3. 冷却

蒸煮结束的制品，如果不进行烟熏，就应尽快冷却。冷却又可分为自然冷却和冷水喷淋法冷却。前者需要的时间长，制品在冷却过程中的温度较高，容易造成微生物的生长；后者所需时间短，但用水量较多。在冷却时，应尽量缩短制品通过25～40℃温度段的时间。

4. 蒸煮加热设备

蒸煮是指以热水为传热介质，在100℃以下较低温度进行加热的加工。蒸煮是大部分西式肉制品必须经过的加工环节，一般蒸煮温度为72～80℃，在中式肉制品的加工中，也有很多特别的蒸煮工艺，如炖、卤、煮等。

蒸煮设备结构原理很简单，大都是一个容器，有加热装置和温度控制装置。除简易蒸煮槽外，主要为夹层锅和连续式预煮机等。

1）*夹层锅*　　夹层锅也称二重锅、双重釜。夹层锅有固定式和可倾式两种。

（1）固定式。由锅体、进蒸气管、冷凝水排出管、排料管、锅盖等组成。蒸气直接从半球锅体上进入夹层锅中，冷凝水排出管也不在最底部（因最底部开有出料口），物料从下部阀门排出（图2-14及彩图38）。

（2）可倾式。由锅体、填料盒、进蒸汽管、冷凝水排出管、压力表、倾覆装置、排出阀等组成。蒸气从支架处填料盒进入夹层锅，冷凝水排出管从另一端填料盒进入夹层锅最底部，出料靠锅体倾斜。倾覆装置包括一对具有手轮的蜗轮蜗杆组成（图2-15及彩图39）。

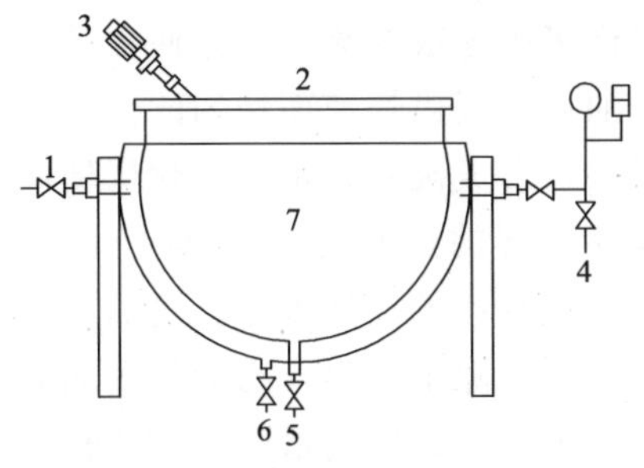

图2-14　固定式夹层锅示意图

1为不凝气体出口；2为锅盖；3为搅拌器；4为进蒸气管；5为出料口；6为冷凝水排出管；7为锅体

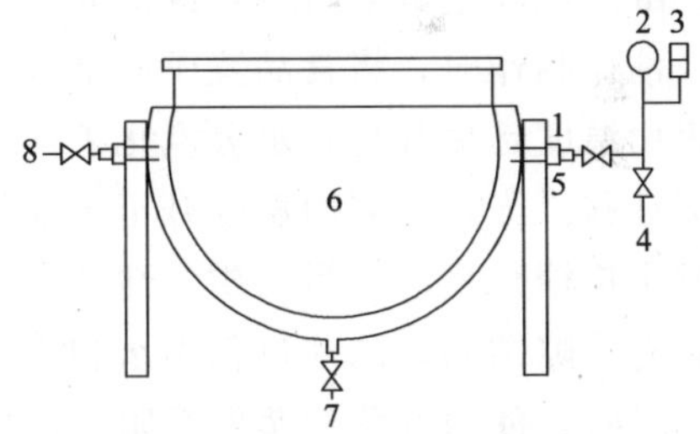

图2-15　可倾式夹层锅示意图

1为蜗轮；2为压力表；3为安全阀；4为进蒸汽管；5为手轮；6为锅体；7为冷凝水排出管；8为不凝气体出口

2）*连续式预煮机*　　从流送槽输送来的原料，进到贮存桶中，经斗式提升机输送到螺旋预煮机进料口中。落入料斗中的物料进到筛网圆筒里，由于螺旋旋转而把物料从进料口输送至出料转斗中卸出到斜槽，然后流送到冷却槽去。物料在筛网圆筒内受热而预煮。中心轴由电动机和变速装置传动。螺旋式连续预煮机结构如图2-16所示。

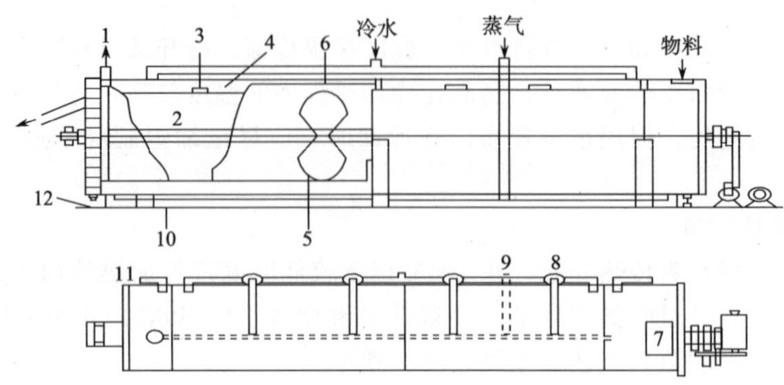

图 2-16　螺旋式连续预煮机示意图

1 为排气口；2 为螺旋轴；3 为铰带；4 为机壳；5 为螺旋叶片；6 为筛网圆筒；7 为进料口；8 为重锤；9 为进水管；10 为进蒸气管；11 为溢流管；12 为排水管

六、油　　炸

（一）油炸加工目的与原理

油炸是食品熟制和干制的一种加工方法，就是将食品置于较高温度的油脂中，经加热快速熟化的过程。油炸可以改变产品的形状和性能，可以杀灭食品中的微生物，延长食品的保藏期，还可以改善食品风味，提高食品的营养价值。油炸制品具有香、脆、松、酥、色泽金黄等特点，深受大众喜爱，在世界许多国家成为流行的方便食品。

油炸制作时，将食品置于一定温度的热油中。油可以提供快速而均匀的传导热，食品表面温度迅速升高，水分汽化表面出现一层干燥层，形成硬壳，水分汽化层便向食物内部迁移。当食品表面温度升至热油的温度时，食品内部的温度也慢慢趋向 100℃，表面发生焦糖化反应、蛋白质变性及其他物质分解，产生独特的油炸香味。食品表面干燥层具有孔隙结构，油炸过程中水和水蒸气开始从这些子孔隙中析出，当油炸食品表层形成硬壳时，使内部蒸汽蒸发受阻，形成一定蒸气压，蒸汽穿透作用增强，致使食品快速熟化，因此油炸制品具有外脆内嫩的特点。

油炸的主要目的是改善食品色泽和风味，在油炸过程中，食品发生美拉德反应和部分成分降解，并吸附油中挥发性物质而呈现金黄或棕黄色，并产生明显的炸制芳香风味。油炸使食品表面干燥形成一层硬壳，从而构成了油炸食品的外形。当油炸油温为 120～200℃时，脂溶性维生素在油中的氧化会导致营养价值的降低，但食品表面形成干燥层，对内部营养成分保存较好，水分丧失较多，蛋白质、脂肪等营养成分变化不大。若油温在 270℃以上时，脂溶性维生素会破坏殆尽，而且人体必须的各种脂肪酸大量氧化，降低了油脂的营养价值。同时油温过高和炸油反复使用，致使油脂发生热聚，可形成有害的多环芳香烃物质，是一种致癌物质。因此，油炸加工应控制好油温。区别油温，可视油锅面的不同特征来确定，油温为 70～100℃，锅面无青烟，无响声，油面较平静；油温为 110～170℃时为热油锅，锅面冒青烟，油面仍较平静，用铁勺搅拌时有响声；油温达到230℃以上为旺油锅，全锅冒青烟，油面翻滚，也称沸油。

（二）油炸制品加工方法

油炸制品加工方法包括浅层油炸、深层油炸以及其他油炸法。

1. 浅层油炸

浅层油炸适合于表面积较大的食品加工，普遍使用电热平底油炸锅和炒锅等设备，操作简单，但生产能力较低，无滤油装置，常有食物碎屑残留锅中，经多次使用后，常使碎屑在高温下发生变化甚至焦煳，使用油品质下降，而废弃炸油。故炸油的利用率较低，浪费大，致使产品生产成本提高。这种方法适合于手工制作和小批量作坊式生产，不适宜工业化油炸加工。

2. 深层油炸

深层油炸是一种常用的油炸方式，适合肉制品工业化油炸加工。一般可分常压深层油炸和真空深层油炸，根据油炸介质不同又可分为纯油油炸和水油混合油炸。

水油混合式深层油炸就是在同一容器内加入水和油而进行的油炸方法，这种油炸方法具有分区控温、自动过滤、自我净化的特点，在工业上应用较多。水油因密度大小不同而分成两层，上层是油，下层是水，在油层中部水平设置加热器加热。在油炸食品时，下层油温比上层油温低，炸油的氧化程度得到缓解，可以滤除碎屑，大大减少油炸用油的污染，保持良好的卫生状况，炸制的食品不但色、香、味、形俱佳，而且外观洁净漂亮，还可减少用油的浪费，节油效果十分明显。目前已有无烟型多功能水油混合式油炸机和全自动连续深层油炸生产线，用于油炸食品加工生产。

真空深层油炸就是利用减压的条件下，食品中水分汽化温度降低，能在短时间内迅速脱水，实现在低温低压条件下对食品的油炸。真空深层油炸的油温只有100℃左右，食品中营养成分损失较小；产品脱水速度快，能较好保持食品原有的色泽和风味；在减压状态下，水分急剧汽化膨胀，对食品具有良好的膨松效果。目前食品加工中，间隙式真空油炸机和连续式真空油炸机已投入使用。

3. 其他油炸方法

在具体操作中除以上两种油炸方法，根据制品要求和风味口感的不同，还有清炸、干炸、软炸、酥炸、卷包炸和纸包炸等。

1）清炸　选用新鲜质嫩的肉品，经过预处理后，切成一定几何形状，按配方加入精盐、料酒及其他调料与肉品混合腌制，然后用急火高温热油炸制，即为清炸，产品外脆里嫩、清爽利落。

2）干炸　选用新鲜瘦肉，经成形，调料，并用淀粉、鸡蛋和水挂糊上浆，置于100～220℃的热油中炸熟即为干炸，产品干爽香溢，外脆里嫩，色泽红黄。

3）软炸　选用质嫩的肉品经加工造型，上浆入味，蘸粉面、拖蛋白糊，置于90～120℃热油中炸熟即为软炸，产品表面松散、质地细嫩、色白微黄。

4）酥炸　选用肉品，经成形，调味，蘸面粉，拖全蛋糊，撒面包屑，放入150℃热油中炸至表面呈深黄起酥，即为酥炸，产品外松内软、纫嫩可口。

5）卷包炸　选用新鲜的肉品切片，经调味后卷入各种调好口味的馅，包卷起来，放入150℃热油中炸制即为卷包炸，产品外脆里嫩、色泽金黄、滋味鲜美。

6）纸包炸　选用质地细嫩的肉品，经成形、调味、上浆，用糯米纸或玻璃纸等包好，投入80～100℃温油中炸制，即为纸包炸，产品形状美观、细嫩多汁。

（三）油炸设备

油炸有清炸、干炸、软炸、酥炸、松炸、脆炸、卷包炸、纸包炸等方法，随着人们生活节奏的加快，油炸肉制品所占的比重越来越大。

油炸机主要由油炸槽、加热系统、温控系统、传输系统、排烟系统、油过滤系统等几部分构成。加热系统有电加热、燃气加热、蒸气加热等。适合于肉制品加工的油炸机有传统式和水油混合式两种，根据是否能连续化生产，又可分为间歇式油炸机和连续式油炸机。下面介绍3种常见油炸设备。

1. 普通电热式油炸设备

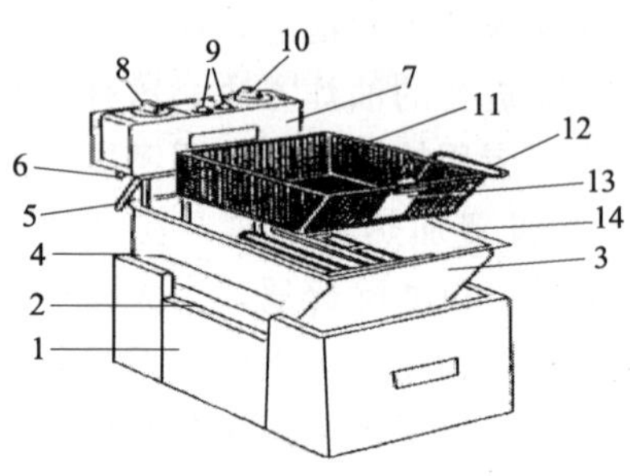

图2-17　电热油炸设备结构图

1为不锈钢底座；2为侧扶手；3为移动式不锈钢锅；4为油位指示仪；5为电缆；6为最高温度设定旋钮；7为移动式控制盘；8为电源开关；9为指示灯；10为温度调节旋钮；11为物料篮；12为篮柄；13为篮支架；14为不锈钢加热元件

我国食品加工长期以来对熟食品的油炸工艺大多采用燃煤或燃油的锅灶，少数采用钢板焊接的自制平底油炸锅。这些油炸装置一般都配备了相应的滤油装置，对用后的油进行过滤。宾馆、饭店和职工食堂等饮食部门则普遍使用电热平底油炸锅，这类油炸设备在国内外均有定型产品，该类设备如图2-17及彩图40所示。这种电热炸锅也称为间歇式油炸锅，生产能力较低，一般电功率为7～15kW，物料篮的体积为5～15L。操作时，将待炸物料置于篮中放入油中炸，炸好后连篮一起取出。物料篮可以取出清理，但无滤油的作用。此类设备的油温可以进行精确控制。为了延长油的使用寿命，电热元件表面的温度不宜超过265℃，并且其功率也不宜超过4W/cm^2。

这种油炸方式有以下4个缺点。

(1) 油炸过程中全部油处于高温状态，油很快被氧化而变质，黏度升高，重复使用几次即变成黑褐色，不能食用。

(2) 积存在锅底的食物残渣，随着油使用时间的延长而增多，不仅使油变得污浊，而且反复被炸成碳屑，特别是在用油炸脆肉类的食品时，还会生成一种亚硝基吡睫的致癌物质。这些残渣附着于油炸食品的表面，使食品表面劣化，严重影响消费者的健康。

(3) 高温下长时间反复煎炸食品的油会生成多种形式的毒性不尽相同的油脂聚合物——环状单聚体、二聚体及多聚体。这些物质会导致人体的神经麻痹、胃肿瘤，甚至死亡。

(4) 高温下长时间使用的油，会产生热氧化反应，生成不饱和脂肪酸的过氧化物，直接妨碍机体对油脂和蛋白质的吸收，降低食品的营养价值。

上述缺点都是油长时间处于高温状态和残渣不能及时分离而造成的。

2. 水油混合式油炸机

传统式油炸机是目前应用得最广泛的油炸加工设备，结构较简单。水油混合式油炸机是一种较为先进的油炸设备，该设备是在同一油炸槽中，下部注入水，上部注入油，在油层中部设置加热装置，在水油界面设置冷却装置。图 2-18 及彩图 41 是一种间歇式水油混合油炸机的结构示意图。

由于油炸时食品处于油炸槽上部的油中，食品残渣通过滤网掉入油炸槽下部的水中并过滤除掉，避免了食品残渣在高温油中炭化及产生有害物质，同时下层油的温度较低，油的氧化问题得到了一定程度的缓解。

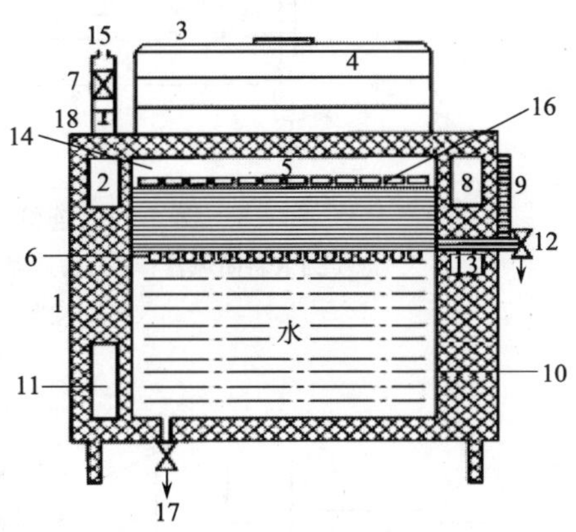

图 2-18　间歇式水油混合油炸机结构示意图

1 为箱体；2 为操作系统；3 为锅盖；4 为炸笼；5 为滤网；6 为冷却循环气筒；7 为排油烟管；8 为控温仪；9 为油位计；10 为油炸锅；11 为电器控制系统；12 为排油阀；13 为冷却装置；14 为油炸锅；15 为排油烟孔；16 为加热器；17 为排污阀；18 为脱排油烟装置

3. 真空低温油炸设备

真空低温油炸设备有间歇式和连续式两种。间歇式低温真空油炸设备为早期产品，连续式真空低温油炸设备是新近发展起来的，美国和日本等国有定型产品面世，我国也已研制成功。下面对这两种设备进行简单介绍。

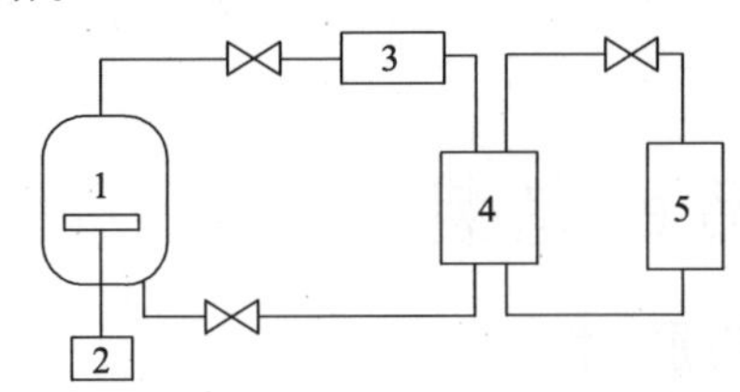

图 2-19　间歇式低温真空油炸设备示意图

1 为油炸釜；2 为电动机；3 为真空泵；4 为贮油箱；5 为过滤器

1）*间歇式低温真空油炸设备*　图 2-19 及彩图 42 所示为一套间歇式低温真空油炸设备的系统简图。油炸釜为密闭器体，上部与真空泵 3 连接，为了便于脱油操作，内设由电动机 2 带动的离心甩油装置。油炸完成后降低油面，低于油炸产品，开动电机进行离心甩油，甩油结束后取出产品，再进行下一周期的操作。4 为贮油箱，油炸釜的油面高度和油的运转由真空泵控制，过滤器 5 的作用是过滤炸油，及时去除油炸产生的污物，防止油被污染。

2）*连续式低温真空油炸设备*　图 2-20 及彩图 43 所示为一台连续式低温真空油炸设备的结构示意图。连续式低温真空油炸设备的主体为——卧式筒体。待炸坯料由入料闭风器 1 进入，落入具有一定油位的筒内进行油炸，坯料由输送器 2 带动向前运动，输送带 2 的运动速度根据油炸要求而定。油炸结束后，炸好的产品由输送带 2 带入无油区输送带 3 和 4 上边沥油，同时向前运动，最后产品由出料闭风器 5 排出。油由入油管 6 进入筒体，由出油口 7 排出，过滤后循环使用。筒体通过接口 8 与真空泵连接，以实现油炸时所需的真空条件。

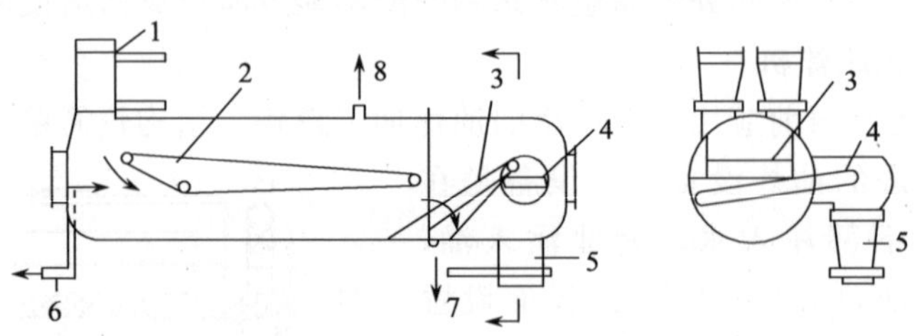

图 2-20　连续式低温真空油炸设备示意图

1 为入料闭风器；2 为输送器；3、4 为无油区输送带；5 为出料闭风器；6 为入油管；7 为出油口；8 为接口

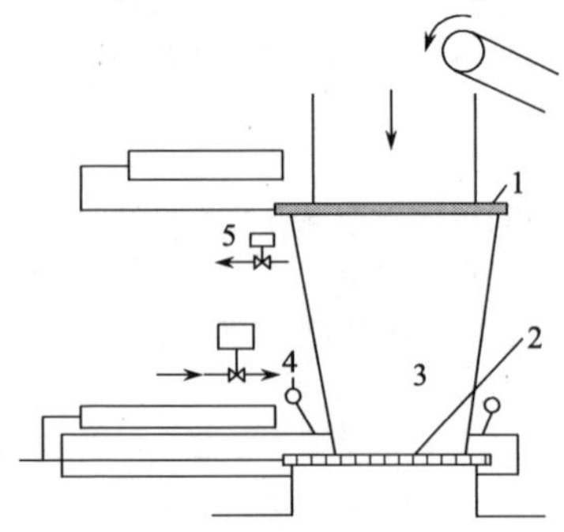

图 2-21　入料闭风器结构示意图

1、2 为隔板；3 为落料斗；4、5 为气动装置

由于入料和出料均采用了闭风器，因此设备内的真空可以得以保持，闭风器的好坏直接关系到能耗等经济技术指标。

入料闭风器的结构如图 2-21 所示，坯料首先落入上层落料斗，上层落料斗与下层落料斗之间有一隔板，隔板的抽出和插入由气动装置按钮控制。抽出隔板，坯料落入下层落料斗，然后重新插回，此时下层落料斗与外界隔绝，然后抽出隔板，物料落入筒内油炸，隔板重新插回准备下一周期的操作。隔板的抽出与重新插入由气动装置控制。

第三节　兔肉产品的包装

一、包装的目的与原理

（一）环境因素对肉制品品质的影响

肉制品的品质包括肉制品的色香味和营养价值、应具有的形态、重量及应达到的卫生指标。肉制品是一种最易受环境因素影响而变质的商品。肉制品从加工出厂到消费的整个流通环节是复杂多变的。因生物、化学、物理因素的影响而变质，这些因素对肉制品品质直接和间接的影响规律是我们对食品进行保护性包装设计的重要依据。下面主要介绍 4 种因素对肉制品品质的影响。

1. 光对肉制品品质的影响

光促使肉制品中油脂的氧化反应而发生氧化酸败，引起食品变色、光敏感维生素破坏和蛋白质的变性。要减少或避免光线对食品品质的影响，通过包装直接将光线遮挡、吸收或反射回去，减少或避免光线直接照射食品，同时防止某些有利于光催化反应因素，如水分、氧气等透过包装材料，从而起到间接的防护效果。

2. 氧对肉制品品质的影响

氧与肉制品的颜色变化有密切的关系，氧使肉制品中的油脂发生氧化，这种氧化在低温条件下也会发生，油脂氧化产生的过氧化物，不但使食品失去食用价值而且产生异臭和有毒物质，氧也能使食品中的维生素和多种氨基酸失去营养价值。

肉制品包装的主要任务之一，就是通过包装手段防止肉制品中的有效成分受氧的影响而造成食品的腐败。

3. 湿度或水分对肉制品品质的影响

水能促使微生物繁殖，能助长油脂氧化，促褐变和色素氧化，水的存在将使一些食品发生某些物理变化，如受潮继而发生结晶，使食品硬化或结块，有的食品因吸湿而失去脆性和香味等。对于干燥肉制品来说，控制环境湿度是保证肉制品品质的关键。

4. 温度对肉制品品质的影响

引起食品变质的原因主要是由于生物和非生物两个方面的因素，温度对于这两个方面因素都有很显著的影响。为了有效地减缓温度对肉制品品质的不良影响，现代食品工业中采用食品冷链技术和食品流通中的低温防护技术，可延长肉制品的保质期。

（二）包装肉制品与微生物

引起食品质变有许多因素，其中最主要的是微生物因素，抑制微生物在食品中的繁殖，有效贮存食品，是食品科学最主要的研究课题，也是食品包装必须解决的问题之一，其中应重点研究包装发生的环境变化对微生物的影响及包装食品可能引起微生物的二次污染问题。

一般将低温冷藏与真空包装并用，低温和 CO_2 并用，低温与放射线杀菌并用。如果是冻藏食品，所采用的冻结包装材料必须耐低温，可以采用 NY/PE、PET/PE、BOPP/PE、铝箔/PE，采用托盘包装（PP、HIPS、OPS、PSP）通过真空、封入脱氧剂与低温结合，防止由微生物引起食品变质。

（三）包装肉制品的质量变化及其控制

包装食品的质量变化主要是化学性质变化导致的褐变和色变，此变化主要是由于色素、油脂、维生素等物质的氧化或因还原糖、还原酮、氨基酸及蛋白质的参与而引起的非酶促褐变，这些化学变化的结果将导致食品色香味的变化和营养价值的下降，甚至产生有毒物质。

除此之外，塑料包装材料的异臭成分对包装食品的污染及食品本身的物性变化也会导致食品质量变化。

二、包装方法

（一）防潮包装

为防止空气中蒸汽对产品损害的技术方法称为防潮包装。

1. 隔潮性包装材料

不能透过或难以透过蒸汽的材料称为隔潮性包装材料，对于隔潮包装选择包装材料与密封性是两个关键因素。

隔潮性包装材料中，玻璃、金属和一定厚度的铝箔的透湿量可以认为是零。一些复合材料，特别是含铝箔的复合材料、涂蜡纸，高分子的 HDPE、PP、PVDC 等复合材料是较好的隔潮性包装材料。

2. 吸湿性材料——干燥剂

1）常用干燥剂　硅胶是常用干燥剂，硅胶质粒硬、吸水强、无毒无味，可以反复使用，还可通过颜色变化显示水分含量。硅胶用40%的 $CoCl_2$ 溶液浸泡，干燥后制成变色硅胶，硅胶水分含量>40%时变红，干燥时变蓝。除硅胶外，还有 $CaCl_2$、活性氧化铝、分子筛等干燥剂。

2）干燥剂使用方法　要点为干燥剂必须与隔潮材料、密封容器配合；干燥剂在使用前应充分干燥；干燥剂的包装应是透湿的；应标明使用干燥剂，以防误食。

（二）热成型包装

1. 方法与特点

塑料片材用热成型法加工制成容器并充填罐装食品，然后用薄膜覆盖并封口完成包装的包装方法称为热成型包装。热成型包装有以下 6 个特点。

（1）包装适用范围广，它可以用于肉类食品、冷藏食品、微波食品、生鲜、快餐等食品的包装，可以与真空、充气、高阻隔、无菌包装等结合。

（2）容器成型、充填、包装、封口一条线，以减少灭菌费用。

（3）热成型容器制造的方法简单，生产效率比其他成型方法高 25%～50%。

（4）容器形状大小按包装需要设计，不受成型加工限制。

（5）热成型法制成的容器壁薄，减少了片材使用量。

（6）包装设备投资少，成本低。

2. 常用包装材料

目前主要用 0.25～0.5mm 厚的塑料片材（PE、PP、PVC、PS）和少量的复合材料片材。封盖材料用 PE、PP、KPVC 或铝箔、纸与 PE 复合等，一般在盖材上先印好商标和标签。

（三）改善气氛包装（MA）

为维持食品质量或延长其保存期而使用真空和充气包装，称为改善气氛包装（气调MA）。改善气氛包装主要采用的包装材料为 PFT、NY、PVDC、EVOH（PE、PP 膜不能用于真空包装）。

1. 真空包装

真空包装是比较典型的除氧方法，利用金属、玻璃作为包装材料已有百余年历史，这两种材料气密性好，只要能保证封口就可长期贮存食品。20 世纪 50 年代，开始采用塑料及复合包装材料生产食品软罐头和袋装食品，这些新兴的软包装逐渐取代了瓶装、罐装食品，特别是蒸煮袋食品和快餐食品，由于质量轻、容易贮运及流通、食用方便而得到很快的发展。

真空包装的优点有两个：①脱氧对产品的保护作用；②真空包装后，再灭菌不易破袋。其缺点是外形不美观。

真空包装对包装物的要求是具有极好的阻气性及一定的机械强度。

对于腊肉、火腿等都可采用真空包装，而对于弹性大的食品及易碎的膨化食品、多孔食品是不利的（孔中存有气袋）。

2. 充气包装

充气包装又称气调包装，在包装内充填一定比例的理想气体的一种包装方法称为充气包装或气体置换包装。经真空包装的包装中，因内外压力不平衡而使被包装的物品受到一定的压力容易黏结成块，酥脆易碎的食品如油炸土豆片等易被挤碎，形状不规则的食品抽真空后，起皱而不美观，带尖角的食品易刺破包装袋，使用充气包装就可以解决真空包装的这些缺点，使包装物内外压力趋于平衡，从而保护袋装食品，包装物也美观。另外，带汁液食品也可采用充气包装。下面介绍三种常用的充气包装。

1）*充 N_2 包装*　只起惰性充填作用，没有杀菌作用，氮气不与食品发生化学作用，也不被食品吸收，对于极易氧化变质的食品，N_2 可置换其中的 O_2，能有效延缓食品氧化变质，保全食品质量。

2）*充 CO_2 包装*　CO_2 在空气中的正常含量为 0.3%，CO_2 在低浓度下能促进许多微生物的繁殖，但在高浓度下却能阻碍微生物的繁殖。包装物内二氧化碳的含量为 10%～40%时对微生物有抑制作用；大于 40%时，有明显的灭菌作用。另外，CO_2 易形成弱酸，易改变食品风味。

3）*充 O_2 包装*　O_2 作为充填气体一般不单独使用，常与 CO_2、N_2 混合成理想气体，用于生鲜食品的充气包装，其作用是维持生鲜食品内部细胞一定的活性，延缓其生命过程，保持一定程度的生鲜状态，并应采用适当的包装材料和包装方法。

当 O_2 浓度小于 0.5%、大于 20.9%时对微生物是不利的，对于肉品包装，需要氧气的存在来保护肉的颜色。目前，广泛采用高浓度 O_2 充气包装，如瑞士采用 O_2 ∶ CO_2 ∶ N_2＝1∶1∶1 用于鲜肉包装；美国采用 O_2 ∶ CO_2＝70∶30 用于新鲜斩拌肉馅包装，O_2 ∶ CO_2 ∶ N_2＝50∶25∶25 用于鸡肉的包装，在常温下采用这种包装，可保存 14 天，氧的含量达 70%～80%时可用于新鲜牛肉包装。

充气包装常用的包装材料有 PET、NY、PVDC、EVAL。

3. 使用脱氧剂包装

在短时间内，利用有机或无机物质与包装环境空气中的氧发生化学反应，形成不可逆稳定的化合物，从而去掉容器中的氧气的包装称为使用脱氧剂的包装技术，一般应在 24～48h 内脱出氧气。

使用脱氧剂去氧的优点有 4 个。

（1）使用脱氧剂不需特殊的设备，操作方便，使用灵活，除氧彻底。

（2）使用脱氧剂可以克服真空包装对强度差的食品的破坏，没有机械上的冲击。

（3）对于松软、不能抽真空的食品，使用脱氧剂会有效地去掉 O_2。

（4）脱氧剂可以缓慢吸收 O_2，持久性脱氧。

目前，市场上大部分脱氧剂为粉末袋装，国外有药片状或其他形式，制成糊状或液体，或将高渗透材料（如一种泡沫塑料或纸类）浸入脱氧剂中，当水分失去后，有效物就会留存在材料上。

应用片状、粒状或粉末状脱氧剂应注意使用脱氧剂的食品包装材料必须是高阻氧性材料（PVA、EVOH、PVDC），应尽量减少包装空间，节省脱氧剂。使用脱氧剂时要求一定的温度湿度，尤其是温度条件要求严格，一般为 4～40℃，一般不能冷冻，冷冻会使脱氧剂失活，而且低温造成的失活是不可逆的，因此，一般不应用在冷冻食品中。

脱氧剂一般分为催化剂型、无机型、有机型和光敏型。常用的脱氧剂有加氢催化剂型（铂、钯、铑）、有机脱氧剂如葡萄糖及抗坏血酸等，铁系脱氧剂及连二亚硫酸盐系脱氧剂等，除以上几种脱氧剂外，近年来又研制了新型脱氧剂，如光敏型脱氧剂等。

4. 热收缩包装

采用热收缩塑料薄膜裹包产品或包装件，然后加热至一定温度使薄膜自行收缩紧贴裹住产品或包装件的一种包装方法称为热收缩包装。

热收缩包装的主要特点有以下 6 个。

（1）能适应各种大小及形状的物品包装。

（2）对食品可实现密封、防潮、保鲜包装，对产品的保护性好。

（3）利用薄膜的收缩性，可实行集合包装，对自选、超市销售有利，而且减少碰撞，避免损伤。

（4）透明性包装膜除起到保护作用外，还增加了外观光泽，提高了商品的外观装潢效果和促销功能。

（5）包装紧凑，方便贮运，包装材料轻，且用量少，包装费用低。

（6）包装工艺及设备简单，且通用性强，便于实现机械化包装操作，包装强度低。

常用收缩膜材料有 PVC、PE、PP、PVPC、PS、EVA 及发泡 PE、PS 等。收缩膜有两种性能影响包装质量，即热收缩性能及热封性能，应根据被包装物的特点选择不同收缩率及强度的包装膜。

三、包装设备

包装设备包括连续式热成型包装机、简装封口机、气调真空包装机、简装真空包装机、连续式真空包装机、热收缩包装机等。

包装设备即是用包装技术对生产出的食品采用缸、罐、桶、箱、瓶、袋、盒等容器进行包裹起来，以便运输、贮藏保质、提高商品外观价值的一些装备和设施。因食品质地不同，对包装设备及容器等各有差异。下面主要介绍几种通用型包装机械，供选用。

（一）高压蒸煮袋包装设备

高压蒸煮袋包装设备的结构及生产过程如图 2-22 所示。

（二）复合式真空包装机

复合式真空包装机的结构如图 2-23 所示。

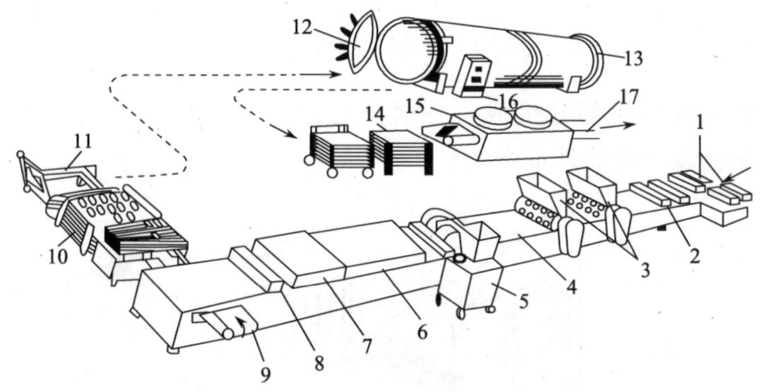

图 2-22　高压蒸煮袋包装的生产过程及设备配置

1 为空袋箱；2 为空袋输送装置；3 为回转式装料机；4 为手工排列装置；5 为活塞式液体装料机；6 为蒸气气化装置；7 为热封装置；8 为冷却装置；9 为输送器；10 为堆盘；11 为杀菌车；12 为杀菌锅门；13 为杀菌锅；14 为卸货架；15 为干燥器；16 为控制台；17 为输送器

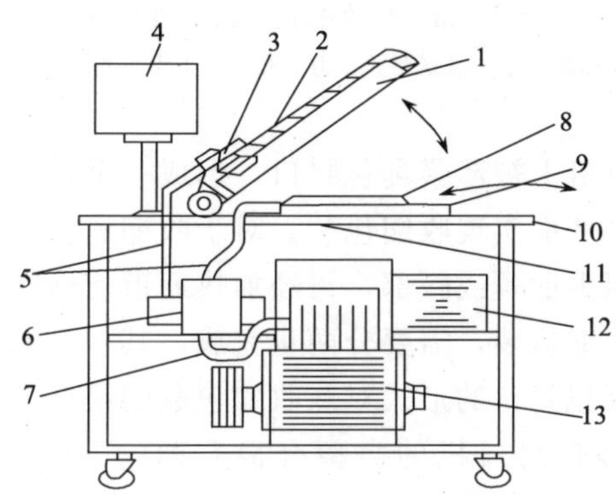

图 2-23　复台式真空包装机示意图

1 为真空槽盖；2 为封口支承；3 为加压部分；4 为控制部分；5、7 为真空回路；6 为转换阀；8 为包装体；9 为包装体承受盘；10 为台板；11 为加热杆；12 为变压器；13 为真空泵

（三）传送带式真空包装机

传动带式真空包装机的结构如图 2-24 所示。

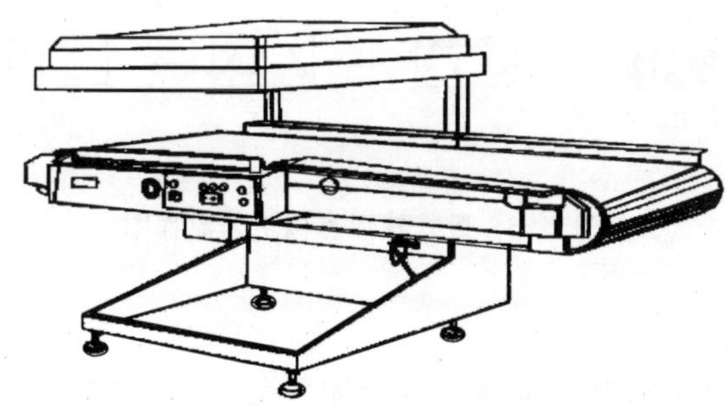

图 2-24　传送带式真空包装机示意图

（四）热收缩包装设备

热收缩包装设备由两部分组成：一部分是包装封口机，另一部分是热收缩装置。图 2-25是热收缩包装设备的外形图。

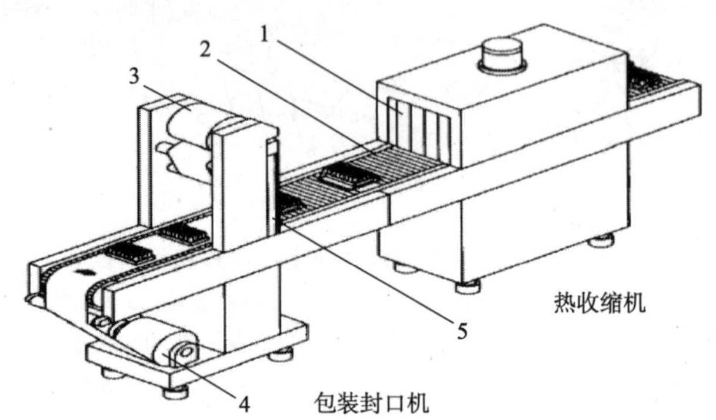

图 2-25 热收缩包装设备外形图

1 为热收缩通道；2 为输送带；3 为上卷膜；4 为下卷膜；5 为横封机构

物品首先在包装封口机上被薄膜裹包封口，形成一个整体包装，然后再通过加热通道使薄膜收缩套紧物品，从而实现收缩包装。对于收缩标签包装，则需要先把筒形薄膜标签套于包装物品，如瓶类的颈或腰部，再经加热通道使标签收缩，套标可由包装机或人工完成。因此，一个收缩包装，需要分两步完成，其一是薄膜裹包封口，其二是加热收缩，缺一不可。并且裹包封口的形式对热收缩包装的最终形态起到决定的作用。

配套热收缩包装的裹包封口机的类型有很多种，下面主要介绍 3 种机型的工作原理。

1. 卧式枕形裹包机

这种包装机的工作原理如图 2-26 所示，其工序依次从 A 至 F。配套于热收缩包装时，包装材料改用热收缩薄膜，这是一种高效连续式的裹包形式，可用于小件物料的高速自动包装。与这种包装机近似的机械配置形式有多种多样，根据不同的包装形态可实现对折三面封口和四面封口等形式。

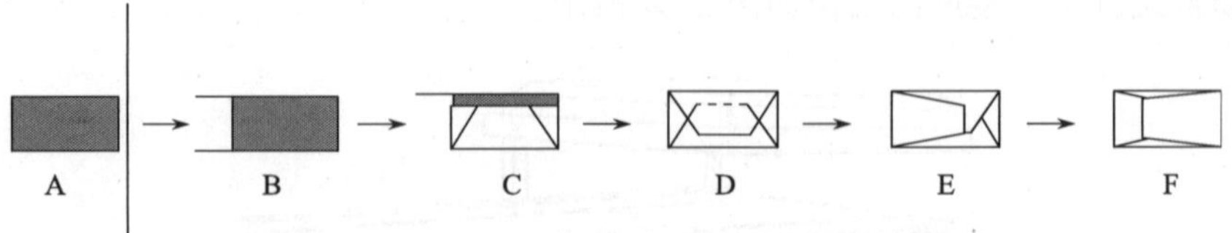

图 2-26 卧式枕形裹包工艺流程图

2. 套筒式裹包机

套筒式裹包是一种不需要完全裹包的收缩包装。图 2-27 所示是其中的一种机型的工作原理示意图，包装采用上下两卷薄膜同时进行，上下卷膜经横封器封切后黏合成一整幅。物品由输送带送入，顶推着黏合在一起的上下薄膜向前行进，到预定长度时，横封器动作，完成上下膜的封合和切断，这样，物品就被封合后的两半薄膜卷包在一起。当其进入加热通道时，薄膜受热收缩，紧贴物品，但包装品的两个侧面会留下两个圆形缺口，这是套筒包装的一大特征。这种包装较多用于纸箱或托盘式的收缩包装，如一些罐装或盒装饮料装箱或装盘后，再外套一层收缩膜包装。

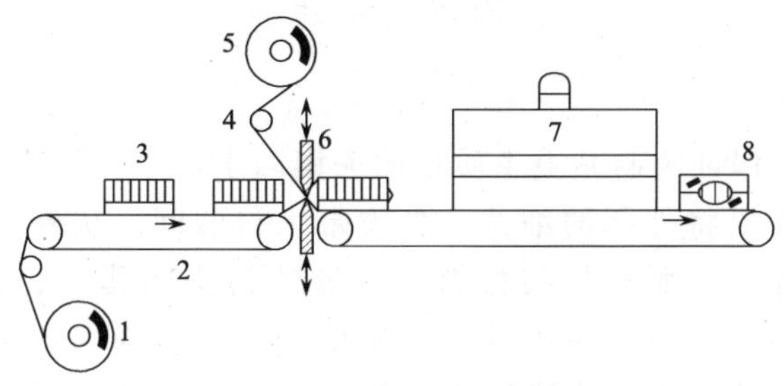

图 2-27　热收缩包装工艺流程示意图

1 为下卷膜；2 为输送带；3 为物品；4 为导辊；5 为上卷膜；6 为横封切断机构；7 为热收缩通道；8 为包装成品

套筒式裹包的另一种形式是采用管状的收缩膜进行包装，这主要是针对圆柱形或长方形的小件食品包装。用管状薄膜套住被包装物品，在长度方向上两端留有 30～50mm，先将两端加热紧固，再送入加热通道，使包装薄膜整体收缩。

3. 四面封口式裹包机

四面封口式的收缩裹包不但起到紧束包装件的作用，还起到密封的作用，应用于纸箱包装时，可弥补纸箱密封性能不好的缺点。其工作原理和套筒式裹包机相似，只是增加了两个纵封器。包装时，同样采用上下两卷薄膜，由横封切断使上下膜黏合成整幅。物品被输送带送入，顶推薄膜前进，整体越过横封器后，被封合切断。套着薄膜的包装件被输送带送入纵封器，使两侧纵向封合，从而形成一个四面封口的包装件。最后进入加热通道收缩。

除了以上介绍的几种裹包封口机外，配套于热收缩设备的包装机还有很多种，但无论采用哪种包装形式，其共同点都是采用收缩膜全部或部分地裹包被包装物件，以适应选定的收缩形态。

（五）气调包装机

气调保鲜包装亦称气体置换包装，国际上称为 MAP 包装（即 Modified Atmosphere Packing）。气调包装机的原理是采用保鲜气体，对包装盒或包装袋内的空气进行置换，改变盒（袋）内食品的外部环境，达到抑制细菌（微生物）的生长繁衍，减缓食品的新陈代谢速度，从而延长食品的保鲜期或货架期。

气调保鲜气体一般由二氧化碳（CO_2）、氮气（N_2）、氧气（O_2）及少量特种气体组成。CO_2 气体具有抑制大多数腐败细菌和霉菌生长繁殖的作用，是保护气体中的主要抑菌成分；O_2 具有抑制大多数厌氧腐败细菌生长繁殖，保持鲜肉色泽和维持新鲜果蔬需氧呼吸，保持鲜度的作用；N_2 是惰性气体，与食品不起作用，作为填充气体，与 CO_2、O_2 及特种气体组成复合保鲜气体。不同的食品果蔬，保鲜气体的成分及比例亦不同。目前市场上常见的机型见彩图 44。

四、兔肉制品包装

（一）肉制品包装的卫生

1. 包装室的卫生

包装室的卫生是保证肉制品卫生质量的关键因素之一，除保证包装室无菌状态的同时，还必须注意不要将外部的细菌、尘埃带入包装间。从外部带入的污染包括户外空气、空调、人体、衣服、包装材料、可导致污染的作业、受到污染的制品等。为防止户外空气的污染，包装室内气压一般应为正压。为保证包装室内的换气和控制温湿度，室内应安装除尘、除菌装置。若用 NASA 规格表示，食品厂内的尘埃和微生物的洁净度最好为 10 000 等级。这一等级指尘埃的大小在 0.5μm 以下时其数量应在 350×10^3 个/m^3 以内；尘埃的大小在 5.0μm 以上时其数量应在 2300 个/m^3 以内，细菌的标准浮游量为 17.6 个/m^2，沉降量为 64 600 个/m^2。另外，理想的室温应保持在 15℃以下，相对湿度在 70%以下。

人体看起来比较清洁，但也必须考虑到人的毛发、衣服的皱褶、人体表皮的皱纹、伤口、唾液等都是相当大的污染源。所以人体有可能接触制品的部位需要先进行消毒，最好戴上手套和口罩，衣服上也需无尘。在进入包装室之前，如有条件应通过风浴吹落身上携带的细菌和尘埃。

在包装材料制造的过程中，某一阶段可以说是无菌的，但在薄膜卷绕过程中会产生空中浮游菌的附着。采用热成型包装可以避免污染，但是如果机器的设置场所不当，有时也会受到浮游菌的污染，操作中产生的污染，多发生在制品装箱的作业过程中。

为了保持包装室的清洁，除了要断绝来自于外部的污染外，顶棚、墙壁和地面的结构设计也应注意不要使尘埃等易于存留，并对这些部位定期进行消毒。为了不致使一些特定的细菌残存，要用次氯酸钠、酒精溶液和蒸气循环消毒。

2. 肉制品切片、包装的卫生

肉制品的表面容易受到细菌的污染，为了保持肉制品的卫生，应注意器具消毒，切片机的刀刃部和制品固定台、包装机等与制品接触之处及操作人员的双手也应进行消毒。切片机的刀刃部一旦受到污染，在进行以后的切片过程中，就会使数十片肉片受到污染，所以对刀刃部应定时进行消毒。切片作业最好是在无菌室内进行。

在质量保证方面．应注意不要使温度上升。即使是加热杀菌的制品，也仍然有芽孢形成菌的芽孢残存，它们在高温下就会发芽增殖。经 65～70℃的温度杀菌后，仍然会有杆菌属的蜡状芽孢杆菌、巴氏芽孢杆菌、凝结芽孢杆菌残存。另外，一旦温度上升，脂肪就会变白，有时还会流出。质量方面其他应注意的还有切片机刀刃是否锋利问题，如果刀锋不快，所切肉片周围就会出现白色脂肪的附着。

使用的包装材料其原料多为塑料，由于制作上采用的是高温挤出的方法，因此是无菌的。但是在塑料薄膜的卷绕过程中，有时会受到空中落下的细菌的污染。不考虑细菌污染而制造的复合薄膜中曾检测出耐热芽孢形成菌和低温细菌。除此之外，还有人检测出了霉菌和枯草菌。虽然说包装材料应是无菌的，但至少应注意不要使在低温条件下容易生长的乳酸菌、无色杆菌、黄杆菌在其表面附着。

（二）生鲜肉制品的包装

生鲜畜肉类食品的质量好坏，直接受微生物污染、酶活性、氧化及脱水等理化和生物性因素的影响。为防止细菌繁殖，新鲜肉一般均需冷藏，但在冷藏、运输和销售过程中都有被细菌二次污染的可能，从而导致腐败变质。因此，生鲜肉类的包装主要是防止微生物污染。生鲜肉要保持特有的鲜红生鲜感，就必须维持其细胞处于氧合状态，同时又要防止肉内水分的挥发散失。因此，用于生鲜肉类的包装材料应具有适当的透氧率，对水蒸气则有较好的阻隔性。生鲜肉的包装多采用薄膜包装，其次是采用浅盘包装。

1. 生鲜肉的薄膜包装

生鲜肉的薄膜包装多采用聚乙烯拉伸薄膜，这种 PE 膜的阻水性较好，氧气透过率比较高，对于保持鲜肉细胞的有氧呼吸是足够的。经过双向拉伸的 PE 膜具有热收缩性，套在肉块上后，经过瞬间加热，即发生收缩而紧裹在肉的表面，不易脱落；同时由于聚乙烯的低温柔韧性极为优良，在－40℃不会脆裂。

需较长时间冷藏的鲜肉除用聚乙烯膜包裹外，要再加套一层隔氧性较好的薄膜，如 PVDC、NY 等薄膜。在鲜肉出库销售时，除去外面的阻氧层，这样氧气渗入聚乙烯薄膜内，使缺氧而被抑制的细胞重新恢复活力，包装内的鲜肉颜色便转为鲜红色。

适用于冷冻包装的材料主要有：PE、PC、EVA、PET、NY 等单层膜及 PET/PE、NY/PE 等复合薄膜。当要求采用其他真空包装时，则可选用阻气性较好的 PET/PE、NY/PE 等薄膜。

肉类的常温保存一直是个难题，其关键是鲜肉无法在常温下杀菌，即使将刚宰杀好的畜禽鲜肉立即置于无菌环境中密封、去氧贮藏，其肉块内部的细菌特别是厌氧性细菌还会繁殖。能够在常温下杀灭肉块内部细菌的办法目前只有辐射杀菌法。美国食品和药物管理局 1985 年批准用辐照法杀灭猪肉螺旋形毛菌，为肉类的常温灭菌贮存开创了新路。肉类在辐射杀菌前要用塑料薄膜封装，以免杀菌后再次受到污染。PFT、PVDC 和一些复合薄膜可用于辐照食品的包装。

2. 生鲜肉类的浅盘包装

将生鲜肉直接盛放在浅盘中，表面覆盖一层透明塑料膜的包装，常采用发泡聚苯乙烯浅盘盛装生鲜肉，并在浅盘底部衬一吸水纸吸收肉块表层水分。

近年来，随着人们对包装可视性要求的提高，又出现了一种由定向 PS 片材热成型制成透明浅盘包装生鲜肉，表面采用透明的 BOPP 薄膜，使鲜肉清晰可见。

（三）加工熟肉制品的包装

氧的含量及包装内无菌是影响加工熟肉制品保质期的主要因素。这就要求采用真空或充气包装，或者在包装后再进行蒸煮杀菌。根据这种要求，选用的包装材料应能阻氧、阻湿和耐高温，单一薄膜很难满足这些性能要求，一般采用复合包装材料，如采用PET/PVDC/PE或NY/PVDC/PE等复合薄膜包装小香肠、午餐肉。这些薄膜材料可以预先制成袋以备用，也有的是在自动包装机上边制袋边包装，包装制袋一次完成，减少了污染环节。熟香肠还采用PVDC肠衣进行包装。

西式火腿是一种拆开包装即食的熟肉制品，水分含量较高（70%左右），在常温下极易变质。工业上用于包装西式火腿的薄膜是CPP/PVDC/CPP共挤复合膜，成袋后装入肉块，连袋放在蒸煮罐内蒸煮。由于袋本身具有收缩功能，在蒸煮时，包装袋由于热收缩而紧紧地绷在肉上，使得肉块表面挤压得十分平整、光滑，用这种方法包装、消毒的西式火腿可以在常温下放置较长时间。

红烧肉、炒子鸡等许多传统上用马口铁等包装的罐装食品，近来也用复合软包装材料制作的软罐头包装。常用的软罐头材料是PET/AI/NY/PE（EVA），能耐121℃以上温度较长时间的蒸煮杀菌。这种软罐头食品能够在常温下放置6个月或更长时间而不变质，食用携带方便，适宜军队和野外工作者使用。目前国内对食品的软罐头包装尚无统一的质量标准。日本JIS标准是：能耐120℃以上加热杀菌；封合强度≥2～3kg/15min；耐压强度＞50kg/min；穿刺强度≥0.6kg；透湿度＜0.19/（m^2·24h·0.1MPa）；透氧度＜1mL/（m^2·24h·0.1MPa）。

通脊火腿和去骨火腿经常采用纤维状肠衣，在使用前，应将肠衣放在38℃左右的温水中至少浸泡30min，让肠衣吸水变软后，增强韧性以便充填。

（四）干肉制品包装

干肉制品指先经过熟制，再成型干燥的肉，或先成型干燥，再经过熟制而成的肉。熟肉类制品的肉即是干肉制品。这些干肉制品受到广大消费者的青睐的原因是其具有贮运销售方便、保质期长、开启包装后可直接食用等特性的优点。干肉制品主要有肉松类、肉干类、肉脯类。

1. 干肉制品的特性

将新鲜肉含水量由68%～80%降至6%～10%，需要经过在自然条件或人工控制条件下促使肉中水分蒸发的工艺过程。肉类食品脱水干制是防止其腐败变质及有效地加工和贮藏的手段之一。我国传统制作方法是将鲜肉作为原料，经过调味熟制后再加工干制出调味性好的干制品。此干制品经过干缩、干裂等物理变化后几乎完全失去对水分的可逆性，就算加水也难以恢复其原有的状态。如果将新鲜肉采用低温真空升华干燥直接脱水干燥制成的干制品对水分是可逆的，这种干制品在能够保持肉的组织结构和营养成分不发生变化的情况下，添加适量的水就会立即恢复原来的状态，但缺点是因疏密度低而易吸水，导致复原迅速，使内部多孔容易被氧化而影响贮藏期。尤其是干制品通过一系列化学变化及其复水后，品质的营养价值因而受到影响。同时，化学变化会使色泽、风味、质地、黏度、复水率有所改变而影响贮藏寿命。而且复水干肉制品在脱水干制后的品质相对下降，在高温下加工会使肉的脂肪发生氧化，肉在干燥下对光的反射、散射、吸收和传递性质由于受物理和化学性质改变而使肉制品色泽产生相对变化，甚至有可能会导致挥发性风味物质损失。在处于这种状况时，就应利用干制来使肉品水分活度下降原理去抑制微生物活动，从而达到延长干肉制品保质期的目的。

2. 干肉制品的包装特点

由于干肉制品脂肪含量较高，如有氧存在时就很容易被氧化后变质而使营养物质（如蛋白质）等遭受微生物的侵染霉变。而且，干肉制品的水分含量低，在包装上除要达到防潮要求外，还要在包装上做到有一定的密封性。因此在选择包装材料上，应多采用有良好隔氧性能的塑料复合薄膜或塑料薄膜（如聚乙烯、聚丙烯等）或选择采用铝箔等复合材料来达到隔绝光线的目的，除此之外还可以满足不同档次的包装需要。这说明干制工艺过程和干肉制品的自身特性与干制品包装特点有着密切关系，总之，最重要的一点是它们均决定着干制品包装材料和包装技术。

3. 干肉制品的包装要求

要满足干肉制品的包装要求，就要避免干肉制品在贮藏、运输过程中质量变坏。因此在选择包装材料上应要具备以下 7 个条件。

（1）为防止由氧的渗入而使脂肪发生氧化后对干肉制品产生不利影响，就应采用具有良好隔氧性的包装材料。

（2）为使干肉制品品质能达到保持避光要求，就应采用具有对光线、紫外线良好阻隔性的包装材料。

（3）为避免从环境中吸湿致使干肉制品质量发生变化，就应采用透湿性小，并具有良好防潮的包装材料。

（4）应采用具有良好防虫性、防鼠性、防灰尘等入侵的包装材料或包装容器。

（5）应采用具有良好的加工包装操作工艺，能适合干肉制品在包装时加工工艺的操作要求。

（6）应采用具有良好展示性和卫生安全性干肉制品的包装材料。

（7）干肉制品包装费用要合理。

4. 选用干肉制品包装材料的原理

在选用干肉制品包装材料时应非常慎重，首先选择能对水蒸气有较好阻隔性的材料以满足防潮的需要。其次是根据干肉制品的特性，在总体上应采用能满足保护性、工艺性、商品性等需要的包装材料。

5. 干肉制品的常用包装材料

1）玻璃纸　玻璃纸（glass paper）又称赛璐玢，是一种天然再生纤维透明薄膜的高级包装纸，其经过涂布树脂后在高湿度状态下各种气体的透过率基本不受影响，而且具有较好防潮、热封性能，因此干肉制品根据玻璃纸这一特点而直接用于包装干肉制品上是很有意义的。但普通玻璃纸作为包装用纸时最大缺点就是没有像塑料薄膜那样的热封性能。另外虽然玻璃纸韧性较好，但在稍有裂口时，使用小力度也能使它完全破裂。

2）聚乙烯　聚乙烯（PE）树脂一般被认为是无臭、无毒，可直接接触食品安全卫生的包装材料，虽然其单体聚乙烯本身有低毒，但在塑料制品中的残留量极微，因此加入添加剂量也很少。

3）聚丙烯　聚丙烯（PP）的卫生安全性高于聚乙烯。根据聚丙烯的耐水阻湿性比玻璃纸好，透明、耐撕裂不低于玻璃纸的特性，聚丙烯可以代替玻璃纸，而用于包装食品主要是采用制品的聚丙烯薄膜。

4）聚氯乙烯　聚氯乙烯（PVC）塑料存在包装干肉制品的卫生安全问题是决定其在食品包装上的使用范围的主要因素。

5）聚偏二氯乙烯　聚偏二氯乙烯（PVDC）用作食品包装时由于需要用稳定剂、增塑剂，因此和聚氯乙烯一样会有卫生安全性问题，所以在选择添加剂时应注意选用使其成为一种具有更好的综合包装性能同时又能使用于长期保存的食品包装。

6）铝箔　铝箔（Al foil）具有三个重要特性：阻湿、阻气、阻光，用于食品包装上是无毒卫生的。由于铝箔具有许多优异性能，又是一种抗挠性包装材料，特别是铝箔经二次加工后具有较其他包装材料优越的综合包装性，因此已被广泛应用于食品、医药等包装领域。

第四节　兔肉烹调制作基本方法

我国具有悠久的兔肉消费习惯，甚至形成了特有的兔肉消费文化，如在四川不同地区每年有“兔肉节”。具有“老年人常吃兔肉，可以延年益寿，更好地消化吸收。青年人常吃兔肉，男的可以强壮身体，女的可以美容养颜”观念的消费者越来越多。据不完全统计，在不同地区将兔肉经烹饪制作的特色产品多达上千。

兔肉的常见家庭烹调方法多种多样，主要有炒、爆、熘、烹、炸、煎、摊、贴、烧、焖、煨、焗、焅、扒、烩、氽、炖、煮、蒸、涮等。

一、炒

炒是一种最基本的烹调方法，在家庭烹调应用中最为常见。炒的特点是：炒锅要干净；旺火热油；炒的时间要短。炒的常用方法有生炒、熟炒、滑炒、清炒和干炒等多种。

二、爆

爆就是把原料投入油锅中，采取快速成熟（保持原料脆嫩、极嫩）的一种烹调方法。爆的特点是：旺火速成。火候要求严格，爆菜火候要“三旺三热”，即烫要旺火沸水，炸要旺火沸油，滚汁要旺火热锅。爆的方法一般可分为油爆、芫爆、酱爆、葱爆和汤爆等多种形式。

三、熘

熘是一种烹和调相结合的方法。就是将原料先经烹煮成熟，然后，放入卤汁（芡汁），浇在原料上（或投入卤汁中搅拌）的一种烹调方法。这种方法运用也很广泛。

熘的特点是食物先上糊；后炸火要旺；芡汁比食物多。熘的方法一般有焦熘、糟熘、滑熘和醋熘等多种。

四、烹

烹是将原料经过热处理（炸、煎、滑炒）后，再用调料急速拌炒的一种烹调方法。方法一般分炸烹、清烹、煎烹等多种形式。

烹的特点一是油量要大，热油炸，一般要分成两次炸（即先稍炸，待油热时，回锅复炸，炸成熟）；二是炸与烹密切配合，炸好就烹。

五、炸

厨师中有句行话："逢烹必炸"。这说明烹和炸的密切关系。炸是用旺火、多油、无汁的一种烹调方法。口味香、酥、脆、嫩。炸的方法，常用的有清炸、干炸、软炸、酥炸、面包渣炸和卷包炸等多种形式。

炸的特点是：油量要多；火温要高（7～8 成热），对一些老的、大的原料，下锅时油温可稍高一些。对嫩的原料，发现油温过高，可离开火口炸熟。

六、煎

煎是用少量油布遍锅底，用中火（或小火）将原料两面煎黄至熟的一种烹调方法。

煎的特点是原料应是片状和扁平状，火候要掌握好。煎有干煎、煎烹、煎蒸、煎烧、煎焖、煎烩和糟煎等多种形式。

煎的菜肴加调料有三种方法：一是用调料浸渍原料，煎后即可食用；二是调料装盆，食用时蘸调料；三是原料煎好后，趁热烹入调料。

七、摊

摊是在煎的基础上发展而来的。原料先经调料拌腌，再拖上鸡蛋糊，两面煎成金黄色，再加入汤和调料，用小火摊尽汤汁，煎至成熟的一种烹调方法。

摊的特点是：汤汁要适量（不要过多，以能收干汤汁为准）；煎时要加盖（中间不要揭盖）；以锅内发出"吱、吱"声响，揭盖见无汤汁为好。

八、贴

贴是先将原料用调料拌渍，然后，把两种以上原料黏合在一起，用少量油煎成熟的一种烹调方法。贴的特点一是只煎原料的一面；二是用肥膘垫底；三是原料下锅煎要挂糊。

九、烧

烧是将原料经过一种或多种的热处理（炸、煎、煸、炒），再加汤和调料，用大火烧沸，改用小火慢烧，烹制成熟的一种烹调方法。烧的运用范围很广，所用的原料范围也很广，是一种常用的烹调方法。可分为红烧、白烧、干烧三种形式。

烧的特点是：红烧的菜肴，要经过半成品的处理；干烧的调料，必须经过煸炒，然后，再投入主料；做红烧等，要一次投料，不要中间零零散散加料。

十、焖

焖是从烧演变来的。焖菜的原料经过油炸后，再放入适量的汤和调料，盖紧锅盖，用小火长时间加热成熟的一种烹调方法。具体可包括红焖、黄焖、油焖等多种。

焖的特点是：初步热处理有炸、煸、煮、炒等，先用旺火将汤烧沸，再改用小火焖烧。

十一、煨

煨是将原料经过热处理（炸、煎、煸、炒或水煮），再放入适量的汤汁和调料，用小火长时间烹制成熟的一种烹调方法。

煨的特点是：炊具一般都用沙锅；煨菜时间比焖菜时间要长，火候较焖菜小。

十二、焗

焗是将原料先经过拌腌，再过油，然后，用适量的汤和调料，用较大的火力加锅盖将原料焗熟的一种烹调方法。

焗的特点是：选料严格，要求鲜嫩；调料讲究，先用调料拌腌；火要旺。

焗是广东菜系中独有的烹调方法。由于调料不同，又可分蚝油焗、陈皮焗、香葱焗、白汁焗等多种方法。

十三、焐

焐综合了烧和焖的特点，原料经过这种烹调方法加工烹制，再加入适量的汤和调料，盖上锅盖，直至汤汁焐浓，使汁裹附在主料上的一种烹调方法。

焐的特点是：焐制菜肴不用芡汁，汁多可用旺火收汁、用小火焐煮。

焐的方法：由于调料不同，有干焐、乳焐、奶焐和酱焐等多种。

十四、扒

扒是将原料或经过初步熟处理的原料排放锅中，加入适量的汤汁和调料，烧至成熟的一种烹调方法。

扒的特点是：原料入锅先用鲜火烧熬，然后用小火烧之入味，最后用旺火稠浓汤汁。

扒的方法有多种多样，常用的有白扒、红扒、奶油扒、蚝油扒和五香扒等。

十五、烩

烩是将加工成丝、条、片、丁的小型原料，用旺火制成半汤半菜的一种烹调方法。

烩的特点是：烩菜都要勾芡，芡汁要黏稠似羹，汤宽汁厚；热锅热油，始终要旺火。

十六、汆

汆既是烹调原料初步热处理的方法，又是一种烹调方法。汆是汤类烹调方法之一。

汆的原料都是加工成形的片、丝、条、块或丸子等。

汆可分为清汆（原料汤澄清见底）和混汆（原料汤乳白）两种。

十七、炖

炖是将原料放在陶制或瓷制的器皿内，用小火慢烧而制成菜肴的一种烹调方法。

炖的特点是：火候小，时间长；防止粘锅，原料底下要垫锅垫。

炖的方法有三种：炖、清炖、侉炖（主料挂糊）。

十八、煮

煮是将原料放入锅中，加汤水，用旺火烧沸并使原料成熟的一种烹调方法。

煮的特点是：严格掌握火候；水烧沸后改用小火。

十九、蒸

蒸是经蒸气加热使原料成熟的一种烹调方法。这种方法不受原料的性质和形态限制。蒸的方法有干蒸、清蒸和粉蒸等多种。

蒸的特点是：原料严格要求新鲜；要保持菜肴的风味特色；笼盖要留有缝隙，使小量蒸气溢出（防止回笼水的出现而失去原有的风味）。

二十、涮

涮是把切成薄片的原料放在沸水锅里烫片刻，然后，蘸佐料食用的一种烹调方法。

涮的特点是：原料的切片要薄、要匀。

参考文献

戴瑞彤. 2008. 腌腊制品生产. 北京：化学工业出版社：77-79

杜克生. 2006. 肉制品加工技术. 北京：中国轻工业出版社：50-80

谷子林，薛家宾. 2007. 现代养兔实用百科全书. 北京：中国农业出版社：307-311

胡国华. 2005. 食品添加剂在禽畜及水产品中的应用. 北京：化学工业出版社：126-130

孔保华，马丽珍. 2003. 肉品科学与技术. 北京：中国轻工业出版社：201-205

李京. 1996. 厨妇乐园. 北京：经济科学出版社：78-83

李宪华. 2006. 食品包装与食品添加剂. 北京：知识出版社：128-134

李勇. 2004. 食品冷冻加工技术. 北京：化学工业出版社：253-254

刘玺. 1997. 畜禽肉类加工技术. 郑州：河南科学技术出版社：37-38

刘玉田. 2002. 肉类食品新工艺与新配方. 济南：山东科学技术出版社：82-84

马美湖. 2005. 腌腊肉制品加工. 北京：金盾出版社：79-81

南庆贤. 2003. 肉类工业手册. 北京：中国轻工业出版社：291-298

彭大惠. 1993. 养兔手册. 北京：农业出版社：491-500

上海水产大学. 1996. 水产品加工机械与设备. 北京：中国农业出版社：17

佘锐萍. 2005. 安全优质肉兔的生产与加工. 北京：中国农业出版社：157-158
沈月新. 2005. 食品保鲜贮藏手册. 上海：上海科学技术出版社：326-327
沈再春. 1993. 农产品加工机械与设备. 北京：农业出版社：127-128
孙世增. 1993. 牛羊肉食谱. 天津：天津科学技术出版社：105-109
田国庆. 2003. 食品冷加工工艺. 北京：机械工业出版社：56-90
田世平. 2000. 粮油畜禽产品贮藏加工与包装技术指南. 北京：中国农业出版社：159-163
涂国材. 1991. 中等专业学校轻工专业教材食品工厂设备. 北京：中国轻工业出版社：131-132
王丽哲. 2002. 兔产品加工新技术. 北京：中国农业出版社：260-271
王林云. 2007. 现代中国养猪. 北京：金盾出版社：700-717，720-721
翁长江，杨明爽. 2005. 肉兔饲养与兔肉加工. 北京：中国农业科学技术出版社：236-244
夏文水. 2003. 肉制品加工原理与技术. 北京：化学工业出版社：40-70
许学勤. 2008. 食品工厂机械与设备. 北京：中国轻工业出版社：153
严泽湘. 2004. 野菜野果食品加工技术与工艺配方. 北京：科学技术文献出版社：55-57
杨正. 2001. 塞北兔饲养技术. 北京：中国农业出版社：187-193
俞宗德. 1997. 酸味苦味菜谱. 哈尔滨：黑龙江科学技术出版社：125-130
张聪. 2003. 自动化食品包装机. 广州：广东科技出版社：255-257
张根生. 1999. 家庭自制肉制品 300 例. 哈尔滨：黑龙江科学技术出版社：50-90
张裕中. 2007. 食品加工技术装备. 2 版. 北京：中国轻工业出版社：463-467
章银良. 2006. 食品检验教程. 北京：化学工业出版社：401-404
赵怀信. 2006. 中国兔肉菜谱. 长沙：湖南科学技术出版社：58-61
朱瑾佳. 1990. 肉兔生产. 北京：农业出版社：150-154
朱维军. 2007. 肉品加工技术. 北京：高等教育出版社：60-80，94-95

第三章　兔肉制品精深加工

第一节　兔肉制品类型及工艺特征

我国是世界上兔肉制品类型和加工方法最多的国家，按照第二章所述较公认的分类方法可将其与其他肉类制品一样大致分为十大门类，涵盖上千种产品，具体类型及鉴别特征分别介绍如下。

一、腌腊制品

经腌制、酱渍、晾晒（或不晾晒）、烘烤等工艺制成的生肉类制品，食用前需经加工。有咸肉类、腊肉类、酱（封）肉类、风干肉类。酱（封）肉是咸肉和腊肉制作方法的延伸和发展。

1. 咸肉类

肉经过腌制加工而成的生肉类制品，食用前需经熟加工。咸肉类有腌制咸兔、咸猪肉、咸羊肉、腌鸡、咸牛肉等。

2. 腊肉类

肉经腌制后，再经晾晒或烘焙等工艺而成的生肉类制品。食用前需经熟加工，有腊香味。腊肉类有腊兔、板缠丝兔、腊猪肉、腊羊肉、腊牛肉、腊鸡、腊鸭、板鸭等。

3. 酱（封）肉类

肉用食盐、酱料（甜酱或酱油）腌制、酱渍后再经风干或晒干、烘干、熏干等工艺制成的生肉制品，食用前需经煮熟。色棕红，有酱油味。酱（封）肉类有四川酱兔、北京清酱肉、广东清酱封肉和杭州昔鸭等。

4. 风干肉类

肉经腌制，洗晒（某些产品无此工序）、晾挂、干燥等工艺制成的生、干肉类制品，食用前需经熟加工。风干肉类有风干兔肉、风干猪肉、风干牛肉、风干羊肉、风干带毛鸡和云南风鸡等。

二、酱卤制品

肉加调料和香辛料以水为加热介质，煮制而成的熟肉类制品。有白煮肉类、酱卤肉类、糟肉类。

白煮肉可以认为是酱卤肉末经酱制或卤制的一个特例；糟肉则是用酒糟或陈年香糟代替酱汁或卤汁的一类产品。

1. 白煮肉类

肉经（或不经）腌制后，在水（盐水）中煮制而成熟肉类制品，一般在食用时再调味。产品保持固有的色泽和风味。白煮肉类有口水兔、白切兔肉、白切猪肚、白切鸡和盐水兔、盐水鸭等。

2. 酱卤肉类

肉在水中加食盐或酱油等调味料和香辛料一起煮制而成的一类熟肉类制品。某些产品在酱制或卤制后，需再经烟熏等工序。产品的色泽和风味主要取决于所用的调味料和香辛料。酱卤肉产品有四川卤全兔及卤兔腿、苏州酱汁肉、糖醋排骨、道口烧鸡、蜜汁蹄膀和德州扒鸡等。

3. 糟肉类

肉在白煮后，再用“香糟”糟制的冷食熟肉制品。产品保持固有的色泽和曲酒香味。糟肉类有糟兔、糟鸡和糟鹅等。

三、熏烧烤制品

肉经腌、煮后，再以烟气、高温空气、明火或高温固体为介质的干热加工制成的熟肉类制品，有烟熏肉类、烧烤肉类。熏、烤、烧三种作用往往互为关联，极难分开。以烟雾为主者属熏烤；以火苗或以盐、泥等固体为加热介质熟制而成者属烧烤。

1. 熏烤肉类

肉经煮制（或腌制）并经决定产品基本风味的烟熏工艺而制成的熟（或生）肉类制品。熏烤类有熏兔、培根、熏猪舌和熏鸡等。

2. 烧烤肉类

肉经配料、腌制，再经热气烘烤，或明火直接烧烤，或以盐、泥等固体为加热介质煨烤而制成的熟肉类制品。烧烤肉类有四川百膳烤兔、麻辣烤兔腿、北京烤鸭、广州脆皮乳猪、扒鸡、常熟称为花鸡、江东盐焗鸡和叉烧肉等。

四、干 制 品

瘦肉先经熟加工，再成型干燥，再经熟加工制成的干、熟肉类制品。可直接食用，成品为小的片状、条状、粒状、絮状或团粒状，有肉松类、肉干类和肉脯类。

1. 肉松类

瘦肉经煮制、撇油、调味、收汤、炒松、干燥或进而油酥等工艺制成的肌肉纤维蓬松成絮状或团粒状的肉制品。有肉松、油酥肉松、肉粉松。

1） 肉松　瘦肉经煮制、撇油、调味、收汤、炒松、搓松和干燥等工艺制成的肌肉纤维蓬松成絮状的肉制品。肉松类有兔肉松、太仓猪肉松、牛肉松等。

2） 油酥肉松　瘦肉经煮制、撇油、调味、收汤、炒松，再加入食用油脂炒制而成的肌肉纤维断碎成团粒状的肉制品。油酥肉松类有成都油酥肉松、福建酥肉松等。

3） 肉松粉　瘦肉经煮制、撇油、调味、收汤、炒松，再加入食用油脂和谷物粉炒制而成的团粒状、粉状的肉制品。谷物粉的量不超过成品重的20%。油酥肉松与肉粉松的主要区别在于后者添加了较多的谷物粉或植物蛋白粉，故动物蛋白的含量稍低。市场已有多种肉松粉产品。

2. 肉干类

瘦肉经预煮、切片（条、丁）、调味、复煮、收汤和干燥等工艺制成的干、熟肉制品。肉干类有兔肉干、牛肉干和猪肉干等。

3. 肉脯类

瘦肉经切片（或绞碎)、调味、腌制、摊筛、烘干和烧制等工艺制成的干、熟薄片型的肉制品。有肉脯、肉糜脯。

1）肉脯　瘦肉经切片、调味、摊筛、烘干和烤制等工艺制成的薄片型的肉制品。肉脯类有四川兔肉脯、靖江猪肉脯等。

2）肉糜脯　瘦肉经绞碎、调味、摊筛、烘干和烤制等工艺制成的薄片型的肉制品。用兔肉与其他肉类混合，甚至添加植物蛋白或膳食纤维、微生物等强化营养成分，可开发出不同类型的肉糜制品。肉脯类有香辣兔肉脯、美味猪肉脯等。

五、油炸肉制品

油炸肉制品门类是以食用油作为加热介质为其主要特征的。经过加工调味或挂糊后的肉（包括生原料、半成品、熟制品）或只经干制的生原料，以食用油为加热介质，高温炸制（或浇淋）的熟肉类制品。油炸制品有油炸兔腿、上海脚子头、炸猪皮、炸乳鸽和油淋鸡等。

六、香肠制品

1. 中国腊肠类

以畜肉为主要原料，经切碎或绞碎成肉丁，用食盐、（亚）硝酸盐、白糖、曲酒和酱油等辅料腌制后，充填入可食性肠衣中，经晾晒、风干或烘烤等工艺制成的肠衣类制品。食用前经过熟加工，具有酒香、糖香和腊香。中国香肠（腊肠）类有四川汇宝兔肉肠、肉枣肠、广东皇上皇腊肠、上海腊肠、四川香肠、香肚和正阳楼风干肠等。

2. 发酵肠类

以牛肉或猪肉为主要原料，也可添加兔肉，经过绞碎或粗斩成颗粒，用食盐、（亚）硝酸盐、糖等辅料腌制，并经自然发酵或人工接种，充填入可食用肠衣内，再经烟熏、干燥和长期发酵等工艺而成的生肠类制品，可直接食用。发酵肠类有图林根香肠、色拉米香肠等。

3. 熏煮肠类

以肉为主要原料，经切碎、腌制（或不腌制）、细绞或粗绞，加入辅料搅拌（或斩拌），充填入肠衣内，再经烘烤、熏煮、烟熏（或不烟熏）和冷却等工艺制成的熟肠类制品。包括不经乳化的绞肉香肠；干淀粉添加量不超过肉重10%的一般香肠；乳化香肠和以乳化肉馅为基础，添加瘦肉块、肥肉丁、豌豆、蘑菇等块状物生产的不同品种的乳化型香肠。熏香肠有兔肉切片熏肠、法兰克福香肠、波洛尼亚香肠、啤酒肠、茶肠、天津火腿肠、北京大腊肠、哈尔滨红肠等。

4. 肉粉肠类

以淀粉、肉为主要原料，肉块经腌制（或不腌制），绞切成块或糜，添加淀粉及各种辅料，充填入肠衣或肚皮中，再经烘烤、蒸制和烟熏等工序制成的一类熟肠制品。干淀粉的添加量超过肉重的10%。肉肠粉类有兔肉粉肠、北京蒜肠、小肚、天津粉肠等。

5. 其他肠类

除中国腊肠类、发酵肠类、熏煮肠类、肉粉肠类等肠类制品外，还有生鲜香肠、肝肠、水晶肠等。在这些产品中添加兔肉，不仅可增强肉馅乳化、保水性，还可提高产品营养价值。制备这些肠的主要工序：一是需经切碎、绞碎或乳化加工；二是调味处理；三是充填入肠衣。是否蒸煮、烟熏根据不同产品而异。

七、火腿制品

火腿制品是指用大块肉经腌制加工而成的肉类制品。虽然中国火腿与西式火腿在工艺上差异很大，但在名称上是一致的，有利于归纳和检索。这类制品有中国火腿类、西式发酵火腿类、熏煮火腿类、压缩火腿类等。在熏煮火腿类、压缩火腿类等产品中添加兔肉，可开发出高档火腿制品。下面对5类火腿制品进行简要介绍。

1. 中国火腿类

用带骨、皮、爪尖的整只猪后腿，经腌制、洗晒、风干和长期发酵、整形等工艺制成的中国传统的生腿制品，食用前应熟加工。产品如金华火腿、宣威火腿、如皋火腿等。

2. 西式火腿类

这种火腿与我国传统火腿的形状、加工工艺、风味等方面有很大不同，习惯上称其为西式火腿。根据其形式及工艺分为：①带骨火腿，它是将猪后腿经盐腌后加以烟熏脱水以增加其保藏性，同时赋以香味而制成的半成品，在食用前需熟制；②去骨火腿，是用猪后大腿整形、腌制、去骨、包扎成型后，再经烟熏、水煮而成，因此是熟肉制品，现多除去皮及较厚的脂肪后卷成圆柱状，故又称之为去骨成卷火腿，因是熟肉制品，故又称其为去骨熟火腿；③成型火腿，用猪腿肉、肩肉、腰肉添加其他部位的肉或兔肉、禽肉、鱼肉等，经腌制后加入辅料，装入包装袋或容器中成型，水煮后则为成型火腿（又称压缩火腿）。

3. 发酵火腿类

用带骨、皮（或去皮、去骨）腿肉，经腌制、处理和长期发酵、成熟而成的生肉制品，生食。

4. 熏煮火腿类

用大块肉经整形修割（剔去骨、皮、脂肪和结缔组织或部分去除）、腌制（可注射盐水）、嫩化、滚揉、捆扎（或充填入粗直径的肠衣、模具中）后，再经蒸煮、烟熏（或不烟熏）、冷却等工艺制成的熟肉制品。熏煮火腿类有盐水火腿、方腿、熏圆火腿等。

5. 压缩火腿类

用小肉块为原料，并加入鱼肉等芡肉，经腌制、充填入肠衣或模具中，再经蒸煮、烟熏（或不烟熏）、冷却等工艺制成的熟肉制品。

八、罐头制品

肉类罐头是指以畜禽为原料，调制后装入灌装容器或软包装，经排气、密封、杀菌、冷却等工艺加工而成的耐贮藏食品。根据加工方法不同，可将肉类罐头分为清蒸类、调味类、腌制类等产品。红烧兔肉、清蒸兔肉、腌制兔块等均可加工为优质罐头制品。

九、调理肉制品

调理肉制品是以畜禽肉为主要原料加工配制而成的，经简便处理即可食用的肉制品。调理肉制品按其加工方式和运销贮存特性，分为低温调理类和常温调理类。低温调理类包括冻藏类和冷藏类。在传统肉制品现代化进程中，各类餐饮业、家庭烹饪制作的肉制品均可开发为低温或高温调理肉制品。兔肉调理产品有已受到市场喜爱的宫保兔丁、酱兔肉丝、火锅兔、粉蒸兔、卤兔块、红烧兔块等。

十、其他制品门类

1. 肉糕类

以肉为主要原料，经绞碎、切碎或斩拌，以洋葱、大蒜、西红柿、蘑菇等蔬菜为配料，并添加各种辅料混合在一起，装入模子后，经蒸制或烧烤等工艺制成的熟食类制品，如兔肉糕、肝泥肉糕、血泥肉糕等。

2. 肉冻糕

以肉为主要原料，调味煮熟后充填入模子中（或添加各种经调味、煮熟后的蔬菜），以食用明胶作为黏结剂，经冷却后制成的半透明的凝冻状熟肉制品，冷食。肉冻糕有肉皮兔冻、水晶肠、猪头肉冻等。

第二节　兔肉制品精深加工配方与工艺

一、腌腊兔肉制品

（一）缠丝兔（彩图 45）

1. 原料、辅料及配方

白条兔 100kg，食盐、白糖、酱油、白酒、料酒、生姜、五香粉、豆豉、胡椒粉、花椒粉等。

2. 工艺流程

整理—腌制—涂料—缠丝—烘烤—蒸煮—包装

3. 加工技术要点

1）整理　选 2～2.5kg 的健康青年兔，经检验合格后按常规屠宰，剥皮，去内脏，去体表结缔组织及脂肪，清洗干净后备用。

2）腌制　兔坯腌制可用干腌法也可用湿腌法。干腌法的腌制混合盐由食盐

1.25kg、硝酸盐6g、五香粉75g，研磨混匀配制成。装缸时一层兔一层腌制盐，腌制盐均匀撒在兔体上，加盖进行腌制，每隔2h翻缸1次，一般腌制2天左右，即可出缸。湿腌法腌制液由食盐2.5kg、酱油1kg、料酒1kg、白糖0.5kg、姜粒200g、五香粉125g，加沸水溶解后，冷却至15℃以下配制成。将兔坯放入缸中，倒入腌制液，腌制10h左右即可出缸。

3）*涂料*　涂料用甜酱1kg、豆豉2.5kg、酱油500g、白糖250g、味精15g、胡椒粉25g、花椒粉50g、五香粉250g、白酒75g配制而成。兔坯出缸后，用清水洗去盐渍，挂在通风处晾干，进行必要的修整后，将预先配好的涂料，均匀涂抹在兔坯的胸腹腔内，每只兔坯用量25g左右，涂料用量不宜过多，以免在缠丝时流出污染胴体，而影响品质。

4）*缠丝*　缠丝有密、中、疏3种，以密缠为最佳。丝间距宽约一指。每只兔坯用细麻绳4m，从兔头缠起，呈螺旋形向后腿方向边缠边整形，胸腹部包扎裹紧，前肢塞入前胸，后肢尽量拉直。麻绳缠至后肢时关节处收尾打死结。缠丝造型时，要求将兔体缠紧、扎实，成细条圆筒状，横放形如卧蚕，故缠丝兔又称“蚕丝兔”。

5）*烘烤*　兔体经缠丝后，应通风晾挂6～7h，然后送入烘箱内悬挂烘烤。烘烤时间依贮藏时间及加工季节而定。一般烘烤30～40min，干燥后即为半成品。

6）*蒸煮*　如需煮熟销售，可用配好的卤水蒸煮45min。卤水配制：生姜0.3kg，花椒15g，肉豆蔻30g，小茴香15g，大茴香75g，桂皮7g，胡椒7g，味精15g。

7）*包装*　生制品：经烘烤后的半成品，解掉麻绳，经卫生质量检验，合格者作仔细整形，真空封口包装。熟制品：经蒸煮后解除麻绳，经卫生质量检验，合格者作仔细整形，趁热在体表涂一层香油，即可售或装入塑料袋，真空封口包装。

（二）红　雪　兔

1. 原料、辅料及配方

兔肉100kg，食盐5kg，花椒0.2kg，料酒3kg，白糖2kg，白酱油3kg，怪味粉0.1kg。

2. 工艺流程

原料整理—腌制—整形—风干—包装

3. 加工技术要点

1）*原料整理*　选择膘肥健壮，体重2kg以上活兔，屠宰剥皮，沿腹线开膛，除尽内脏和脚爪，将兔坯用竹片撑成平板状。修去浮脂和结缔组织网膜，擦净淤血。

2）*腌制*　干腌法制作先将食盐炒熟与其他辅料混合均匀，涂抹于兔坯上和嘴内，码入缸内，腌制2天左右，中间翻缸1次，出缸后再将其余辅料涂抹在兔坯内外。湿腌法制作先将辅料煮沸5min，冷却后倒入腌渍缸，上加重物压住兔坯，以淹没兔坯为度，腌制2天左右，每天翻缸1次，适时出缸。

3）*整形*　兔坯出缸后晾干，放在工作台上，腹部朝下，将前腿扭转到背部，按平头和腿，撑开呈板形，再用竹片固定成形，并修去筋膜浮脂等污物。

4）*风干*　将固定成形的兔坯悬挂在通风阴凉处自然风干，并完成发酵过程，通常需 1 周左右，也可采用烘房烘干，温度控制在 65～70℃。

5）包装　去掉固定用竹片，经卫生质量检验合格后装袋，真空包装，经杀菌后即可出厂。

成品特色：外观色泽红亮，肌肉富有弹性，肉质紧密、细嫩，表皮干燥酥脆，风味浓厚，咸味适中。

（三）腊　大　兔

1. 原料、辅料及配方

兔肉 100kg，食盐 5kg，白糖 7kg，白酒 3kg，生抽酱油 5kg，硝酸钠 5g。

2. 工艺流程

原料整理—腌制—烘焙—包装

3. 加工技术要点

1）原料整理　选择健康体肥，体重 1.5kg 以上的肉兔。经常规屠宰，宰后立即烫毛褪毛，剖腹除去内脏，用尖刀剔除脊、胸和四肢兔骨，整理成平面块状，用竹片撑开并定型。

2）腌制　取一半食盐和硝酸钠混合均匀，擦透兔坯，平整叠放，腌制半天，用清水将盐粒洗净，晾干水分。将剩余的食盐及其他辅料搅拌均匀，涂擦在兔坯上，叠入缸中腌制 3～4h，其中翻缸 1～2 次，使兔肉充分吸收配料，然后把兔坯取出沥干。

3）烘焙　把腌制好的兔坯一块一块平摊在竹筐中，白天放在阳光充足的地方晾晒，夜间放入焙房中烘焙，焙房温度控制为 45～50℃，连续烘焙 4 天，即为成品。若遇雨天，可直接放入焙房烘焙。

4）包装　经检验合格的，除去竹片，修整一下边缘，进行真空包装，杀菌后即可出售。

成品特色：腊大兔表面无盐霜，肉质光洁，皮面呈棕红色，气味芬芳，咸度适中，口味清甜，是广州地方特产。

（四）晋风腊兔

1. 原料、辅料及配方

白条兔 150kg，食盐 6kg、料酒 2kg、生抽酱油 6kg、白糖 8kg、五香粉 40g、香油 1.5kg、复合磷酸盐 200g、硝酸钠 15g。

2. 工艺流程

原料选择—涂料—腌制—缠线—烘烤

3. 加工技术要点

1）原料选择　选 3～4 月龄的健康肥肉兔宰杀、剥皮、去内脏，洗净淤血，沥干后备用。

2）涂料　将辅料混合调成稀糊状，涂于兔体内外，体内多涂，体外少涂。

3）腌制　将涂好的兔坯整齐叠入腌缸内，腌制 3～4 天，每天翻缸 1～2 次，并揉搓兔体，促进腌液渗透。

4）缠线　用细麻绳均匀地从头颈缠到后腿，线绳呈螺旋状，缠线间距1.5～2cm。

5）烘烤　缠线后在通风处稍风干，进入烘房，在70℃温度下烘烤2h，出炉在通风处日晒6h左右，又送入烘房，在50℃温度下烘烤5h，期间涂香油4～5次。

成品特色：晋风腊兔色泽红偏暗，从头到尾细麻绳处有清晰的红白螺纹，腊香可口，细嫩质软，风味独特。

（五）风味板兔（彩图46）

1. 原料、辅料及配方

鲜兔肉100kg，小茴香粉50g、丁香25g、肉桂25g、白芷25g、陈皮25g、花椒25g、大茴香50g、胡椒5g、砂仁10g、肉蔻10g、生姜50g、葱50g、食盐10kg、味精50g。

2. 工艺流程

原料整理—配卤—腌制—干制—包装

3. 加工技术要点

1）原料整理　选择2kg以上的青年健壮肉兔，经常规屠宰，尽量做到不损坏皮肤、耳朵、四肢和尾，使成品外形美观、完整。从腹中线起，上沿胸膛、头部，下沿骨盆腔对劈肉兔，剔除脑髓，保留两肾。沿脊椎部0.5～1cm自上而下将肋骨剪断压平，使整只兔成板形。

2）配卤　取食盐6kg、小茴香粉50g，混合均匀加水配制成盐卤。其他辅料及食盐4kg，混合后加水煎熬、过滤，冷却后即为盐卤。

3）腌制　将兔用竹片撑开并交错平铺在腌缸中，压以重物，先用盐卤腌24h取出，平铺另一腌缸中，再入盐卤腌48h。腌制的温度控制在2～4℃。两次腌制时均要进行翻缸1次。

4）干制　腌制好的板兔坯，用冰水冲洗脱盐，沥干后置烘房中干燥至含水率为35%。

5）包装　干制后的成品去爪尖并整形，分装于相应规格的包装袋中，用真空包装机密封，经常规杀菌后，即可出售。

（六）腊　野　兔

1. 原料、辅料及配方

整只野兔50kg，精盐2kg，酒1kg，酱油500g，硝酸钠10g，白糖3kg。

2. 工艺流程

原料整理—清洗—腌制—烘制—包装

3. 加工技术要点

1）原料整理、清洗　将野兔剥皮并除去内脏。先用刀从野兔后肢肘关节处平行挑开，然后剥皮到尾根部，再用手紧握兔皮的腹部处用力向下拽至前腿处剥下。此时应注意防止拽破腿肌和撕裂胸腔肌。割去四肢的肘关节以下部分，剔去脊、胸骨及腿脚骨。用两根交叉成十字的小竹片撑开胸腔，使之成为扁平状。

2）腌制　将经过整理的野兔放入以上混匀的配料内，用手将配液均匀地涂擦于野兔的表面和内腔里，背面朝下，腹面向上，一层压一层平铺于缸内，腌制 50min，中间翻缸 1 次。

3）烘制　取出后每天白天可挂在太阳下暴晒，晚上放入烘房内（50℃）连续烘制 3 天，待制品表面略干硬并呈赭色（红褐色）时即可。

4）包装　整形后真空包装防霉。传统腊野兔产品多在秋、冬季节制作。成品为整只野兔，无皮、无内脏、无大骨，表面干硬，呈赭色（红褐色）。食之味甜甘香，有滋阴补肾之功效，一般多作滋补品用。

（七）川味腊兔

1. 原料、辅料及配方

兔肉 100kg，食盐 5kg，花椒 0.2kg，硝酸钠 0.16kg。

2. 工艺流程

活兔宰杀—整理—清洗—腌渍—整形—风干—成品

3. 加工技术要点

1）选料　选符合卫生标准的 2kg 以上活兔，要求膘肥肉满，越大越嫩越好。

2）宰杀　宰兔剥皮，大开膛，掏尽内脏，去脚爪，用竹片撑开成平板状。

3）盐渍　将配料混匀涂擦在胴体内外，也可用冷开水 7.5kg 溶解于料湿腌。

4）整形　出缸后将胴体放在案板上，面部朝下，将前腿扭转至背上，再用手将背、腿按平。

5）风干　将兔坯置阴凉通风处，挂晾风干，即为成品。产品身干质洁，去尾去爪。色红亮油腻，咸度适中，肉嫩味美，食不塞牙，腊味丰厚。

（八）酱腊兔肉

1. 原料、辅料及配方

兔肉 5kg，精盐 170g，甜酱 1kg，五香粉 20g，糖 300g，白酒 50g，酪糟 300g，花椒 50g。

2. 工艺流程

原料整理—切条—腌制—酱制—晾晒—风干—成品

3. 加工技术要点

1）原料整理　将带皮兔腿肉，拆去大骨，切成宽的大肉条，清洗干净后备用。厚适度。

2）腌制　先在每块肉的肉皮上喷洒少许白酒，这样可使肉皮软化，易于进盐，也易于煮软，并能起杀菌作用。然后将精盐与花椒粉混合，抹遍每块肉的内外，放入小缸（盆）里盖好，腌 4～5 天即可。在腌的过程中，每天要将肉块上下翻动 1 次，以防盐味不匀和发热变质。

3）酱制　肉起缸后，用尖刀在每块肉上方的肉皮上戳一个小孔，用麻绳穿上，吊在屋檐下通风处晾 2～3 天。待肉表面的水分干透时，将甜酱、白糖、五香粉、酪糟等混合成糊状（如太稠可加少许酱油），然后用干净的刷笔，把每一块肉都刷上一层酱料，注意要刷得薄、匀，要使肉的每一部位都能涂到酱。

4）重酱制　第一次刷完后，待肉晾干再刷第二次。如此连刷 3～4 次，直至整个肉块都被酱料严严实实包上为止。

5）晾挂　刷酱的肉块只宜挂在通风处吹干，切勿阳光直晒，吊挂 20 天左右即为成品。

（九）芳香腊兔肉

1. 原料、辅料及配方

鲜兔肉 100kg，细盐 7kg，大茴香 0.2kg，小茴香 0.2kg，桂皮 0.3kg，花椒 0.3kg，葡萄糖 0.5kg，白糖 4kg，高度白酒 3kg，酱油 0.4kg，冰水 5kg。

2. 工艺流程

原料肉整理—切条—拌调料揉搓—腌制、清洗—晾挂—熏制

3. 加工技术要点

（1）选用新鲜兔肉，精修后，切成厚 3～4cm，宽 6cm，长 15～25cm 的肉条。

（2）将大、小茴香和桂皮、花椒焙干，碾细与其他调料拌和。

（3）把兔肉放入调料中揉搓拌和，拌好后入盆腌，温度在 10℃以下腌 3 天，翻倒 1 次，再腌 1 天捞出。

（4）把腌好的肉条放在清洁的冷水中漂洗，用铁钩钩住肉条吊挂在干燥、阴凉通风处，待表面无水分时进行熏制。

（5）熏料用杉、柏锯末或玉米芯、瓜子壳、棉花壳、芝麻荚，将熏料引燃后分批加入。

（6）肉条离熏料高约 30cm，每隔 4h 将肉条翻动 1 次。熏烟温度控制在 50～60℃，至肉面呈金黄色，一般约需 24h。

（7）熏后将肉条在通风处挂晾 10 天左右，自然成熟，即为成品。

（十）香　熏　兔

1. 原料、辅料及配方

兔胴体 50kg，精盐 2～3kg，硝酸钠 50g，花椒 100g，八角 80g。

2. 工艺流程

兔胴体—干腌—出缸挂晾—烟熏炉烘烤—挂晾成熟—包装—成品

3. 加工技术要点

（1）将兔胴体清洗干净。

（2）将净兔胴体用竹片撑开成平板状。

（3）将配料调匀，涂遍兔体腔内外及嘴里，入缸腌 3 天左右，每天上下翻缸 1 次，促使排污除腥和盐渗透，腌出香味。

（4）出缸后将兔体放在案板上，面部朝下，把前腿扭转至背上，用手将兔的背和腿按平后，悬挂于通风阴凉处风干。

(5) 移入烟熏炉内以50～60℃烘烤，同时烟熏，约10h左右。

(6) 出炉挂晾在通风干燥处成熟。

(7) 可切割后定量真空包装或整只包装贮存。

二、酱卤兔肉制品

(一) 盐　水　兔

1. 原料、辅料及配方

兔肉100kg，食盐4kg，花椒3kg，硝酸钠6g，白糖3kg，料酒5kg，姜葱各1kg，复合香料0.64g。

2. 工艺流程

整理—腌制—整形—包装

3. 加工技术要点

1) 整理　选择丰满、健康，体重2kg以上的肉兔，常规屠宰，充分放血，剥皮去爪尾，剖腹开膛，摘取内脏，擦净残血，剔去浮脂、结缔组织网膜。

2) 腌制　取一半食盐和花椒混合炒热，把热椒盐先从刀口处塞入兔体腔，擦涂体腔、口腔和颈部，然后擦遍兔坯，腌制1天。剩余的食盐和其他辅料混合均匀，加水煮沸，调制成卤汁备用。经椒盐腌制的兔坯叠入缸中，上压重物，倒入卤汁淹没兔坯，再腌制2天。

3) 整形　兔坯出缸，清除附着杂物，放在操作台上，腹朝下，向下折服前腿，按平背和腿，悬挂沥干卤汁及水分即可。

4) 包装　质量合格的进行真空包装，经常规杀菌后，即可出售。

成品特色：上等的盐水兔肉质细嫩，多汁，肉呈玫瑰色或粉红色，肌肉丰满而富有弹性，有典型的腊香风味。

(二) 扒　　兔

1. 原料、辅料及配方

兔肉100kg，食盐2kg，焦磷酸盐，三聚磷酸盐，蜂蜜，复合香料，植物油适量。

2. 工艺流程

备料—腌制—煮制—包装

3. 加工技术要点

1) 备料　选用健康肉兔屠宰后，扒去毛皮，剪去脚爪，开膛去内脏及脂肪，然后去除眼帘、兔嘴等处残余兔毛，洗净晾干备用。

2) 腌制　按食盐2kg、焦磷酸盐0.05kg、三聚磷酸盐0.2kg、高汤6kg，配制盐水。等盐水温度降至5℃以下时，用注射器对腿、背等处肌肉进行注射，盐水注射量要求达到兔体重量的6%以上。将注射盐水的兔坯用滚揉机进行间歇式滚揉，有效滚揉时间为半个小时，然后静置腌制，腌制时间为2～3天。要求整个腌制过程，温度不超过5℃。

3）煮制　把腌制好的兔坯用蜂蜜水浸泡片刻，下油锅，高温油炸上色。然后煮锅放入复合香料包，加水烧开锅达 10min，把油炸好的兔坯放入煮锅内，大火煮开 10min，然后小火炖煮至兔肉熟烂，期间为 4～6h。

4）包装　将煮好的扒兔冷却，修边整形，用铝塑包装材料真空定量包装。进行高压蒸气或高压水杀菌。经检验合格出厂。

（三）香辣腊兔肉

香辣兔肉是经老卤腌制发酵而成熟的肉制品，味道鲜美，风味独特，营养丰富，成为席上佳肴、馈赠亲友、方便旅游之上品。

1. 原料、辅料及配方

兔肉 100kg，精盐 5kg，白糖 3kg，味精 0.3kg，生姜 0.5kg，大葱 0.5kg，五香粉 0.15kg，白酒 0.5kg，辣椒 4kg，花椒 2kg，白酱油 1kg，β-环状糊精 0.5kg，樱叶 0.2kg，亚硝酸盐 15g，I＋G100g。

2. 工艺流程

验收选择—宰兔剥皮—去内脏、剁足—配料腌制—风吹发酵—老卤炖煮—分段包装—杀菌处理—37℃恒温培养—成品包装

3. 加工技术要点

1）腌制　100kg 水用盐调整浓度为 8 波美度，加入预先煮制好的香料水放入亚硝酸盐、白糖、味精等搅拌均匀，放入原料兔肉经 12h 的腌制，取出晾干发酵 4h 后，投入老卤锅中文火炖煮。

2）高温杀菌　如果需高温处理，炖煮 10～15min，冷却真空包装，杀菌式 15′-25′-15′/121℃（反压冷却），37℃恒温培养 7 天，保质期 6 个月。

（四）五香卤兔（彩图 47）

1. 原料、辅料及配方

净肉 100kg，丁香 100g，乳香 100g，桂皮 100g，八角 100g，陈皮 100g，硝水 100g，精盐 100g，麻油 3kg，黄酒 5kg，白糖 6kg，酱油 5kg。

2. 工艺流程

选料—配料—浸卤

3. 加工技术要点

1）选料　选用 1.5～2kg 的活兔宰杀后剥皮，除去内脏淤血、污物和毛，用清水洗净，分为头、颈 2 块，前后腿 4 块，中部 1 块，然后入锅加水，用旺火煮沸 5min，倒掉水去腥，然后用凉水漂洗肉，冷却备用。

2）配料　将香料研碎，装袋扎口，放入锅内，再加清水适量，放入黄酒、冰糖和精盐，在旺火上煮成卤水。

3）浸卤　将肉块放入卤锅，以旺火煮透后捞出，抹去浮沫。晾凉后，再用清水漂洗 1h，取出沥干。用硝水、葱花、姜汁配成汤汁，放入肉块浸泡 30min 左右，取出沥干；再用熟麻油涂抹肉表面即为成品。

（五）糟　　兔

1. 原料、辅料及配方

用2～2.5kg的健康肉兔50只，陈年香糟2.5kg，黄酒3kg，大曲酒250g，炒过的花椒25g，葱1.5kg，生姜200g，盐、味精、五香粉各少许。

2. 工艺流程

原料准备—烧煮—起锅—糟浸

3. 加工技术要点

1）*原料*　选择2～2.5kg的健康肉兔。

2）*烧煮*　将整理后的兔坯放入锅内用旺火煮沸，除去浮沫，随即加葱500g、生姜50g、黄酒500g，再用中火煮40～50min起锅。

3）*起锅*　在每只兔身上撒些精盐，然后从正中剥开成2片，头、爪斩去，一起放入经过消毒的容器中约1h，使其冷却。锅内的原汤，先将浮油撇去，再加酱油750g、精盐1.5kg、葱1kg、生姜150g、花椒25g，倒入另一容器，待其冷却。

4）*糟浸*　用大糟缸1只，将冷却的原汤放入缸中，然后将兔块放入，每放2层加些大曲酒，放完后所配的大曲酒正好用光，并在缸口盖上放有1只盛有带汁香糟的双层袋布，袋口比缸口略大一些，以便将布袋口捆扎在缸口。袋内汤汁滤入糟缸内，浸卤兔体。待糟液滤完，立即将糟缸盖紧，焖4～5h，即为成品。

（六）北京王厢房五香兔肉

1. 原料、辅料及配方

活兔1只（约重2.5kg）；姜、葱、蒜、精盐、桂皮、八角、小茴香、五香粉、红曲、白糖、料酒、花椒、味精、老汤、糖色、香油各适量。

2. 工艺流程

原料准备—原料整理—拌料—成品

3. 加工技术要点

1）*原料选择*　以2～2.5kg的健康肉兔为宜。

2）*原理整理*　将活兔宰杀，放血，剥皮，去脏，去杂，剁成5块，洗净，晾干水，放入盆内，表面撒上一层精盐，在10℃左右条件下，腌渍1夜。

3）*做法*　锅坐火上，放入老汤、桂皮、八角、小茴香、花椒、葱、姜、蒜、精盐、五香粉、兔肉块在旺火上烧开，撇净浮沫，改用小火煮至汤略干时，加入红曲、料酒，煮30min，再加白糖煮15～30min，离火加入味精少许，让肉在原汤中再浸泡10h，捞出，抹糖色，淋上香油即成。

（七）挂 脄 雪 兔

1. 原料、辅料及配方

净兔肉500g，鲜猪肉皮500g，精盐、味精、花椒、八角、葱、生姜、大蒜、鲜汤各适量。

2. 工艺流程

原料准备—原料整理—拌料—成品

3. 加工技术要点

1）原料　选择2～2.5kg的健康肉兔宰杀取肉。

2）原理整理　将猪肉皮刮洗干净，放入沸水锅内，焯一下，捞出，刮净油脂，切成粗条，用温水洗净；雪兔肉洗净，沥干水。

3）做法　汤锅坐火上，放入鲜汤、兔肉、花椒、八角、葱、姜、蒜、精盐在旺火上烧开，撇净浮沫，改用小火将兔肉煮熟，捞出，控净汤，晾凉，切成小薄片，摆入碗内。

汤锅再坐火上，放入清水、猪皮条、精盐在旺火上烧开，撇净浮沫，改用小火慢熬成胨汁，捞净猪皮条，另作他用，胨汁稍晾后，浇入摆好的兔肉片碗内，凝固后，取出，改刀装盘即可。

（八）豆豉兔头

1. 原料、辅料及配方

新鲜的兔头，食盐、白糖、酱油、料酒、大蒜、姜、五香粉、豆豉。

2. 工艺流程

原料准备—整形—清洗—称量—煮制—酱制—烘干—真空包装—高压灭菌

3. 加工技术要点

1）整形　剔除血污、碎肉等杂质，使外形美观。

2）清洗　将整形好的原料用净水洗干净。

3）称量　将洗干净的原料进行称重，根据用量加入配料。

4）煮制　先将豆豉放入165～170℃的色拉油中翻炒，直到有香味生成。再根据配方将配料和适量的水先用大火加热煮沸，然后加入原料改用小火慢煮1.5～2.5h，直到原料入味即可。

5）酱制　将料汤继续加热，用锅铲不断地轻翻炒动，待到汤汁烧干时，出锅。

6）烘干　将兔头放入60℃的干燥箱中，烘干10min，使表面干燥，无汤汁，便于包装。将烘好的兔头从箱中取出，放在室内，使其自然冷却到室温。

7）真空包装　将冷却的兔头装入包装袋中，用真空包装机封口。

8）高压灭菌　将包装好的产品放入到高压锅中，高压灭菌30min，即得成品。

三、兔肉香肠制品

（一）兔肉腊肠（彩图48和彩图49）

1. 原料、辅料及配方

兔瘦肉80kg，肥肉20kg，精盐4kg，曲酒0.5kg，白糖5kg，无色酱油2kg，葡萄糖适量。

2. 工艺流程

原料选择—整理—绞肉—拌料—灌制—日晒、烘烤—成熟

3. 加工技术要点

1）材料的准备　肠衣用新鲜猪或羊的小肠衣，干肠衣在用前要用温水泡软、洗净、沥干后在肠衣一端打一死结待用，麻绳（或塑料绳）用于结扎香肠，一般加工100kg原料用麻绳1.5kg。

2）成型　将兔肉用1cm^{3}孔板绞成肉馅，肥肉切丁备用。

3）拌料　将瘦肉、肥肉丁放在搅拌器中，开机搅拌均匀，将配料用酱油或少量温开水（50℃）溶解，加入肉丁中充分搅拌均匀，不出现黏结现象，静置片刻即可灌肠。

4）灌制　将上述配置好的肉馅用灌肠机灌入肠内，每灌12～15cm时，即可用麻绳结扎，待肠衣全灌满后，用细针扎孔洞，以便于水分和空气外泄。

5）漂洗　灌好结扎后的湿肠，放入温水中漂洗几次，洗去肠衣表面附着的浮油、盐汁等污着物。

6）日晒烘烤　水洗后的香肠分别排在竹竿上，放到日光下晒2～3天，工厂生产的灌肠应进烘房烘烤，温度在50～60℃（用炭火为佳），每烘烤6h左右，应上下进行调头换尾，以使烘烤均匀，烘烤48h后，香肠色泽红白分明，鲜明光亮，没有发白现象，为烘制完成。

7）成熟　将日晒、烘烤后的香肠，放到通风良好的场所晾挂成熟，晾到30天左右，此时为最佳食用时期。

（二）兔肉红肠

1. 原料、辅料及配方

兔肉60kg，猪瘦肉15kg，猪肥膘25kg，淀粉5kg，豆蔻粉0.13kg，胡椒粉0.19kg，硝酸钠50g，精盐3.5kg。

2. 工艺流程

原料整理—清洗—切丁、绞肉—拌料—灌制—漂洗—烘烤或晾晒—成品

3. 加工技术要点

1）原料清洗、切丁、绞肉　将兔肉、猪肉清洗干净、绞碎，猪肥膘切丁后。置冰箱内预冷，备用。

2）拌料　将配料混合后，用少许冰水溶解，与肉馅、肥膘丁一起入搅拌机搅拌均匀。

3）灌制　用口径18～24mm或24～26mm的肠衣灌制，整根灌制，扭转分段。

4）漂洗　用针在肠体上穿刺若干小孔，便于烘肠时水分和空气外泄。灌制好的湿肠放入40℃的温水中漂洗1次，除去肠衣表面附着的浮油、盐汁及其他污物，然后挂在竹竿上沥干。

5）烘烤或晾晒　经漂洗沥干后的湿肠可在日光下暴晒一至数周，如果采用烘房烘肠，温度应控制在45～50℃，经3h后上下调挂一次，再升温至50～55℃，24～48h

后，肠身干燥，肠衣透明起皱，色泽红润，即为烘制完成。烘好后的香肠应晾挂在通风干燥处慢慢冷却、成熟，经10～30天即可成熟，产生浓香味，即为成品。

（三）兔肉枣肠（彩图50）

1. 原料、辅料及配方

兔肉90kg，猪肥膘肉10kg，纤维素肠衣若干，白糖6.5kg，食盐3kg，曲酒0.5kg，色拉油1.5kg，β-环状糊精0.12kg，白胡椒粉0.1kg，味精0.15kg，I＋G0.08kg，异抗坏血酸钠0.1kg，红曲米粉0.01kg，亚硝酸钠10g（无硝枣肠不添加），生姜汁0.3kg。

2. 工艺流程

原料选择—宰杀—清洗—拆骨—绞肉—拌馅—充填—漂洗—挂晾—成熟—包装

3. 加工技术要点

1）原料整理　选择非疫区的健康肉兔，经兽医检验合格后，进行宰杀、剥皮、除去内脏等，清洗、沥干水分，进而拆骨。

2）绞肉、拌馅　将兔肉放入绞肉机，用5mm网眼绞碎，将鲜猪肥膘肉切成0.5cm^3的肉丁。将原料肉、白糖、精盐、β-环糊精、白胡椒粉、味精、I＋G、异抗坏血酸钠、红曲米粉事先用酒或水溶解，生姜汁放入搅拌机，搅拌均匀，静制30～40min。

3）充填　用自动灌肠机进行灌装，一般以4～6cm长为宜，用针刺肠体，排放空气。

4）漂洗　隔一定距离系上线绳，全部灌好后，用温水漂洗。

5）挂晾　将枣肠挂在竹竿上，在日光下晒1～2天。

6）成熟　将吹晒后的枣肠放入烘房中，烘烤温度为55～60℃，约12h，烘至肠体干爽，鲜红光亮，质地发硬，即可出烘房，冷却后晾挂发酵成熟。

7）包装　按规格要求进行定量真空包装。

（四）兔肉发酵肠

1. 原料、辅料及配方

兔肉100kg、葡萄糖2kg、芥子全籽0.062kg、蔗糖2kg、豆蔻粉0.0312、食盐3kg、硝酸钠0.015kg、蒜粉0.062～0.012 49kg、亚硝酸钠0.0078kg、黑胡椒粗末0.0375kg、胡荽0.124 85kg。

2. 工艺流程

绞肉—斩拌—灌肠—接种霉菌或酵母苗—发酵—干燥和成熟—包装

3. 加工技术要点

1）绞肉　将原料肉通过直径为6～10cm的筛板孔的绞肉机。

2）加盐搅拌　碎肉与盐等辅料充分混匀，注意不要搅拌过度。

3）发酵　物料混好后，放入发酵剂，再接着搅拌3～4min或适当多一些时间（取决于搅拌的速度）。

4）灌制　全部物料再通过直径为3～4mm的筛孔再绞一次再灌装。

（五）熏煮兔肉早餐肠或烤肠（彩图51和彩图52）

1. 原料、辅料及配方

兔肉75kg、奶脯或白膘25kg、淀粉5kg、胡椒粉0.19kg、玉果粉0.13kg、食盐3.5kg，口径为18～20mm的羊小肠衣（早餐肠）或猪肠衣（烤肠）。

2. 工艺流程

选料—初加工—腌制—斩拌—灌制—烘烤—煮制—烟熏、冷却（或者不烟熏）—包装

3. 加工技术要点

1）原料整理　将原料肉剔除碎骨、筋腰、血块，切成长方条。

2）腌制　将条形肉块加盐、硝水混合，在1～2℃下腌制12～24h。

3）斩拌　腌制肉放入斩拌机绞切斩拌，为了防止肉温升高，适量添加冰屑，勿使肉温超过7℃。

4）灌制　灌肠节长12cm，直径1.8～2cm。

5）烘烤　接着进行烘烤，温度65～80℃，时间10min左右。

6）煮制　蒸煮熟化温度75℃以上20～30min即可。如果烘后再烟熏和蒸煮，烟熏时间为20～40min，70℃煮制时间为20～40min。

7）烟熏、冷却　蒸煮后冷水喷淋至肉温30℃以下，待晾干后送入冷库（－1～3℃）贮存；12h后取出分发。

（六）兔肉火腿肠

1. 原料、辅料及配方

原料配方Ⅰ：兔肉85kg，猪肥肉15kg，大豆蛋白4kg，淀粉4kg，蔗糖2kg，葡萄糖0.4kg，食盐3kg，复合磷酸盐0.4kg。

原料配方Ⅱ：兔肉55kg，猪瘦肉30kg，猪肥肉15kg，大豆蛋白5kg，淀粉5kg，蔗糖2kg，葡萄糖0.4kg，食盐3kg，复合磷酸盐0.4kg。

2. 工艺流程

原料准备—配料准备—腌制与滚揉—斩拌及拌料—灌装—煮制—成品

3. 加工技术要点

1）盐水的配制　按需要量称好净化水，然后依次加入复合磷酸盐（应先用少量温水化开）、食盐、抗坏血酸（200～250mg/kg）、亚硝酸钠（低于15mg/kg）、蔗糖、葡萄糖（300～350mg/kg）、氯化钙、木瓜蛋白酶（低于10g/kg）。

注意每种成分加入后应搅拌至完全溶解，过滤待用。温度一般控制在4～8℃，相对密度为1.0898～1.1065。盐水要现用现配。

2）腌制（注射）与滚揉　方法一：采用盐水腌制的方法。将配好的盐水加入原料肉中淹没肉块，0～4℃下腌制36～48h，每隔4～6h滚揉1次，每次20min左右，至肉块吸足盐水，组织充分软化。

方法二：采用盐水注射机注射的方法，按不同部位、不同方向重复注射2～3次，0～4℃下腌制24h。

3）斩拌及拌料　在10℃左右，将腌制好的肉放入斩拌机斩拌1min，加入冰块（约占肉重的10%）、调味料后再斩拌4～5min，按配方加入玉米淀粉和大豆分离蛋白，再斩拌4min。

4）灌装　用天然肠衣或聚偏二氯乙烯（PVCD）材料的肠衣，灌制的肉馅要紧密而无空隙，防止过紧或过松，胀度适中。

5）煮制　水温至90℃时将肠体放入煮锅中，使肠体全部没于水中，10min内使水温恒定在80～85℃，保持一定时间，当肉馅中心温度达到72℃即可出锅。

6）成品　天然肠衣包装的产品出锅后晾挂，沥干表面水分，然后送入温度为70℃的烘箱中烘1～2h，使肠衣干爽并与肉馅紧密结合，肉色鲜艳发亮为止，冷却后即为成品。

（七）兔肉三鲜肠

1. 原料、辅料及配方

兔肉20kg、鸡肉20kg、猪肥膘肉10kg（均切成肉条），配以混合粉0.5kg、精盐1.75kg、白糖1kg、淀粉1kg、黄豆蛋白2.5kg、味精150g、白胡椒粉100g、玉果粉70g、洋葱粉200g、姜粉50g、亚硝酸钠5g、红曲米色素适量、冷水及碎冰15～20kg。

2. 工艺流程

原料准备—腌渍—绞碎—混料—灌装—熟制—成品

3. 加工技术要点

1）腌渍　原料肉50kg，加精盐1.75kg和亚硝酸溶液100mL混匀，放入1～2℃冷库腌渍12h。

2）绞碎　兔、鸡肉用1.5mm孔径上机绞碎。

3）混料　添加配料溶液与少许水，再加入肥膘肉与适量碎冰块，使肉馅剁匀。

4）灌装　灌装于直径7.5cm的塑料肠衣，每根长40cm。

5）熟制　以90℃的水温炖煮1.5h，取出冷却便为成品。

（八）兔肉骨泥香肠

1. 原料、辅料及配方

兔肉75kg、牛骨泥（150目）25kg、大豆蛋白5kg、五香粉0.1kg、精盐3kg、白糖2kg、胡椒粉0.2kg、味精0.1kg、白酒0.5kg、姜粉0.1kg、硝酸钠0.025kg、磷酸钠0.08kg、异抗坏血酸钠0.05kg、红曲0.16kg及卡它胶0.4kg。

2. 工艺流程

原料准备—切块—斩拌制馅—腌制—烘烤、蒸煮—成品

3. 加工技术要点

1）切块　原料肉除骨，然后切成丁，用温水漂洗，除去浮油，防止烘烤时滴油。

2）斩拌制馅　斩拌过程中各原辅料添加顺序为兔肉丁、牛骨泥、冰水、大豆蛋

白、辅料及添加剂。一般肉的斩拌时间为 2～3min，用慢档速度；斩拌刀应保持锋利。牛骨泥、大豆蛋白在肉斩碎到一定程度时用 50℃热水溶解后添加。整个斩拌时间为 8min。斩拌结束时馅的温度为 10℃左右。

斩拌乳化效果判定标准：用手拍打肉馅时整块肉馅会随着一起颤动，此时为斩拌乳化效果最佳状态。

3）*腌制* 将斩拌后的肉馅灌入猪肠衣中，每 15cm 在肠衣两端结扎。

4）*烘烤、蒸煮* 灌好的肠体上架、清洗后入烘箱，60～65℃烘烤 30min，80℃蒸煮 30min，蒸煮后的肠体经晾挂冷却后即为成品。

（九）兔肉肉糜火腿肠

1. 原料、辅料及配方

兔肉 30kg，猪硬脂 20kg，淀粉 4kg，水 500g，五香粉 100g，姜粉 100g，硝水（亚硝酸钠：水＝1：(40～50) mL，黄酒 500mL，红曲米 100g，食糖若干，精盐 1.73kg，将上述辅料制成混合料。

2. 工艺流程

原料准备—腌制—绞制—拌料—装模加热（烧煮）—整形冷却—脱模包装—运输和保存

3. 加工技术要点

1）*腌制* 将原料修整后切成长条状或小块坯料，并放入可容 40～50kg 肉的钢盘内。采用干腌制法，在肉坯内拌入原料肉重量 3％的食盐，冷藏腌制约 1 天。

2）*绞制* 用绞肉机把经腌制的肉坯绞成肉糜。绞肉机筛板孔径为 0.3～0.7cm。绞碎后继续腌制 1～2 天，腌制温度应为 2～4℃。

3）*拌料* 先将肉糜投入搅拌机，搅拌约 1min，再加入混合调味料继续搅拌 1min，使各种成分均匀，肉馅有稠度和弹性。

4）*装模* 装模的工序是首先过磅定量，每只模具装肉馅 3.1～3.16kg。一般原则是，装入模具后肉面低于模具口径约 1cm。之后，把过秤的肉糜装入塑料袋，并合袋口使肉块充满塑料袋的底部，再用细钢针在塑料袋上扎孔，排出肉块与塑料袋之间的空气。最后装模压盖，先用干净的衬布填入模具，再将肉坯连同塑料袋一同塞入模具，塑料袋口平褶于肉面，并覆上衬布，加上压盖。盖要压紧并固定好。

5）*加热（烧煮）* 将模具分层交叉放入烧煮锅内，放入过滤水，水面稍高于模具顶部。水温加热到 78～80℃时，保持这个温度 3～3.5h。在烧煮 2h 以上之后，对产品测温，测得中心温度为 68℃时，产品即已成熟。再持续一段时间、排出热水后，用过滤水淋浴冷却，经 20～30min 淋浴后，模具已不烫手，即可出锅。

6）*整形冷却* 整形的主要目的是将模具的压盖位置加以调整，不使产品形状怪异，影响美观。同时略加压力，使产品内部结构更加紧密。整形后，产品即送入 2～5℃冷库内继续冷却，时间 1.2～1.5h，至产品中心温度与库温平衡即可。

7）*脱模包装* 将产品从模具中取出，再用包装物将产品包裹，成品即告制成。需要注意的是，包装时手事先应经严格消毒，工作间和工作用具亦须如此，以防对产品产生污染。

8）运输和保存　运输或保存时，应使产品始终处于2～4℃的条件下。

（十）兔肉熏烤火腿肠

1. 原料、辅料及配方

新鲜兔肉50kg，香料混合粉1kg，精盐1.25kg，淀粉1.25kg，碳氧血红蛋白150mL，水7.5～10kg。除淀粉在滚揉时加入，其他均配制成溶液备用。注射液的用量一般控制在原料量的20%～25%。

2. 工艺流程

原料准备—腌渍—滚揉—灌装—熏烤—烧煮—冷却保藏

3. 加工技术要点

1）腌渍　盐水温度应控制在8～10℃，与工作室温度相同。注射后可能剩余少量盐水，可将这些盐水用于浸渍肉块。经注射后的肉块应及时存入2～4℃的冷库内腌渍16～20h。

2）滚揉　每小时滚揉5min，停机55min，总开机时间1.5～2h，工作间温度以8～10℃为宜。滚揉时逐渐加入淀粉和2.5%的混合粉，有时还须添加15%左右的肉糜。这些肉糜颗粒较粗，并经36～40h腌渍。腌渍用的盐水与注射时用的相同。在肉表面裹满糊状蛋白质时滚揉完成。

3）灌装　将滚揉好的肉块装入特制肠衣内，用夹子将肠衣口封住。

4）熏烤　灌制后，要用温水将肠衣表面略加洗涤，再穿棒搁在特制的架子车上。采用煤气熏烤炉，点火生炉，用含树脂较少的木柴及锯木屑生火燃烧，使烟熏室内产生大量烟雾，并使温度上升至70℃左右。把产品置于烟熏室内熏烤，时间一般为2h左右。熏烤温度用煤气火调节，控制在（70±2）℃。

5）烧煮　将烧煮锅内的水预热到85℃左右，再投入经烟熏的半成品。水量以淹没半成品为宜。半成品投入时，水温会从85℃下降到78～80℃，保持这个温度烧煮2～2.5h。测其中心温度，达到68℃，可排水出锅。

6）冷却保藏　产品出锅后可进行排风冷却。然后置于2～4℃的冷库进一步冷却。

四、熏烧烤兔肉制品

（一）关公赤兔

1. 原料、辅料及配方

肉兔1只（约重750g），蛋黄肠200g，千层耳150g，卤牛肉150g，黄瓜、胡萝卜各50g，翡翠黄瓜卷100g。

2. 工艺流程

原料准备—切片—烤兔切片—摆盘

3. 加工技术要点

1）原料选择　选择重量适中的健康肉兔。

2）切片　将蛋黄肠、千层耳、卤牛肉、黄瓜、胡萝卜分别切成薄片，在大圆盘下方拼摆成山坡状。

3）烤兔　将兔腿肉去骨洗净，肉向两边片薄，拍平，然后加腐乳卤，胡椒粉、味精和精盐，上烤箱烤 30min，待色泽金黄起香即可。

4）摆盘　将烤兔肉切成条，依次拼摆出马头、马颈、前腿、马身、后腿及马鬃、马尾即成。

（二）五香熏兔

1. 原料、辅料及配方（配料以 100kg 兔肉计）

食盐 1kg，白砂糖 1kg，亚硝酸盐 15g，生姜 300g，青葱 200g，肉桂 160g，良姜 80g，砂仁 120g，八角 80g，白芷 50g，陈皮 40g，酱油（生抽王）2kg，黄酒 1kg，盐 2kg。

2. 工艺流程

选兔—宰杀漂洗—腌制—煮制—晾制—烟熏—出炉—成品

3. 加工技术要点

1）选兔　选用健康无病活兔（以肉用兔为好），中上等膘情，以 3～12 月龄的青壮兔为最佳。老龄兔肌肉组织老，品质和口感差些。

2）宰杀漂洗　先将兔子用木棒击晕，后将兔体倒挂于架上，用刀切开颈动脉，充分放血，放血时间不少于 2min。放血后，在腕关节稍上方截断前肢，在跗关节截断后肢，截肢要整齐。在后肢跗关节处，股内侧用尖刀平行挑开，剥到尾根，在第一尾椎处去掉尾巴，再用双手握紧兔皮的腹背处，向头部方向翻转拉下，最后抽出前肢，剪断眼、唇周围的结缔组织和软骨。剥皮后，从腹线正中开腹，除掉内脏，除掉兔体各部位结缔组织、耻骨附近的腺体、生殖器官、血脖肉、胸腺、胸腔内的大血管。然后用清水将兔胴体内外漂洗干净，特别是将口腔内的脏物冲洗干净。

3）腌制　将腌制配料称好并充分混合搅拌后，用手均匀涂抹在兔肉表面，特别是对兔肉胸腔内也要擦抹到位。擦完后，把兔肉堆叠于不锈钢盆盘中，上面用干净塑料薄膜盖好。将盆盘放入 4～8℃的低温库中腌制 48h。在此期间，要将兔肉上下翻动 3～4 次，腌制好的肉，肉块硬实，颜色呈玫瑰红色。

4）煮制　将煮制香料用纱布包好，放入夹层锅中，倒入清水，以能全部浸没兔肉为宜。打开蒸气阀门，将水烧开 20min 左右，放入腌制好的兔肉，加入食盐、黄酒、酱油。待水沸腾后，用勺撇去水面上的浮沫，关小蒸气阀门，小火保持汤面呈微沸状，焖煮 1.5h 即可。

5）晾制　兔肉煮熟后，用漏勺轻轻捞出，注意保持兔体完整，然后，放在不锈钢盘子上，控干汤汁，稍晾至干燥，使兔体上无明显水珠。

6）烟熏　用麻绳捆住兔体上肢，穿挂在烟熏杆上。注意挂兔体时，每两只兔体之间要保留 5cm 左右的间距，以便于烟气的流通和兔体受烟均匀。穿好杆后，将杆挂入烟熏炉中，在铁槽盘中放入锯末和白糖混合物（锯末∶白砂糖＝3∶1），再将盘放在炉底部的电热丝上。关好炉门，并通电源加热。加热时，第一步，先使炉温上升至

40℃左右，并保持温度10min。同时打开炉内循环扇和排气孔，使兔体稍干燥。第二步，提高炉内温度至50℃，关闭排气孔，并保持30min。

7）出炉　将烟熏好的兔子取出，适时挂晾即为成品。

（三）邛县熏烧兔

1. 原料、辅料及配方

活家兔1只（约重1.25kg），鲜侧柏叶适量，老卤汤、丁香、桂皮、八角油、精盐、料酒、姜片、葱段、小茴香、胡椒、糖色、红糖各适量。

2. 工艺流程

原料整理—卤制—晾干—熏制—成品

3. 加工技术要点

1）原料整理　将活兔宰杀，放血，剥皮，开腹，除去内脏，剁去脚爪，清洗干净，放入清水内浸泡12h，漂净血水，捞出，控净水；葱段、姜片拍松。

2）卤制　将丁香、桂皮、八角、小茴香、胡椒用纱布袋装好，扎住口。汤锅坐火上，放入老汤、净兔、香料袋、精盐、料酒、姜片、葱段在旺火上烧开，撇净浮沫，改用小火将兔煮至九成熟。

3）晾干　捞出，晾干，抹匀糖色，挂阴凉处风干，放在熏盘上。

4）熏制　熏锅坐火上，放入红糖、八角、小茴香、鲜侧柏叶，当烟雾升起时，迅速将兔肉熏盘坐入锅内，盖严锅盖，熏制3min，取出，抹匀香油即成。

五、兔肉干制品

（一）五香兔肉干

1. 原料、辅料及配方

50只白条胴体肉，食盐2.5～3kg，酱油3kg，黄酒1kg，白砂糖2kg，五香复合料0.2kg。

2. 工艺流程

原料处理—成型—卤制—烘烤—成品

3. 加工技术要点

1）原料选择　选择3～4kg膘肥体壮的活兔，按照屠宰要求进行屠宰加工，最后除去内脏、肠、胃、肝、肺、肾、生殖系统、泌尿系统器官、尾巴、臭腺等，保持胴体的完整性，然后将胴体冲洗干净，晾干水汽备用。也可将胴体切成若干块，备用。

2）生兔肉成型　先将除去脂肪及筋腱网膜的白条兔放入清锅中煮沸20～30min，撇去浮沫，然后将生白条肉块捞出，晾干水汽，再剔去骨骼。将净肉块按产品形状质量要求，沿肌肉纤维方向纵向切成长条或片状，尽量要求规格整齐，并注意保护肌肉纤维的完整性，以防成品熟制处理时造成形状损失。

3）卤制　先取初煮原汤加工配料，用急火将汤汁煮沸，当汤汁溢出芳香味时，再放入切成型的肉块，换用微火煨制。煨制时要不断用锅铲轻轻翻动肉块，待肉质酥疏时捞出，沥干水汽备用。

4）烘烤　将沥干水汽的半成品肉块平铺于特制的铁筛网上，放置于烘房（或烘箱）内的格板上，烘房温度确保在55℃左右，每隔1～2h调动一次上、下格的位置，并翻动肉料，为防焦煳，待肉块“发汗”、光亮油润、色泽棕红并富有弹性时取出，即为成品五香兔肉干。

（二）红枣兔肉脯

1. 原料、辅料及配方

生兔肉50kg，食盐2kg，白砂糖2～3kg，酱油3kg，黄酒1kg，复合香料0.2～0.3kg。

2. 工艺流程

原料选择—原料整理—成型—腌渍—烘烤—成品

3. 加工技术要点

1）原料选择、整理　选择3～4kg活重的健康商品兔，要求背宽腰圆，四肢粗壮，肌肉丰满，符合卫生检疫标准要求。把白条胴体剔骨，尽量把肌肉分割成大块，并保持肌肉纤维的完整性，以防上肌肉分切过碎，影响肉块成型处理。另外，在剔骨的同时，注意修净伤斑、出血点、碎骨、血污、淋巴结、烂肉及脓疤等杂质。

2）成型　将剔去骨骼，修净筋膜、污斑、污血等的净兔肉装入不锈钢模具内，送入冷库，在低温条件下速冻，使肌肉硬度增加，再用切片机将生兔肉切成薄片备用。

3）腌渍　用适量清水稀释配料，待搅拌溶解后倒入兔肉片中，注意肉片上下要浸湿均匀，充分吸入配料，然后在室温条件下适时腌渍，当肉片呈玫瑰红色时腌制结束。

4）烘烤　用特制的网筛将腌渍合适的兔肉片，按产品规格要求平摊在网筛上，置于烘房内格架上。控制烘房温度为180～250℃，待肉片“发汗”出油，油润光亮、色泽枣红、半透明、肉片富有弹性时取出，然后用压平机将熟肉压平，并按产品规格切成块型，即为红枣兔肉脯成品。

（三）兔肉松（彩图53）

1. 原料、辅料及配方

原料肉50kg，食盐2kg，酱油6～8kg，白砂糖3kg，辣椒0.5kg，花椒0.3kg，复合香料0.5kg，黄酒1kg。

2. 工艺流程

原料选择—原料整理—煮制—擦松—成品

3. 加工技术要点

1）原料选择　选择3.5～4kg的成年肉兔，尽量选择肌肉丰满、背宽、臀圆、四肢粗壮的肉兔，同时，必须符合卫生检疫标准要求。

原料为剔骨的净兔肉，热剔骨或冷剔骨均可。原料肉要尽量去净脂肪、碎骨、筋膜和血污等，再把兔肉顺肌肉纤维方向切成大块，注意保持肌肉纤维的长度。然后再用清水冲洗，除去肉块中残存的瘀血和污物等杂质。

应当注意的是，若原料肉中残存有污血时，可影响成品的色泽均匀及光亮程度，所以要保持清洁卫生；若原料肉中有碎骨、筋膜、油脂等，可影响成品的适口性和组织结构，所以必须除净；原料肉中肌纤维的完整性好坏，可直接影响成品的纤维组织状态，对成品的丝绒质量、纤维长度和柔软度均有影响。因此，在原料肉加工时，应尽量保持肌肉纤维的完整性，保证成品纤维疏松、柔软、成絮状。

2）煮制　先在锅内放入适量清水，煮沸后倒入原料肉，待原料肉发硬后，盖紧锅盖，并用纱布封严，减少蒸气挥发，保持水温。当煨至六成熟时，揭开锅盖，舀出锅内油汤，用锅铲翻动肉料，再添加适量清水继续煨制，撇去浮油，然后加入配料焖制，当肉料疏松时即可起锅。

在煮制的最后阶段，当油撇清后应注意火力大小，特别是锅内汤汁大部分蒸发后，到肉质疏松时，应用微火维持温度，以防粘锅影响肉松质量。待肉汁及辅料全部吸收后，即可擦松。

3）擦松　将已煮制成熟的肉料放入炒松机内，控制烘炉温度在250～300℃，过高或过低对产品质量均有影响。抽样检测，待水分烘制适度后，立即转入擦松机，擦至肌肉纤维疏松成絮状时，即为成品兔肉松。

（四）肉糜兔肉脯（彩图54）

1. 原料、辅料及配方

兔肉50kg、其他肉类（禽肉或猪牛肉等）30kg、淀粉3～5kg、食盐2.2～2.5kg、味精0.1kg、异维生素C钠0.3～0.4kg、白糖5～6kg、鸡蛋2～4kg、辣椒红色素适量、白胡椒0.2～0.3kg、生姜汁0.3～0.4kg、料酒1kg，大豆蛋白0.5～0.6kg，膳食纤维等营养强化剂适量，清水（或冰屑）适量。

2. 工艺流程

原料整理—配料—肉料斩拌—抹片—烘烤—切片、烧烤—冷却包装—成品

3. 加工技术要点

1）原料整理　将洗净的鲜兔肉切成小块，辅料调制备用。

2）斩拌　将肉料入斩拌机，慢速斩拌为肉粒，边斩边加入辅料，高速斩拌为肉糜。

3）抹片　将肉糜放在专用模盘上抹平为片状。

4）烘烤　在65～70℃的鼓风干燥箱或专用烘烤装置中干燥，冷却后与盘剥离。

5）切片、烧烤　将肉脯片根据成品要求切片，装入烤盘内，入烤箱或专用烧烤装置中180℃左右2～4min烤熟。

6）冷却包装　冷却后按照成品要求真空或简装。

（五）兔　肉　干

1. 原料、辅料及配方

根据原料肉的质量，加入适量的白砂糖、食盐、曲酒、生姜、葱、酱油、胡椒粉、咖喱粉或五香粉、味精和八角、肉桂、豆蔻、小茴香等香辛调料。

2. 工艺流程

原料选择—水煮—复煮—烘烤—冷却包装—成品

3. 加工技术要点

1）*原料选择*　选择经检疫合格的新鲜兔肉。

2）*水煮*　把生姜、葱和打碎的香辛调料用纱布包好，放入与肉重等量的水中，用大火煮沸10min后放入兔肉，并要翻动，待兔肉煮至发硬、颜色发白时，即可捞出，用冷水冲洗沥干，用刀切成1.5cm^3的肉丁或肉片。

3）*复煮（红烧）*　取一部分原汤或肉重1/3左右的水，加入香料、姜、葱等纱布包，加入配料，将汤料煮沸后加入肉丁或肉片，用锅铲不断轻轻翻动，直到汤汁将干时改用小火，加入适量的柠檬黄和咖喱粉，用铲翻动，使上色均匀，将肉取出，控1～2h。

4）*烘烤*　将肉丁或肉片铺在铁丝网或烘盘内，放进55～60℃的烘房中，烘烤时经常翻动，以防烤焦，需4～5h，烤到肉丁发硬变干、具有芳香味时，即成兔肉干。兔肉干的成品率约为43%。

5）*冷却包装*　兔肉干烤成之后，在无菌间冷却、包装。用纸袋包装时，包装后再烘烤1h，这样可以防止发霉变质，延长保存日期。玻璃瓶或马口铁筒包装时，保存期为3～5个月。塑料袋包装时，保存期为2～3个月。一旦肉干受潮发软，可再次烘烤。

（六）带骨兔肉脯

1. 原料、辅料及配方

兔肉75kg、盐2.5kg、味精0.1kg、维生素C 0.4kg、白糖5kg、兔骨粉6kg、淀粉3kg、鸡蛋4kg、辣椒红色素1kg、大蒜泥1kg、白胡椒0.3kg、生姜汁0.3kg、料酒1kg。

2. 工艺流程

原料整理—清洗—干燥—绞碎—拌料—斩拌—烘烤—冷却包装—成品

3. 加工技术要点

1）*原料整理*　活兔采用颈部刺杀放血，充分放血后，剥皮去内脏去脚爪。对全净膛胴体剔骨，去净脂肪、筋膜，精肉做原料肉。经检验原料肉达GB2723—81一级鲜度。

2）*清洗*　在清洁冷水中清洗，沥干后用绞肉机绞成肉糜，绞肉时加少量冰屑调温。取兔中轴骨和四肢骨，去净残肉、肌膜，破碎成小块状（长约2cm）。

3）*干燥*　骨块在清洁冷水中漂洗净血，捞出沥干后在沸水中预煮，去净油脂，取出，冷却后去净残肉，在60℃以下的鼓风干燥箱中干燥。

4）*绞碎*　骨块用粉碎机粉碎至细度小于80目的骨粉。选择兔脊椎骨和四肢骨做原料骨较好。因头骨上的肌腱较多，肌肉难以去净；肋骨和胸骨上有软骨，干燥和粉碎较难。去净料骨上的肌腱和残肉，先粗碎成小块后去骨髓油脂。干燥后的骨粒应细碎成白色或灰白色粉状物。若骨中油脂末去净，会延长干燥时间并有脂肪氧化味，粉碎后成褐色片状物，并熟结在粉碎机内影响粉碎效果。

5）拌料、斩拌　将骨粉、辣椒红色素、精盐、大蒜泥、生姜汁、白胡椒粉、白糖等用少量冷开水溶解，拌入兔肉糜，用斩拌机拌匀。

6）烘烤　将烤盘预热至85～90℃后，盘内涂布植物油，再将拌好的肉糜用抹刀平铺在烤盘内。要求抹片平整光滑，厚度均匀且不超过3mm，在80～85℃烤箱中烘烤20～30min，然后将温度降至65～70℃烘烤2～3h，揭片翻面，继续烘烤2～3h至肉片两面颜色一致、收缩均匀，肉香味好。再将烘箱温度升至160～180℃，烘烤2min左右，取出。

7）冷却包装　冷却后切成120mm×80mm的片状，检验合格后真空包装。

六、兔肉罐头制品

（一）茄汁兔肉罐头

1. 原料、辅料及配方

兔肉100kg，番茄酱（12%）100kg，精白面粉6kg，黄酒10kg，精盐8kg，味精2kg，砂糖11kg，精制植物油32kg，洋葱末24kg，肉汤72kg，洋葱2.4kg，姜片500g，月桂叶150g，丁香63g，胡椒100g。

2. 工艺流程

原料处理—预煮—切块—配汤汁—装罐—封口—杀菌及冷却—包装及贮存—成品

3. 加工技术要点

1）原料处理　选择经验收合格的兔肉，劈半并剔除骨骼，因为骨内空气较多，不仅影响杀菌效果，而且骨头坚硬，容易造成复合薄膜袋的破裂。

2）预煮　首先配制香料，每100kg兔肉加洋葱2.4kg，姜片500g，月桂叶150g，丁香63g，胡椒100g。把上述香料包于纱布袋中，放水中煮沸10min，然后投入兔肉，预煮10～12min。

3）切块　预煮后把腹部肉、背部肉、腿肉均切成3～4cm的小块，并分别放置，以便搭配装袋。

4）配汤汁　茄汁的配料是12%的番茄酱10kg、精白面粉6kg、黄酒10kg、精盐8kg、味精2kg、精炼植物油32kg、洋葱末24kg、砂糖11kg、肉汤72kg。其加工方法是精炼花生油加热至180℃左右。加入洋葱末炸至淡黄色，然后趁热加入精白面粉、肉汤、砂糖、食盐、番茄酱等不断搅拌，最后加入味精和黄酒，搅拌均匀后，按兔肉∶茄汁=1.56∶1的重量比配用。

5）装罐　兔肉罐头大都使用马口铁罐，形状有高圆形、扁圆形、马蹄形等。经检验合格的空罐，必须用沸水或0.1%的碱溶液清洗消毒，再用清水冲洗后烘干待用。原料肉经预煮、油炸等工艺后，要迅速装罐密封。装罐前必须按罐头的种类和规格进行称重，按大小搭配后装罐。罐顶应留有8～10mm的空隙，以防高温杀菌时内容物膨胀，引起罐头变形、裂缝等。

装罐方法：人工装罐，主要过程有装料、称重、压紧和加汤料或调味料等；大、中型加工厂可采用自动式或半自动式装罐机装罐。

6）*封口*　装罐后为防止内容物氧化变质，抑制罐内残留的好气性细菌繁殖，应迅速进行预封、排气，最后用手摇封罐机、自动封罐机或真空封罐机封罐，使罐内食品与外界完全隔绝，以利于长期保存。排气主要分加热排气和抽气两种。由于加热排气多一道工序，既花劳动力，又占用了车间面积，同时多了一道热处理，往往对产品质量有影响，有时还会产生流胶现象，生产能力又较低，故能用真空封罐机抽气密封的产品，尽量用抽气密封。目前对待大罐型及带骨产品仍用加热排气法。采用 TVFP-A 型设备抽空封口时，为避免真空度过高而将内容物抽出，可进行二次抽气。第一次的真空度一般为 73.1～79.8kPa，第二次抽空，79.8～93.1kPa。热装罐封口时要求中心温度控制在 70℃以上。密封后要进行封口的质量检查，良好的封口边缘外观应该整齐平服，不允许有严重的皱纹，封口边的宽度要求为（10±3)mm。

7）*杀菌及冷却*　兔肉罐头一般采用杀菌温度为 115～125℃，时间为 90min。罐头杀菌完毕后，应迅速进行冷却。罐头冷却是在生产过程中决定产品质量的最后一个环节。冷却不当，会造成食品的色泽和风味变差，组织变烂，甚至失去食用价值；同时，还会促进嗜热性细菌的繁殖活动和增强罐头的腐蚀作用。冷却的温度一般控制在 38℃左右，过高会影响容器质量，过低则易引起罐外生锈。冷却过程中，会因机械损伤或密封橡胶暂时软化，造成罐头暂时性或永久性漏隙，加上罐内外的压力差，结果冷却水吸入罐内，引起罐头的败坏，故所用冷却水，必须符合饮用水标准，最好使用经氯化处理过的冷却水。如在冷却水中加入漂白粉，使冷却水中含游离氯 3～5mg/g，对减少罐头因微生物引起的败坏有较好的效果。

8）*包装及贮存*　冷却后的罐头，为防止生锈，必须擦干罐外水分，然后装箱贮藏。为避免受到跌落、碰撞、振动等影响，要采用安全包装，分里外两层，里面用小纸盒，外层再用大纸箱包装。贮藏的最适温度为 0～10℃。

（二）咖喱兔肉罐头

1. 原料、辅料及配方

100kg 兔肉，黄酒 0.15L，精盐 0.15kg，面粉 0.45kg，精制植物油 2L，洋葱末 0.4kg，蒜末 0.35kg，生姜末 0.25kg，炒面粉 0.85kg，砂糖 0.25kg，水 10L，姜黄粉 0.05kg，红辣椒粉 5g，咖喱粉 375g，味精 60g。

2. 工艺流程

原料处理—拌料—油炸—卤制—装罐—成品

3. 加工技术要点

1）*原料处理*　将洗净、剔骨后的兔肉切成 2～3cm 的小块。

2）*拌料*　按每 100kg 兔肉加黄酒 0.15L、精盐 0.15kg、面粉 0.45kg 拌匀。

3）*油炸*　用精制植物油 180℃左右油炸 45～90s，至兔肉表面呈淡黄色为止。另用精制植物油 2L 加热至 180℃左右，加入洋葱末 0.4kg、蒜末 0.35kg、生姜末 0.25kg，油炸至出现香味。

4）卤制　将炒面粉 0.85kg、精盐 0.35kg、砂糖 0.25kg 加水 1.5L 调成面浆与油炸洋葱末、蒜末、生姜末混合，加水 8.5L。后再加入姜黄粉 0.05kg、红辣椒粉 5g、咖喱粉 375g、味精 60g，搅拌均匀，煮沸后得咖喱浆 14～15kg。

5）装罐　按兔肉与咖喱浆比例搭配装罐。制作过程与茄汁兔肉罐头相同。

其他制作过程与茄汁兔肉罐头相同。

（三）清汤兔肉罐头

1. 原料、辅料及配方

100kg 兔肉，食盐 0.65kg，洋葱碎块 1.7kg，胡椒粉 25g。

2. 工艺流程

原料处理—预煮—切块—配汤汁—装罐—封口—杀菌及冷却—包装及贮存—成品

3. 加工技术要点

1）原料处理　将洗净的鲜兔肉切成 5～6cm 的小方块。

2）预煮　加水煮 10～15min，不断捞取汤上浮沫，至肉块中心无血水为止。

3）配汤汁　每 100kg 兔肉加食盐 0.65kg、洋葱碎块 1.7kg、胡椒粉 25g，炖煮 10～15min。

4）装罐　经检验合格的空罐，必须用沸水或 0.1%的碱溶液清洗消毒，再用清水冲洗后烘干待用。原料肉经预煮、油炸等工艺后，要迅速装罐密封。装罐前必须按罐头的种类和规格进行称重，按大小搭配后装罐。罐顶应留有 8～10mm 的空隙，以防高温杀菌时内容物膨胀，引起罐头变形、裂缝等。

装罐方法：人工装罐，主要过程有装料、称重、压紧和加汤料或调味料等；大、中型加工厂可采用自动式或半自动式装罐机装罐。

其他制作过程与茄汁兔肉罐头相同。

（四）红烧兔肉罐头

1. 原料、辅料及配方

100kg 兔肉，酱油 7kg，黄酒 2L，砂糖 2.1kg，精盐 0.85kg，青葱 0.4kg，生姜 0.4kg，味精 120g，胡椒粉 0.04kg，香料水 2L（香料水可用桂皮 1.2kg、八角 0.2kg 和 20L 水煮制）。

2. 工艺流程

原料处理—预煮—切块—配汤汁—装罐—封口—杀菌及冷却—包装及贮存—成品

3. 加工技术要点

1）原料处理　将洗净处理后的兔肉切成 2～3cm 的小方块。

2）配汤汁　按每 100kg 兔肉计算，需用酱油 7kg、黄酒 2L、砂糖 2.1kg、精盐 0.85kg、青葱 0.4kg、生姜 0.4kg、味精 120g、胡椒粉 0.04kg、香料水 2L（香料水可用桂皮 1.2kg、八角 0.2kg，加水熬煮 2h，过滤制成香料水 20L）。

3）炖煮　调味炖煮 15～20min 后即可搭配装罐。

其他制作过程与茄汁兔肉罐头相同。

（五）酱汁兔肉软罐头

1. 原料、辅料及配方

兔肉100kg，洋葱末18kg，蒜末2.4kg，食盐5～6kg，白糖4kg，味精1kg，黄酒4～5kg，酱油4～5kg，老抽1kg，花生油20kg，精白面粉5～6kg，肉骨汤100kg。

2. 工艺流程

原料处理—预煮—煮制—油炸—制酱—装罐—成品

3. 加工技术要点

1）预煮　将水烧开，把劈半的兔体放于开水中煮10min左右，然后入冷水中冷却，再将兔肉切成3～4cm大小的块状。

2）煮制　将洋葱23kg、生姜0.5kg、胡椒50g、月桂叶50g入锅，加入适量水煮30min，然后再把100kg兔肉块放入以上料液锅中，煮沸15min左右。

3）油炸　将锅内油烧到160～180℃，兔肉块入油锅炸2～3min，呈黄色或棕红色即可。

4）制酱　把切碎或绞碎的洋葱、蒜末倒入已加热到160℃左右的油锅里，不断炒拌至淡黄色。用骨汤溶化糖、盐，充分溶解搅拌均匀，倒入锅中；用骨汤调拌面粉，用纱布过滤到锅中，加入酱油、老抽充分炒拌，加热到沸腾。出锅前将黄酒、味精放入锅中，充分拌均匀，最后把煮好的兔肉块放入锅中混匀。其他制作过程与茄汁兔肉罐头相同。

（六）罐藏脱腥兔肝酱

1. 原料、辅料及配方

兔肝、心、肾（自然比例）100kg，胡椒粉0.3kg，鲜姜1kg，葱2kg，五香粉0.6kg，辣椒粉0.26kg，油炸面酱20kg，味精0.6kg，淀粉5kg，其他见工序中。

2. 工艺流程

原料选取—洗涤浸渍—腌制—预煮—斩拌—装罐—保温检查

3. 加工技术要点

1）原料选取　兔内脏经解冻后，选用检查合格的兔肝、心及肾脏，去胆和可见脂肪，仔细检查有无兔毛、草屑及其他污物，不符合要求的原料必须剔除。挤出兔心脏中的淤血块。内脏用水冲洗干净。选用的丁香粉、肉桂粉、胡椒粉、辣椒粉和五香粉无杂质，干燥，无霉变。葱姜无霉烂，组织嫩脆。面酱酱香浓郁，呈褐红色。

2）洗涤浸渍　将兔肝、心、肾用刀切半，放入1%的食盐水中，盐水温度0～1℃，水面刚好超过内脏，浸渍5～7h。

3）腌制　将浸渍后的原料沥干水分，按原料重4.5%添加腌制剂，在搅拌机中搅拌2～3min。然后在0～5℃下腌制12～24h。腌制剂配方为：精盐95%、白砂糖2.75%、硝酸钠0.5%、异抗坏血酸钠0.75%。

4）预煮　把腌制好的原料放入夹层锅中，加水30%，进行预煮20～30min。预煮期间。加入丁香粉0.5%、肉桂粉0.1%和脱腥粉0.1%，不断翻动，煮至内脏色泽红亮为止。控制出品率在110%～120%。

5）斩拌　将原料及汤汁冷却后，在斩拌机中斩拌2～3min。然后添加各种配料，继续斩拌2～3min，使混合物呈糜状。斩拌过程中可按原料与水之比为5∶3的比例适量加水。

6）装罐、杀菌　将斩拌后的混合物加热至80～85℃，趁热装入玻璃罐中，密封，进行常压沸水杀菌。若采用铁罐时，要进行排气密封，真空度32～40kPa，杀菌公式为10′-60′-10′/118℃。

7）保温检查　罐头冷却到38～40℃时，关闭进水阀和压缩空气阀，排除冷却水，打开杀菌釜门，取出罐头。将罐头放入（37±2）℃保温库中，保温5昼夜。经检查合格后，贴商标，装箱。该产品气味芳香，风味独特，无兔腥味和异味，色泽呈浅酱红色，无脂肪层出现。

（七）香辣兔罐头（彩图55）

1. 原料、辅料及配方

兔肉用量：100只兔。

预煮液配方：水180kg，葱头23kg，生姜0.5kg，月桂叶0.25kg，胡椒0.25kg。

调味液配方：原肉汤（2%）90kg，砂糖0.75kg，精盐1.85kg。

麻辣酱配方：葱头末18kg，精炼花生油20kg，蒜头末1.6kg，精面粉4.2kg，精盐2kg，花椒粉1.2kg，白胡椒粉0.35kg，麻辣酱2～5kg，砂糖1kg，黄酒3.6kg，调味液90kg，味精0.7kg。

2. 工艺流程

整只冷冻兔肉—解冻—清理—去除脊椎骨—预煮—修割—切分小肉块—漂洗—调味料—装罐—排气、密封—检查—杀菌—冷却

3. 加工技术要点

1）原辅料选择　选用非疫区健康家兔，屠宰前后需经兽医检验并附合格证书的净膛兔肉，每只重量不低于0.75kg。兔肉原料必须经冷冻排酸处理才可使用，不允许使用热鲜兔肉及放血不净，冷冻两次或质量不好的兔肉。允许兔肉表面有少量伤疤，但每只不超过5处。

2）解冻　将冷冻兔肉放入流动的自来水解冻池解冻，冻肉不要露出水面，解冻水温不超过20℃，时间为4～5h。解冻后的兔肉，应具有肉色鲜艳，富有弹性，无肉汁析出，无冰晶，气味正常，无异味。

3）清理　将解冻后的兔肉捞出，放入流动水中，用刷子把黏附于兔肉表面上的毛污及夹杂物清洗干净，并除去兔肉腹部的油层。

4）去除脊椎骨　将刷洗干净的兔肉沥水后，用劈刀沿肋骨与脊椎骨处把脊椎骨除去。

5）预煮　按预煮液配方称好调味料。葱头和生姜切片，胡椒粒破碎，月桂叶洗净，包于布袋中，包扎袋口，入锅煮沸5～7min，再将兔肉片投入锅中，加热至沸后再煮8～12min。以腿肉中心稍带血水为准。

在预煮过程中要保持预煮液的清洁，随时撇去浮沫及不洁物。预煮用剩的肉汤经 4 层脱脂纱布过滤后，用于配制调味液和咖喱酱。

预煮所用香料、葱头、生姜每隔 2h 更换一次，月桂叶和胡椒每隔 4h 更换一次。

6）修割、切块 将预煮好的兔肉捞出，割除淤血及伤疤等。将修割后的兔肉切分成约 4.5cm 见方的小块，允许有少量的三角形肉块存在。

7）漂洗 用热水将小肉块漂洗一次，洗除黏在肉块上的骨屑及杂物。

8）调味、煮制 按照调味液配方中的用料量，先将原肉汤倒入夹层锅中，再将砂糖、食盐放入锅中，加热至沸后撇去浮沫。最后加入咖喱粉和小肉块，料液沸腾后计时调味 15min 左右，待兔肉呈金黄色，不发暗为宜，脱水率控制在 25%～30%。调味过程中蒸气不要开得太大，以微沸为准，为使肉块调味均匀，每隔 4～5min 搅拌 1 次。

经调味后的剩余调味液，经过滤后可供配制咖喱酱用，其余部分供下一锅调味用。不够时加入原肉汤，根据加入原肉汤的多少，再按比例加入其调味料。

麻辣咖喱酱的配制：按照麻辣咖喱酱配方的配比进行配制。先将精炼花生油倒入锅中，加热至 160～180℃，将葱头及蒜瓣分别用孔径 2～3mm 绞板的绞肉机绞碎，加入油锅进行油炸至淡黄色，然后趁热（80～100℃）放入面粉，炒至淡黄色用筛子过筛，再用原肉汤调匀，待搅拌均匀后再加入调味液、砂糖、食盐、树椒、胡椒粉、咖喱粉，边加边搅拌。不得出现块状，搅拌均匀后加热至沸，出锅前加入味精和黄酒，搅拌均匀即成。

9）洗罐 将涂料铁罐与罐盖洗刷干净，置沸水中杀菌 2～3min，取出倒置备用。

10）肉块分选 装罐时按腹部肉、胸部肉、背部肉及前后腿肉块分选搭配均匀，块形大小一致，允许每罐添称小块肉，但不超过两块。

11）装罐 把肉块排倒于罐内，不得外露，加咖喱酱时咖喱酱温不小于 75℃。

12）排气密封 要求罐中心温度在 85℃以上抽气密封；在 60kPa 下密封。

13）杀菌 15′-75′-10′/120℃杀菌，密封后到杀菌的时间不要超过 30min。杀菌结束时，进行反压冷却，先开阀使杀菌器内保持 0.147～0.176MPa 的压力，然后关闭蒸气。

七、新型兔肉制品加工

以下新型兔肉制品为近年依托于成都大学的肉类加工四川省重点实验室和四川省兔业工程技术研究中心肉兔产品研发分中心研制开发。

（一）十全玉兔（彩图 56）

1. 原料、辅料及配方

体重 1.5～1.8kg 活兔，屠宰后兔净膛重 0.7～0.9kg，香菇、大枣、枸杞、当归、砂仁、党参等。

2. 工艺流程

原料处理—湿腌—预煮—脱水—杀菌—成品

3. 加工技术要点

1）湿腌　腌制液配方为香料汁20%、食盐3%、维生素1%，质改剂1%，砂糖5%。以低于8℃腌制36～48h为宜。

2）预煮　用香料汁卤煮15min。将腌汁稀释，升温至100℃后去浮沫、杂质。调味后下肉，保持98～100℃，10～15min即可。

3）脱水　采用油炸脱水法，油温升至180℃后下兔，炸6min后翻面再炸4min即可；采用烘烤脱水法，90～95℃，热风循环烘烤30min。

4）杀菌　杀菌式20′-60′-30′/121℃（反压冷却）。

（二）麻辣兔腿

1. 原料、辅料及配方

兔腿10只（约800g）；大葱20g，姜片10g，葱花10g，姜米5g，水发冬笋丁5g，干辣椒5g，蒜茸5g，猪肉茸5g；精盐6g，酱油20g，料酒10g，味精8g，白糖5g，香醋3g，白胡椒粉5g，芝麻油30g，花椒3g，八角5g，丁香5g，桂皮5g；湿淀粉20g，鸡蛋清2个，头汤100g，花生油1000g（约耗80g）。

2. 工艺流程

原料处理—蒸煮—油炸—调味—真空包装—成品

3. 加工技术要点

1）原料选择　选用鲜肉或贮藏期不超过3个月的兔腿。

2）蒸煮　将鲜兔腿放冷水中洗净血污，浸泡半个小时，取出沥干，放在瓷盘中，加入大葱、姜片、花椒、八角、丁香、桂皮及酱油10g、料酒5g、精盐3g、味精4g，腌制3h，上笼蒸烂取出。

3）油炸　把蛋清、湿淀粉搅成蛋清糊。油锅置旺火上，添入花生油，烧至五成热时，兔肉逐个挂糊，下入油锅中浸炸5min捞出。待油七成热时再炸一次，至呈柿红色时捞出混油。

4）调味　锅重置火上，添入芝麻油30g，下入葱花、姜米煸炒出味，添头汤，加入冬笋、肉茸、干辣椒、蒜茸和剩余调料；汁沸时放入炸好的兔腿，汁收浓出锅，淋上芝麻油。

5）真空包装　将加工的兔腿装于真空包装袋中，用真空包装机包装。

（三）新型兔肉干（彩图57）

1. 原料、辅料及配方

剔骨兔肉100kg，食盐2.5kg，天然质改剂200g，料酒2kg，葡萄糖250g，白砂糖2kg，豆豉4kg，芝麻500g，四川香辣酱或沙爹粉、咖喱粉等4kg（根据味型而异）。

2. 工艺流程

原料选择—整理清洗—腌制—卤煮—成型—脱水—香料调制—拌料—罐装—封口—杀菌—冷却—检验—贴标—贮藏

3. 加工技术要点

1）原料选择　选用鲜肉或贮藏期不超过 3 个月的速冻肉，肉剔骨时尽可能保证肉块完整，添加的可食内脏必须是鲜料。

2）整理清洗　去除脂肪、淋巴、血污块，将剔骨肉整理分割为长块条。

3）腌制　将食盐、葡萄糖、料酒、质改剂加入肉料中混合均匀，2～4℃腌制 24h，沥除腌出的血水。

4）卤煮、成型　五香卤汁煮沸后调味，加入腌制后肉料，沸煮数分钟，90℃保温约 1h。卤制后兔肉沥干卤汁，冷却至室温，切为 1cm 见方肉粒。

5）脱水　采用烘烤或油炸脱水。烘烤法约 70℃烘烤 2h。油炸法油温 160～170℃炸制 2～3min。脱水至 a_w 为 0.86～0.87（含水量约 30%）。

6）香料调制、拌料　按四川传统方法调制香辣酱，豆豉用植物油酥香，芝麻炒香。将调制的各辅料与脱水后肉丁拌和均匀。

7）罐装、杀菌、冷却　采用铝箔高温蒸煮袋灌装，抽真空封口后入杀菌釜杀菌，杀菌式 10′-10′-15′min/110℃，反压冷却。按检验标准检验后贴标、覆膜、入库贮藏。

（四）海味多肽营养兔松

1. 原料、辅料及配方

不同味型配料及比例举例如下：

葱香味型：肉粉 88kg，香葱（冻干粗粉）5kg，芝麻（炒香）5kg，碎核桃仁 2kg。

海味味型：肉粉 88kg，紫菜粉 7kg，炒香芝麻 5kg。

五香味型：肉粉 88kg，五香粉 3kg，白砂糖 1kg，辣椒粉 2kg，炒香芝麻 3kg，冻干蔬菜粉 3kg。

咖喱味型：肉粉 86kg，咖喱粉 7kg，白砂糖 4kg，辣椒粉 1kg，冻干洋葱粉 2kg。

2. 工艺流程

原辅料选择—斩拌—蒸煮—酶解—加料—干燥—包装

3. 加工技术要点

1）原辅料选择　以符合卫生标准之剔骨兔肉为原料，肉用兔、淘汰毛用兔、取皮兔等均可。经宰杀、脱毛、净膛、清洗后置于冷室内至少 12～14h，至肉中心温度 2℃。剔骨后去除油脂、筋腱，绞制为约 0.5cm^2 肉粒。

2）斩拌　绞肉入斩拌机，低速（220～230r/min）斩为肉泥，边斩拌边添加与肉等量的冰屑，以控制肉温在斩拌结束时不高于 16℃。

3）蒸煮　斩拌后肉糜入蒸煮器，添加等量清水，加热至 75℃，保温 22min 熟化，其间搅拌 3 次。

4）加酶发酵　熟化肉糜入发酵罐，降温至 47℃，添加蛋白酶［木瓜蛋白酶，添加量 4000U/g，酶活力 4×10^5mol/(s · kg)］，45℃保温 6h 使肉蛋白酶分解为多肽和氨基酸混合液。

5）辅料　鲜胡萝卜洗净，绞为粗粒，入斩拌机中速（200～220r/min）斩为胡萝卜泥，边斩拌边添加占胡萝卜量 10%的冰屑，同时添加维生素 C 0.5g/kg。多肽、胡萝卜汁（糜）与辅料混合配方及比例为：酶解多肽 60%，胡萝卜汁（糜）32%，食盐 1.4%，酵母精 0.15%，羧甲基纤维素 0.4%，β-环状糊精 0.1%。

6）干燥　将酶解液、胡萝卜汁（糜）与辅料混合，高压均质处理后采用高温喷雾干燥法，干燥熟化为肉粉。喷雾干燥时的进风温度为 180～185℃，出风温度为 70～75℃。

7）成品包装　取喷雾干燥后肉粉 83 份，添加紫菜粉 7 份，炒香芝麻 5 份，其他天然香料 4 份，白砂糖 1 份。混合后无菌真空包装入袋内或瓶内，每袋（瓶）20～50g。

（五）强化钙和 ω-3 脂肪酸兔肉蛋白多肽营养奶

1. 原料、辅料及配方

兔肉 100kg，水 200kg，2 种蛋白酶酶解（中型蛋白酶，活力 1×10^4U/g，添加量为混合液的 0.2%～0.25%；木瓜蛋白酶，活力 1×10^4U/g，添加量为混合液的 0.1%～0.12%），还原奶（奶粉与水等混合并标准化）70kg，加入调香后酶解提取液 29kg，β-环状糊精 0.4kg，卡它胶 0.3kg，乙基麦芽酚 0.12kg，牛磺酸 0.05kg，维生素 C 0.01kg，深海鱼油 0.02kg，葡萄糖酸钙 0.01kg，白砂糖 6kg。

2. 工艺流程

整只冷冻兔肉—解冻—刷洗—去除脊椎骨—斩拌—蒸煮—加酶发酵—辅料—杀菌—成品包装

3. 加工技术要点

1）原辅料选择　以符合卫生标准之剔骨兔肉为原料。选用健康优质兔，经宰杀、脱毛、净膛、清洗后置于冷室内至少 12h，至肉中心温度 2℃。剔骨后去除油脂、筋腱，绞切为约 0.5cm^2 肉丁。

2）蒸煮　绞切后肉丁入蒸煮锅，80℃保温 90min 熟化。

3）加酶发酵　煮熟后肉丁入发酵罐，添加为肉量 2 倍的煮肉的肉汤，调节 pH 至 7.0 [添加 $Ca(OH)_2$ 调节]，加热至 60℃，添加 2 种蛋白酶酶解（中型蛋白酶，活力 1×10^4U/g，添加量为混合液的 0.2%～0.25%；木瓜蛋白酶，活力 1×10^4U/g，添加量为混合液的 0.1%～0.12%），46℃保温酶解 9h，过滤冷却。

4）辅料添加　取还原奶（奶粉与水等混合并标准化）70 份，加入调香后酶解提取液 29 份，同时添加 β-环状糊精 0.4 份，卡它胶 0.3 份，乙基麦芽酚 0.12 份，牛磺酸 0.05 份，搅拌混合均匀。再添加维生素 C 0.01 份，深海鱼油 0.02 份，葡萄糖酸钙 0.01 份，白砂糖 6 份，搅拌混合均匀即为强化钙和 ω-3 脂肪酸肉蛋白多肽奶。

5）杀菌包装　混合奶液入均质机高压均质（15～25MPa 压力），高温瞬时灭菌（137℃，4s）后无菌包装。产品常温下保质期 12 个月，开启即可饮用，也可加热后饮用。

（六）果汁兔肉蛋白多肽营养奶

1. 原料、辅料及配方

兔肉 100kg，水 200kg，2 种蛋白酶酶解（中型蛋白酶，活力 1×10^4U/g，添加量为混合液的 0.2%～0.25%；木瓜蛋白酶，活力 1×10^4U/g，添加量为混合液的 0.1%～

0.12%），还原奶（奶粉与水等混合并标准化）74kg，加入调香后酶解提取液 29kg，β-环状糊精 0.3kg，卡它胶 0.35kg，乙基麦芽酚 0.1kg，橘汁 15kg，白砂糖 12kg。

2. 工艺流程

整只冷冻兔肉—解冻—刷洗—去除脊椎骨—斩拌—蒸煮—加酶发酵—辅料—杀菌—成品包装

3. 加工技术要点

1）*原辅料选择*　以符合卫生标准之剔骨兔肉为原料。选用健康优质兔，经宰杀、脱毛、净膛、清洗后置于冷室内至少 12h，至肉中心温度 2℃。剔骨后去除油脂、筋腱，绞切为约 0.5cm² 肉丁。

2）*蒸煮*　绞切后肉丁入蒸煮锅，78℃保温 80min 熟化。

3）*加酶发酵*　煮熟后肉丁入发酵罐，添加为肉量 2 倍的煮肉的肉汤，调节 pH 至 7.0［添加 $Ca(OH)_2$ 调节］加热至 60℃，添加 2 种蛋白酶酶解（中型蛋白酶，活力 1×10^4 U/g，添加量为混合液的 0.2%～0.25%；木瓜蛋白酶，活力 1×10^4 U/g，添加量为混合液的 0.1%～0.12%），48℃保温酶解 8h，过滤冷却。

4）*辅料添加*　取还原奶（奶粉与水等混合并标准化）74kg，加入调香后酶解提取液 25kg，同时添加 β-环状糊精 0.3kg，卡它胶 0.35kg，乙基麦芽酚 0.1kg，搅拌混合均匀。再添加橘汁 15kg，橘子香精 0.2kg，白砂糖 12kg，搅拌混合均匀即为果汁兔肉蛋白多肽奶。

5）*杀菌包装*　混合奶液入均质机高压均质（15～25MPa），高温瞬时灭菌（137℃，4s）后无菌包装。产品常温下保质期 12 个月，开启即可饮用，也可加热后饮用。

（七）兔肉挤压火腿（彩图 58）

1. 原料、辅料及配方

兔肉 20kg，禽肉 20kg，猪肉 10kg，腌制注射盐水 5kg（食盐、亚硝酸钠 10g，异维生素 C 钠 80g，烟酰胺 50g，葡萄糖 200g，适量水配制而成），淀粉 1.2～2kg，乳化蛋白 20kg（鸡皮、大豆蛋白、冰屑等斩拌制作而成），混合香料 2kg。

2. 工艺流程

原料准备—腌制—滚揉—绞切—混合—挤压灌装—蒸煮—冷却—检验—成品

3. 加工技术要点

1）*腌制*　盐水温度应控制在 8～10℃，与工作室温度相同。注射后可能剩余少量盐水，可将这些盐水用于浸渍肉块。经注射后的肉块应及时存入 2～4℃的冷库内腌制 16～20h。

2）*滚揉*　每小时滚揉 5min，停机 55min，总开机时间 1.5～2h，工作间温度以 8～10℃为宜。滚揉时逐渐加入淀粉和 2.5%的混合粉，有时还需添加 15%左右的肉糜。这些肉糜颗粒较粗，并经 36～40h 腌渍。腌渍用的盐水与注射时用的相同。在肉表面裹满糊状蛋白质时滚揉完成。

3）绞切混合　将腌制肉块入绞肉机绞细，入搅拌机，添加其他辅料，充分混合为均匀肉馅，肉温不高于12℃。

4）挤压灌装　将制作的肉馅挤压灌装入特制肠衣或模具内，打卡或封口。

5）蒸煮　将烧煮锅内的水预热到85℃左右，再投入灌装后产品，水量以淹没产品为宜。水温从85℃下降到78～80℃，保持这个温度烧煮2～2.5h。测其中心温度，达到68℃即可取出冷却。

6）保藏　产品出锅后可进行排风冷却，并根据需要去除包装肠衣或磨具，进行烟熏或不烟熏。然后置于2～4℃冷库进一步冷却。

（八）预调理兔肉制品（彩图59）

1. 原料、辅料及配方

不同产品配方如下。

麻辣兔丁：兔肉100g，炸花生米35g，花椒0.5g，干辣椒4g，辣椒面1g，盐1g，料酒12g，味精0.6g，湿淀粉10g，酱油、葱各10g，姜、蒜、糖各6g，醋2g。

香酥兔肉片：兔腿肉100g，食盐2.5g，白糖1.5g，味精0.1g，曲酒0.5g，鲜姜0.7g，大葱1g，复合香辛料1g。

川味香豉兔肉：兔肉100g，食盐2.5g，白糖2g，豆豉4g，芝麻0.5g，料酒2g，葱、姜各3.5g，天然质改剂0.2g，四川香辣酱4g。

麻辣风味兔：兔肉100g，备150g汤料，泡椒5～8g，泡姜2～3g，精盐2g，酱油5g，白酒0.5～1g，琼脂0.3g，味精2～3kg，白糖1.5g，桂皮0.05g，花椒0.3g，大葱1g，紫草0.2g，孜然0.05g，骨汤（猪筒子骨佳）适量。

酸辣兔肉：兔肉300g，料酒20g，豆油500g（实耗75g），淀粉25g，酱油10g，鸡蛋50g，香醋25g，精盐2.5g，大葱10g，生姜10g，花椒粒10颗，味精1g，胡椒面1.5g，芝麻15g（焙好），青椒25g，鸡汤300ml。

2. 工艺流程

生兔收购—屠宰—急速冷却（－20℃左右）3h左右（使肉体表面温度迅速下降至0～2℃）—第二次冷却（0～4℃），10h以上（肉中心温度4℃以下）—抬肥、分割、剔骨（分割车间温度10℃），肉温4～7℃—护色、保鲜、杀菌剂处理—肉的分切（肉丝、肉丁、肉片）—调味、调质处理—包装（包装车间温度10℃）—冷藏0℃—制冷汽车运输（0～4℃）。

3. 加工技术要点

1）原料肉处理　以符合卫生标准之剔骨兔肉为原料，肉用兔、淘汰毛用兔、取皮兔等均可。对原料肉进行清理，除去淋巴、淤血、结缔组织等部分，清洗干净，根据产品种类和级别选择冷却的各部位的新鲜肉作为原料肉。

2）预调理加工　根据不同产品类别进行注射、滚揉、腌制、加工、分切、调味、调质、分装、冷却等调理加工。

3）包装及贮存保鲜

（1）PE包装。将预冷调理肉用天然保鲜剂（抑菌剂、护色剂）处理，装入托盘，用PE保鲜膜包装。

(2) 真空包装。一种方式是选择对气体、水蒸气和光线有较好阻隔性的复合包装材料，采用热收缩包装或真空紧缩包装，造成缺氧环境，抑制腐败微生物的生长，减缓脂肪的氧化；另一种包装方式是先用透氧性较好的PE材料包装，再用阻氧性好的复合材料包装。肉进入商场零售冷柜前将阻气性外袋除去，让氧气渗入肉中，使肉呈鲜红色。

(3) 气调包装。用多层热塑性片材制成托盘，盘底制成波纹形（使肉能与气体充分接触），或在盘底放一波纹形渗透垫（吸收肉汁）。将预冷调理肉放入盘内，抽空，充气，用复合膜热封。选用的气体主要有O_2、CO_2、N_2、CO，保持肉呈鲜艳的红色状态。

（九）火　锅　兔

1. 原料、辅料及配方

活兔1只约2kg，油煎豆腐300g，黄豆芽200g，藤藤菜200g，大葱白200g，血旺250g，冬瓜300g，老姜40g，混合油200g，黄酒75g，鲜汤2kg；郫县豆瓣100g，干辣椒节50g，干辣椒面15g，泡红辣椒末50g，红辣椒油60g，上等花椒25g，味精6g，胡椒粉5g，大蒜瓣50g，盐、白糖适量。

2. 工艺流程

原料处理—过油—调味—成品

3. 加工技术要点

1) 原料肉处理　　活兔宰杀后剥皮，剁去头、脚，剖腹取出内脏洗净，然后剁成3cm见方的块，用沸水烫淋后沥去余水。黄豆芽去脚；藤藤菜去枯茎败叶，掐成长节；冬瓜削皮去瓤，切成厚约0.5cm的块；大葱白切长段；血旺打成厚块。以上各料洗后整理装盘。老姜洗净切碎末，郫县豆瓣剁碎，大蒜瓣拍松，花椒碾成碎颗。

2) 过油　　锅内下油烧热，投入蒜瓣爆出香味后，速下豆瓣酱、泡红辣椒末、干辣椒面爆炒；炒至香辣味出、色红油亮时，续下干辣椒、花椒碎颗，姜米稍炒一会，掺入肉汤，并投入盐、糖、味精、胡椒粉等料调好味；最后下兔块、黄酒同烧，至兔肉刚熟出锅，倒入大砂锅内，泼上红辣椒油。

吃时将砂锅置餐桌的炉灶上，并将配制好的荤素涮料与蒜泥、麻油味碟一道上桌，供客人随意蘸食。

（十）新型酱风兔

1. 原料、辅料及配方

带骨兔肉1000g，亚硝酸钠0.1g，异维C钠0.5g（成都府河添加剂市场购买），葡萄糖5g，精盐30～35g，醪糟20g，鸡精1g，甜面酱80g，红糖30g，姜（切细末）5g，五香粉1g，花椒粉0.5g，酱肉调料和酵母精各0.2g。

2. 工艺流程

原料选择—腌渍—晾干—真空包装—成品

3. 加工技术要点

1) 原料选择　　精选冷鲜兔，清洗后挂晾沥干。

2）腌渍　　辅料混合后均匀涂搽于兔体内外，兔腿内侧可用尖刀划破利于香料味腌入。

3）晾干　　挂晾约10天吹至半干（气温高于15℃后需在空调室内吹干）。

4）包装　　套真空袋真空包装后速冻贮藏。也可兔肉切小块，装入硬塑盒（防止骨刺破袋），套真空袋真空包装后速冻贮藏。食用前将肉自然缓慢解冻，锅内加清水2kg左右，下全兔或肉块，煮熟即可食用。

（十一）烤兔肉串

1. 原料、辅料及配方

净兔肉1000g，精盐2g，鸡精1g，白糖2g，五香粉0.2g，孜然粉1g，辣椒粉2g，KH-14（成都康宏公司购买）0.3g，亚硝酸钠0.1g，异维C钠0.5g。

2. 工艺流程

选料（肉兔冷鲜肉）—切小片—加盐（或盐、亚硝酸钠，异维C钠）—腌制（12h）—添加其他辅料—混合—穿串—冷却销售（或速冻贮藏）—按照一般烤肉串方法烧烤或油炸后食用。

3. 加工技术要点

1）原料选择　　将检查合格的活兔按程序宰杀放血，去脏、去杂、洗净，切成3cm见方的肉块。

2）腌制　　按照配料要求制作腌制汤料，腌制12h。

3）成串　　用竹签或钢签将兔肉穿好。

4）烤制　　按照一般烤肉串方法烧烤或油炸后食用。

（十二）高档新型系列肉干

1. 原料、辅料及配方

剔骨兔肉1000g；亚硝酸钠0.1g，异维C钠0.5g，葡萄糖5g，精盐30～35g，磷酸盐1g；调味粉（咖喱粉，或沙爹粉，或孜然粉）10g，鸡精1g，白糖10～20g，白酒5～10g，CMC（羧甲基纤维素）2～6g，酵母精和调味精各0.5g（成都康宏公司购买）。

调味粉制作：将下列配方中辅料磨细，60目筛细筛后密封包装备用，按下述质量比配制。

咖喱粉：姜黄43，辣椒9，白胡椒3.5，玉果6，小茴香9，芫荽粉7，丁香1，桂皮6，干姜2，八角7.5，孜然3，芹菜籽2。

沙爹粉：姜黄20，辣椒33，白胡椒4，三奈6，小茴香4，芫荽粉7，丁香1，桂皮6，干姜3，八角7，孜然2，芹菜籽6.4，红曲色素0.6。

孜然粉（烧烤味粉）：孜然20，辣椒5，草果10，砂仁6，花椒6，陈皮3，白扣6，小茴香12，八角5，三奈8，桂皮10，干姜3，丁香2，烧烤香精4（肉干加工加调料炒干时加入）。

2. 工艺流程

屠宰—原料选择—切条—腌制—预煮—卤煮—切小方丁—加调料炒干—电烘烤干燥—入无菌包装室冷却—真空包装—贮藏—成品

3. 加工技术要点

1）屠宰　尽可能保证清洁，此后不再清洗，不冻结。

2）原料选择　精选后腿肉或背肉。

3）切条、腌制　加腌制料混匀，2～4℃腌制24h。

4）预煮、卤煮　清水中煮数分钟，卤水中煮熟。

5）炒干　将煮熟的兔肉切成小方丁，加调料炒干。炒时根据产品类型，加入调味粉，使外表涂一层色泽美观的粉，也利于贮藏期延长。

6）烤干　电烘烤至产品水分含量为20%。

7）包装　入无菌包装室冷却，真空包装。

（十三）兔肉香辣酱

1. 原料、辅料及配方

特级郫县豆瓣（剁细后油酥香）20%，江津豆豉（剁细后油酥香）5%，榨菜（剁细）5%，花生（炒香磨酱）0.5%，精盐2%，黄酒1%，酱油2%，饴糖2%，白糖2%，鸡精0.2%，卡它胶0.1%，酵母精1.5%，兔肉干（利用碎肉干），油酥香后剁细香油2%，色拉油（烧热）10%，CMC（羧甲基纤维素）0.1%，大蒜泥0.5%，五香粉0.1%，花椒粉0.2%，辣椒红色素或红曲色素0.05%，食醋1%，山梨酸钾0.05%。

2. 工艺流程

原料选择—调味—磨细—加热—装罐—成品

3. 加工技术要点

1）原料处理　将检查合格的活兔按程序宰杀放血，去脏、去杂、洗净。

2）调味　各种调料处理预加工后混合。

3）磨细　混合料入胶体磨磨细。

4）加热　细料入夹层锅搅拌加热至80～85℃保温10min。

5）装罐　热灌装入小瓶中，上面加少量调制的红油后旋盖密封。

（十四）香辣兔丁（彩图60）

1. 原料、辅料及配方

100kg兔肉，料酒0.1L，精盐0.15kg，五香卤水适量，精制植物油适量，油酥郫县豆瓣5～6kg，油酥豆豉3～4kg，蒜末0.3～0.4kg，生姜末0.25～0.3kg，砂糖0.45～0.5kg，红油辣椒粉5～6kg，味精50～60g。

2. 工艺流程

原料处理—腌制—卤煮—油炸—拌料—装罐或装袋密封—杀菌冷却—成品

3. 加工技术要点

1）原料处理　将洗净、剔骨后的兔肉切后加入食盐、料酒，2～4℃腌制12～24h。

2）卤煮、切丁　腌制后兔肉入五香卤水卤熟，冷却后切成1～1.5cm的方丁。

3）油炸　用精制植物油180℃左右炸45～90s，至兔肉表面金黄，捞出冷却。

4）拌料及装瓶（装袋）密封　将油炸兔丁与调制好的辅料混合，装入玻瓶或高温蒸煮袋中，瓶装100～200g，袋装50～100g，真空密封。

5）杀菌冷却　置于杀菌釜内杀菌，瓶装产品升温15～20min，至121℃保温15～20min，反压冷却；袋装产品升温5～10min，至121℃保温10～15min，反压冷却。

（十五）百膳烤兔（彩图61）

1. 原料、辅料及配方

鲜兔肉（净膛全兔或兔后腿肉）100kg，食盐2kg，白砂糖1.2kg，料酒1kg，生姜500g，亚硝酸钠10g，异维生素C钠100g，五香料适量。

2. 工艺流程

原辅料选择—腌制—浸泡挂晾—烘烤—烧烤—包装封合—杀菌冷却—产品检验—外包装

3. 加工技术要点

1）原辅料选择　以健康优质肉兔全兔或后腿为原料。

2）腌制　将五香料浸泡熬煮为香料水，溶入辅料后冷却，将兔肉放入2～4℃腌制3～4d，为加快腌制进程可在肉兔上用尖刀划破肌肉，每天上下翻动1～2次。也可采用盐水注射机将香料腌制水均匀注入兔肉内，2℃腌制24h。

3）沸水浸泡挂晾　沥去香料水，将兔肉入沸水中浸泡数秒钟，挂晾数小时吹干表面。

4）烘烤　入烘烤装置或烤炉中，65～75℃烤制6～8h至半干。

5）烧烤　兔腿或切段的全兔整齐排放在烤盘上，入烤箱160～180℃，烘烤约2h至熟化，取出冷却。

6）包装密封　取蒸煮袋，装入兔腿或兔肉段，真空机抽气密封。

7）杀菌冷却　置于杀菌釜内杀菌，升温15～20min，至121℃保温15～20min，反压冷却。

（十六）百膳香酥兔

1. 原料、辅料及配方

鲜兔肉（净膛全兔）100kg，食盐2kg，白砂糖0.8kg，料酒1kg，生姜500g，大葱500g，胡椒50g，维生素C 50g，烟酰胺50g，当归40g，枸杞60g，香菇200g，清水10kg，植物油适量。

2. 工艺流程

原辅料选择—冷却嫩化—腌制—整形—装模—蒸煮—油炸—烘烤—包装封合—杀菌冷却—产品检验—外包装

3. 加工技术要点

1）原辅料选择　　以健康优质肉兔为原料，活重2.3～2.5kg，宰杀、净膛、清洗后置于2℃冷室内4天。

2）腌制　　将辅料用萃取法制备为注射用香料水，采用盐水注射机将香料水均匀注入兔肉内，2℃腌制24h。

3）装模、固形　　沥去香料水，经特殊整型后装入特制圆形模具内。

4）蒸煮　　装有全兔的金属模入蒸煮锅90℃保温120min。

5）冷却、脱模　　蒸煮后金属模在流动冷水中迅速冷却，开盖取出全兔，沥干汤汁。

6）油炸　　植物油加热至180℃，全兔炸至表面金黄。

7）烘烤　　全兔整齐排放在烤盘上，入烤箱80℃，烘烤约2h，使之继续干燥酥脆。

8）包装密封　　取大号蒸煮袋，装入全兔一只，真空机抽气密封。

9）杀菌冷却　　置于杀菌釜内杀菌，升温30min，至121℃保温50min，反压冷却30min。

第三节　兔肉的餐馆、家庭烹调产品制作

一、炖兔肉产品

1. 清炖兔肉

原辅料：鲜兔1只，食盐、葱、蒜、姜片、花椒、桂皮、大料、酱油、醋等适量。

制法：首先去掉胴体外阴部附近的3对皮肤腺，即白色鼠鼷腺、褐色鼠鼷腺和直肠腺。它们是专门分泌带有特殊臭味液体的腺体。若在剥皮过程中未将这3对腺体摘除，那么不管怎样烹炒，也还会有一种特殊味道，尤其是清炖兔肉则更为明显。其次将兔肉整形或者切成块，放在锅里，加水适量，以浸没兔肉即可。最后加火煮开，再放入食盐、葱、蒜、姜片、花椒、桂皮、大料，少量酱油、醋等。用慢火清炖1.5～2h即可。味道清香、适口。

2. 混炖兔肉

原辅料：兔肉及其他肉类各适量，食盐、酱油、大葱、生姜、桂皮、大料、花椒等调味料各适量。

制法：

（1）将整形的胴体兔肉或分割成块的兔肉放在锅中加水煮开，捞出兔肉，弃去水分，备用。

（2）将250g或500g猪肉切成块放在锅中，将植物油或猪油烧滚，加入适量的红糖或白糖烧色，将猪肉炸过，取出。

（3）将捞出的兔肉放在同一锅中油炸，此时，兔肉已成焦黄色，香气扑鼻。

（4）将兔肉与猪肉都放在锅中，加入适量的水，以浸没肉为准。再放入适量的食盐、酱油、大葱、生姜、桂皮、大料、花椒等调味料，用慢火煮1～1.5h，此时清香四溢，即可美餐。兔肉既有猪肉的特殊香味，又保持着鲜嫩适口的特点，凉吃、热吃均可。

兔肉的酸、碱度为中性，若与牛肉、羊肉、猪肉、鸡肉等混炖，则味道更为鲜美，并与其他肉味相同。用同样方法，把兔肉与鸡肉炖在一起，则兔肉也有了鸡肉的味道；若将兔肉与牛肉炖在一起，则兔肉也有了鲜嫩可口的牛肉味道。

3. 江南炖兔肉

原辅料：带骨兔肉 400g，葱 30g，油 35g，盐 15g，高汤 500g，姜 30g，味素 1g。

制法：将兔肉切成 2cm 方块，葱切成段，姜切成片。炒时先放一半油，再放入兔肉，低火不要太旺。用一半葱、一半姜，加入适量清水烧开。捞出兔肉，水、葱、姜倒掉再将另一半油倒入勺内烧热，放入以上兔肉，再加另一半葱、姜，大约爆炒 3min，再加高汤、盐和味素烧开，然后在旺火上炖 30min 即成肉香、质嫩、味清鲜，与鸡肉相似，适于冬季食用。

4. 普罗旺斯式炖兔肉

原辅料：兔肉 1300g，切成碎块。黄油 30g，橄榄油一匙，大洋葱一个，白葡萄酒一杯（不带甜味），瘦膘 100g，大番茄 4～5 只，香菇 200g，脱核青橄榄果 200g，胡椒、盐、月桂叶、辣椒适量。

制法：将橄榄油、黄油 30g，切碎的洋葱和切成肉丁的瘦膘放入平底炒锅，文火炒成金黄色。将兔肉块在面粉里滚一下（兔肝在烹制最后才放入），放入兔块，温火炖，加入盐、胡椒、白葡萄酒，煮浓。煮 15min 后，放入切成块的番茄、百里香、月桂叶及脱核青橄榄，文火煨 1h 左右。煮成前一刻钟，加入香菇、兔肝、一撮辣椒。

二、炸兔肉产品

1. 油炸幼兔肉

原辅料：2 月龄左右幼兔 1 只，面粉、五香粉等适量。

制法：将鲜嫩的 2 个月左右的幼兔肉切成肉片，涂上面粉和调料待用；锅里放约 3cm 厚的植物油或动物油，用慢火将油烧开；将涂有调料的肉片放入锅内，不断翻烧，待肉片两面都成了黄褐色为止。大约 1h 左右即可食用。

2. 油炸兔肉

原辅料：鲜兔 1 只，面粉、食盐、胡椒、植物油等适量。

制法：将胴体兔淘切成块，放在面粉、食盐、胡椒、油类等混合品中翻滚一下，放在油锅里用适宜的火候将大块兔肉炸 10min 后，再放入小块肉和杂碎等，不断翻动，大约 30～35min，炸到褐色发脆为止。

3. 炸烹兔肉

原辅料：兔肉 250g，葱、生姜、大蒜、酱油、醋、面粉等适量。

制法：先将兔肉拌上佐料，面粉挂糊后下油锅炸成金黄色即可食用。

此外，还有仿照羊肉制作的涮兔肉、烤兔肉串，以及用兔肉代替牛、羊、猪等肉类制作的兔肉饺子等烹调食品。

4. 生炸兔腿

原辅料：兔大腿 11 只约重 750g，精盐少许，绍酒 15g，葱汁 10g，味精 1g，酱油 5g，鸡蛋液 1 个，湿淀粉 15g，五香粉约 3g，花生油 1000g。

制法：

(1) 兔大腿以清水洗净，搌去水分，将两面剞成交叉的十字花刀，用精盐、绍酒、葱汁、味精、酱油拌匀。鸡蛋液加入湿淀粉搅成全蛋糊，把渍腌入味的兔腿放入，挂上一层薄浆。

(2) 锅置旺火上，下入花生油，烧到八成熟时，放入兔腿，待外皮激住，将锅端离火口，把兔腿浸炸至透（约 15min）捞出，油锅重放旺火上，待烧到了成熟时，把兔腿浸炸约 1min，捞出装盘，撒上五香粉即可食用。

三、爆兔肉产品

1. 油爆兔肉

原辅料：兔肉 500g，猪油 500g（耗油 50g），淀粉 15g，黄瓜 15g，蛋清 1 个。

调料：精盐 1g，味精 1g，料酒 10g，香油 10g，鲜姜 10g，大葱 10g，大蒜 10g，白醋 10g。

制法：将兔肉切成 1cm 见方丁，装在碗里，加盐、味精、料酒后抓匀，再放蛋清、淀粉上浆煨制。鲜黄瓜切成比主料小的方丁，葱切成豆瓣状，姜切末，蒜切片待用。炒勺烧热擦净，加入猪油 500g。另用碗加少许鲜汤，放入盐、味精、料酒、淀粉、醋少许，兑汁待用。待油烧至六成热时，把上好浆的兔肉投入油里，速用铁筷子爆滑，肉变白色时倒入漏勺，沥尽余油，原勺留少许底油，加葱、姜、蒜炝锅，倒入爆好的兔肉丁，再烹上汤汁，翻勺后滴香油出勺装盘食用。

本品特点：色白，咸口，质嫩，味鲜。

2. 生爆兔片

原辅料：兔肉 200g，鸡蛋清 1 个，湿淀粉 20g，冬笋 25g，水发木耳 10g，葱白 10g，蒜瓣 10g，味精 2g，绍酒 10g，胡椒粉和精盐少许，湿淀粉 5g，肉汤约 20g，花生油适量。

制法：

(1) 兔肉切成长 4cm、宽 2cm、厚 0.15cm 的薄片，放在清水中淘洗一下捞出，搌净水分，加入少许精盐、绍酒拌匀。

(2) 鸡蛋清 1 个和湿淀粉调搅成糊浆。把兔肉片放入上浆。冬笋切作片，水发木耳去根掐成块，葱白斜刀切作马蹄形。蒜瓣切片。取碗 1 只，放入味精、绍酒、胡椒粉和精盐，加湿淀粉和肉汤，搅匀成调味汁。

(3) 锅置旺火上，倒入花生油 750g。烧到 5～6 成热时，下入上浆的兔肉片，过油划散至熟透，倒入笊篱内，沥净油。锅内留少许油，重新置火上，放入蒜片、马蹄葱煸出香味。再下入笋片、木耳，随即放入滑油的兔肉片，再倒入调味汁，迅速翻炒均匀，出锅装盘即可。本品色白质嫩、滋味鲜美。

3. 爆炒兔肉丝

原辅料：兔脊背肉净肉 200g，苏打粉，鸡蛋清 1 个，湿淀粉 10g，熟火腿 25g，冬笋 100g，水发香菇 25g，青辣椒 25g，红辣椒 25g，蒜瓣 1 个，韭黄 50g，白糖 1g，酱油 50g，绍酒 10g，胡椒粉 1g，湿淀粉 5g，肉汤 25g，猪油 500g。

制法：

（1）最好选刚宰杀的兔脊背肉。取净肉加入苏打粉，待苏打粉在绍酒中溶解后，将兔肉丝放入搅匀，腌约 10min。

（2）放入鸡蛋液和湿淀粉，搅匀上浆。熟火腿、冬笋、水发香菇、青辣椒、红辣椒均切成丝。蒜瓣拍碎剁成末。韭黄切成 3cm 长的段。取碗 1 只，放入白糖、酱油、绍酒、胡椒粉、湿淀粉和肉汤，搅匀成调味汁。

（3）锅放旺火上，下入猪油烧到 4～5 成热时，放入上浆的兔肉丝过油划散，至刚熟即倒入笊篱，沥去油。锅内留少许油，重置火上，放入蒜末爆香后，加入笋丝、香菇丝、青红辣椒丝，炒匀，放入兔肉丝、韭黄段，倒入调味汁，淋入猪油 20g，翻炒均匀，出锅成盘，撒上火腿丝即好。

4. 辣子兔肉丁

原辅料：洗净的兔肉 250g，鸡蛋清 1 个，辣椒 50g，葱 25g，白糖 2.5g，蒜片 5g，生姜数片，酱油 10g，味素少许，面粉 2.5g。

制法：先将兔肉切成 3cm 方块，辣椒切成丁，再将肉丁用鸡蛋清滑过拌匀，然后加入佐料，加汁少许，急火爆炒出勺食用。

四、烤兔肉产品

1. 烤酱兔肉

原辅料：鲜兔 1 只，面粉、食盐、胡椒、动物油或植物油等适量。

制法：先将胴体兔肉切成若干块，放在面粉、食盐、胡椒、动物油或植物油的混合物中翻滚一两遍，然后放在油锅里炸 20min。再将炸过的兔肉取出放在锅中，加入适量的酱油，盖好锅，用慢火煮 45min，待肉基本熟透后，敞开锅再烧 15min，直至把肉烤成酱红色为止，即成了烤酱兔肉。

2. 烤兔肉

原辅料：鲜兔 1 只，面粉、食盐、胡椒、肉汤、植物油等适量。

制法：将胴体兔肉切成块，用水煮熟，再将煮熟的兔肉沥干，放在面粉、食盐、胡椒、肉汤等混合物中擦一下，再用油炸 20～30min，使外面发脆。取出保持温热待用。然后油锅里取出适量剩油，再拌入适量面粉，加入少量肉汤，用慢火煮开成糊状后，再加各种佐料，趁热浇在兔肉上面，即可食用。

3. 烧兔肉丁

原辅料：鲜兔 1 只，土豆、青椒、大葱、食盐、胡椒粉、肉汤和油等适量。

制法：鲜兔去骨，取兔大腿、背、腰、前肢上的肌肉切成肉丁，再将土豆、青椒、大葱也切成小块，再拌入适量的食盐、胡椒粉、肉汤和油类，放入滚油锅中，翻炒后加盖文火焖烧约 40min，揭开锅盖，若已成褐色，即可食用。

4. 葱烤兔肉

原辅料：白条净兔 1kg，京葱 100g，酱油 10g，精盐 10g，味精 7.5g，黄酒 50g，白糖 5g，姜片 5g，陈皮 5g，鲜汤 250g，麻油 50g，花生油或豆油 25g。

制法：将兔肉剁成 3cm 见方的块，用开水烫一下捞出，待用。京葱切成 3cm 长的段。锅内放生油，烧至八成热时，将兔肉下锅炸，至兔肉呈金黄色时捞出，再将京葱下油锅炸至金黄色捞出，即成葱油。另取净锅，加麻油、姜片、陈皮，放入兔肉、黄酒，加葱段、鲜汤、精盐、酱油、白糖、味精，用旺火烧沸，撇去浮沫，改用小火烧约30min，再转旺火将汁水收干后，淋上麻油、葱油，将兔肉盛起，待冷却后装盆便成。

本品将点：色泽金红，香酥，味浓，有北京风味。

五、烧兔肉产品

1. 叉烧全兔

原辅料：兔子1只，重约1.2kg。橄榄油，红辣椒1只，月桂叶2片，百里香1枝，香菜、盐及胡椒若干。

制法：烹制的前一天晚上，将兔子置于砂锅中，浇上橄榄油，加上切碎的红辣椒，2片月桂叶及百里香枝。第二天，将兔子揩净放在叉上烤，在兔上撒些香菜，并炖45min。

2. 红烧兔肉（1）

原辅料：带骨兔肉500g，葱、姜、大蒜各10g，猪油25g，白糖10g，粉面25g，胡椒粉10g，高汤200g。

制法：将兔肉在开水锅里约煮10min后取出，用凉水冲洗，再切成3cm方块，姜、大蒜用刀拍碎，葱要切成段，锅中放好油，用旺火先炒佐料，再放兔肉、糖、酱油、胡椒粉，添汤后改用慢火炖1h左右，肉烂后勾芡出勺，即可食用。

3. 红烧兔肉（2）

原辅料：兔肉500g，白酒20g，白糖10g，酱油50g，精盐2.5g，味素5g，胡椒粉1.5g，香油5g，葱1段，鲜姜5g，淀粉25g，大料3瓣，花椒水50g。

制法：把兔肉切成2.5cm方块。大勺加1kg油，烧到七八成热时，下兔肉炸透倒出。原勺留少量底油，下葱、姜、兔肉、白酒、酱油煸炒几下，依次下白糖、大料、花椒水、精盐，再加1碗鲜汤，开锅后慢火烧至酥烂，加味素，用水淀粉勾芡，淋入香油，味鲜香，酥烂。

4. 锅烧兔腿

原辅料：兔腿肉400g，面粉25g，猪油20g，葱、姜各5g，鸡蛋1个，面粉10g，五香粉0.5g，蒜5g。

制法：兔腿肉用酱油和瓦香粉拌和好放1h，再加佐料蒸1h取出，擦干水汽挂糊，再油炸后切成块，加椒盐粉即可食用。

六、炒兔肉产品

1. 生炒兔肉片

原辅料：清洗干净的兔肉300g，生姜1片，蒜1瓣，鸡蛋清1个，猪油10g，葱25g，面粉2.5g，胡椒粉和味素各少许。

制法：先将肉切片，用蛋清滑拌，再将佐料放入勺内烹汁，旺火急炒，出勺食用。

2. 冬笋炒兔肉片

原辅料：兔肉 350g，冬笋 150g，水发冬菇 250g，鸡蛋 1 个，精盐 7.5g，白酱油 5g，白糖 1g，味精 5g，蚝油 5g，黄酒 15g，姜片 5g，葱段 5g，胡椒粉 1g，苏打粉 3.5g，汤 100g，生粉 10g，麻油 2.5g，熟猪油 50g。

制法：把兔肉切成薄片，装入碗内，加苏打粉、精盐、白酱油、味精、蛋清、干生粉拌匀，再加少许生油拌和，待用。冬笋煮熟后切成片，冬菇去蒂洗净，一切两半。另用小碗放汤、精盐、白糖、味精、蚝油、麻油、胡椒粉、水生粉调匀成芡汁，待用。将锅烧热，加猪油，待油烧至六成热时，将兔肉片、笋片倒入，用勺划散至熟后，连油倒入漏勺，沥去油。趁热锅投姜片、葱段、冬菇下去略煸，放兔肉片、笋片、黄酒，下芡汁颠锅翻勺，盛起装盘便成。

本品特点：鲜、香、嫩、滑。

七、涮兔肉产品

原辅料：兔肉 800g，绍酒、白酱油、花椒、腌小芥菜、青蒜苗、葱白、韭黄、香菜、榨菜各 50g，香油、辣椒油、香醋、芝麻酱、腐乳汁、甜面酱各 50g。

制法：兔肉切成大薄片，用绍酒、白酱油、花椒水炒匀，渍腌入味，装入盘内。腌小芥菜、青蒜苗、葱白、韭黄、香菜、榨菜皆切成碎段，分袋在碟内。绍酒、香油、辣椒油、香醋、芝麻酱、腐乳汁、甜面酱分装在小碗内。火锅、兔肉片及所有调料同时上桌。吃时由食者自兑调料，自涮自食。

注意：涮兔肉不能以生姜作调料，因为生姜与兔肉同食，会令人发病。

八、清蒸兔肉产品

原辅料：兔肉 5g，葱、姜、盐各 15g，猪油 25g，高汤 250g，胡椒粉和味素各少许。

制法：先将兔肉切成块，用清水煮开，捞出后再用凉水洗净，而后将佐料与兔肉放在碗内上屉蒸烂即可。出屉时加上胡椒粉和味素即可食用。

九、其他兔肉产品

1. 家常兔肉块

原辅料：去骨兔肉 500g，红辣椒 25g，精盐 25g，酱油 10g，猪肉 100g，花椒 6 粒，葱 25g，姜 1 片，醋 1.5g，面粉 25g。

制法：先将兔肉切成长 8cm、宽 5cm 的小块，放入炒勺内加水，待水分干后再加一点清汤，用慢火煨软，倒出过油，加上各种佐料，最后勾芡出勺食用。

2. 兔肉丸子汤

原辅料：兔肉 250g，肥猪肉 100g，混合斩成肉泥，鸡蛋 2 个，面粉 15g，粉丝 50g 剁细，味素 1g，精盐 10g，胡椒粉少许。

制法：先将兔肉、猪肉泥和佐料搅匀，挤成丸子，入开水中烧开，即可出勺食用。

3. 红扒兔腿

原辅料：带骨后腿兔肉 500g，大蒜、葱、生姜、兰片各 5g，味素 5g，酱油 30g，高汤 100g，面粉 25g，酥油 75g。

制法：先将兔腿用开水烫一下，再用清水洗净，稍沥水后放酱油腌 1min，葱、生姜、大蒜用刀拍碎。兔腿用开水烫后沥水，再油炸至九成熟，留点油煸锅，放汤略煮后再上屉煮烂，装盘，再勾汁浇在腿上即可。

4. 熏兔肉

原辅料：白条净体兔 10 只，红茶 100g，白糖 150g，白酒 150g，精盐 100g，精油 1500g，大料 25g，花椒 25g，桂皮 10g，茴香 25g，草果 10g，鲜姜 10g，大葱 150g，香油 25g，味精 25g。

制法：把兔肉放入开水锅内，体重超过 1500g 以上的剁成两截。烧开后，涮净兔肉，打去白沫，加入酱油、白酒、精盐、大葱、鲜姜、药料袋煮熟。煮时宜掌握火候，防止煮得过烂。煮毕取出沥水。熏锅内放入茶汁、糖和铁熏架，将熟兔放在熏架上，盖严锅，慢火烧至冒黄烟，10min 后取出，将事先熬好的糖稀涂在兔肉上，再回锅熏 20min 左右，当肉朱红时取出，涂上味精调拌的香油即成，其特点清香回味，鲜嫩爽口。

5. 苹果烧酒兔肉酱

原辅料：兔肉 2.5kg（连同肝脏），香肠肉 200g，肥膘 200g，瘦膘 200g，香菜籽 6～8 粒，盐、胡椒、月桂叶 2 片，百里香 1 枝，苹果烧酒 1 小杯，新鲜奶油 2 匙，鸡蛋 1 只。

制法：除去兔骨，将兔肉连同香肠肉、肥膘、瘦膘和兔肝一起剁成肉酱并搅拌均匀。放入香菜籽、整鸡蛋、新鲜奶油、盐、胡椒和苹果烧酒。将肉酱调匀后放入砂锅中，上面盖上月桂叶和百里香枝。盖上锅盖，将肉粉置于炉上炖 2h 左右。用长针扎一下，以检查是否已炖好。

6. 波法利式兔

原辅料：兔肉重 1.5～2kg，红葡萄酒 500g，醋半杯，白兰地酒 1 杯，月桂、百里香等调料，洋葱 2 个，大蒜 1 瓣，肥肉块 175g，猪油 1 匙，面粉 3 匙，橄榄油 1 匙，李子干 375g，苹果 1000g，黄油 50g，盐、胡椒粒适量。

制法：

（1）烹制前夜，将李子干用温水泡好；另外，备好浸渍汁，原料为红葡萄酒、白兰地酒、醋、月桂、百里香等调料、洋葱、大蒜、盐、胡椒粒，将切好的兔肉块浸在汁中 24h，不断翻动兔肉块。兔肝及兔血另置一碗中，放少许醋。

（2）第二天，将肥肉块于猪油中化开，将兔肉块揩干，煎成金黄色。取出兔肉，在黄油和炒成焦黄色的面粉里，加入浸渍汁，调稀。应调出足够的汤糊，以便兔肉回锅时兔肉能被汤糊盖住。温火炖 1h 左右，这时，兔肉皮应能离骨。加入橄榄油和李子干，再炖 15min。

（3）把兔肝在平底锅中爆炒几分钟，捣碎，放入兔血，并慢慢地倒入汤中，不断地翻动，一滚就取下。在炖制时，用黄油炒好苹果。吃时，兔肉带原汤、李子干，与苹果同时食用。

7. 五香兔肉

原辅料：活兔1只，八角、花椒、桂皮、良姜、小茴香、草果、甘草各50g，砂仁、豆蔻、丁香、荜拨各15g，酱油100g，葱白段150g，白糖50g，绍酒50g，醋20g，盐适量，猪油100g。

制法：

(1) 剥皮。先从兔头至脖颈顺长割破兔的表皮（不要划破里皮），再把兔的四蹄割破一周，然后从头皮向下翻剥至脖子下面，把兔子头向上吊起来，将兔皮用力向下一撕，即至尾部，把兔尾割下，附在皮上（习俗上剥兔要筒皮），最后开膛，取出内脏。

(2) 风干。剥去皮的兔子洗净后，以炒盐、花椒、丁香反复擦抹内外，腌渍一天后，挂在通风处，待其风干透了即可取下。

(3) 卤制。先把兔头剁下，再顺长一破两半，按照兔腿8块、兔肋4块、脊背4块、腰窝2块共计18块分档，洗净后放入清水内浸泡回软。

八角、花椒、桂皮、良姜、小茴香、草果、甘草、砂仁、豆蔻、丁香、荜拨等装入纱布香料袋，放入沸水内煮沸两三次，再加入酱油、葱白段、白糖、绍酒、醋和适量盐，煮沸后即成卤汤。

另外起锅放旺火，下入猪油，将兔肉放入煸炒至透后，倒入卤汤内，先以大火烧沸，再转小火慢卤，约3h后捞出兔肉晾凉即可食用。

8. 豆豉兔头

原料：新鲜的兔头，食盐、白糖、酱油、料酒、大蒜、姜、五香粉、豆豉。

操作要点有以下8个。

(1) 整形：剔除血污、碎肉等杂质，使外形美观。

(2) 清洗：将整形好的原料用净水洗干净。

(3) 称量：将洗干净的原料进行称重，根据用量加入配料。

(4) 煮制：先将豆豉放入165～170℃的色拉油中翻炒，直到有香味生成。再根据配方将配料和适量水先用大火加热煮沸，然后加入原料改用小火慢煮1.5～2.5h，直到原料入味即可。

(5) 酱制：将料汤继续加热，用锅铲不断地轻翻炒动，待到汤汁烧干时，出锅。

(6) 烘干：将兔头放入60℃的干燥箱中，烘干10min，使表面干燥，无汤汁，便于包装。将烘好的兔头从箱中取出，放在室内，使其自然冷却到室温。

(7) 真空包装：将冷却的兔头装入包装袋中，用真空包装机封口。

(8) 高压灭菌：将包装好的产品放入到高压锅中，高压灭菌30min，即得成品。

9. 灯影兔肉

“灯影兔肉”是以兔肉为原料，根据兔肉特性对灯影牛肉传统配方及加工方法进行调整而开发出的独具特色的产品。

原料：兔肉，精盐，白砂糖，五香料，天然调味料，质改剂等。

操作要点有以下5个。

(1) 原料肉选择：以优质兔肥肉和背部肌肉为原料，保证原料肉优质新鲜。

(2) 嫩化固型：鲜肉选择整理后于 2～4℃下冷藏 2～3 天，冻结固型，切为均匀薄片。

(3) 拌料：肉片与辅料混合时，每次肉片不能过多，轻轻拌匀并保持肉片完整性。

(4) 铺片：铺片时片与片相接，不重叠也不留空隙，使之连成一片。

(5) 烘烤：65℃烘烤 3.5h 后取出冷却。

用压片机压为均匀平整的薄片，按规格要求切为长条；再入红外烤箱 120～140℃烤制约 5min 使之油亮红润即可。罐装产品可再添加适量芝麻油和芝麻。

10. 啤酒兔火锅

此火锅是继“啤酒鸭火锅”之后出现的又一火锅新品种，品质优良，浓香醇厚，鲜咸香辣，风味独特，脍炙人口，深受顾客欢迎。

用料：兔子 1 只（约重 1500g），牛毛肚、猪瘦肉片、火腿肉各 250g，牛肾、猪肚各 150g，青菜 250g、豆腐干 200g，水发粉丝、莴笋、藕各 150g，葱 100g。

调料：啤酒 500g，菜油 250g（约耗 100g），猪油 100g，豆瓣酱 50g，泡生姜 50g，泡辣椒 25g，蒜瓣 25g，老姜 45g，花椒 10g，白糖 25g，精盐 10g，味精 3g，胡椒粉 2g。

制法：

(1) 将兔子击昏宰杀，从头至尾及四肢剥去皮，剁去蹄足，破腹去内脏，洗净，用洁布揩干水分，剁去兔头不用，放入水锅中烧开，改用小火煮至八成熟，捞出沥干水，砍成 5cm 见方的块。牛毛肚水发，洗净，撕开，片成小块。牛肾去臊，片成片，泡去血水，捞出沥水。猪肚切去肚头，剔去肚皮，修去油筋，用清水洗净，剞十字花刀，切成宽 1.5cm、长 6cm 左右的条。火腿切成片。豆腐干洗净，沥干水切条。水发粉丝切节。青菜心洗净，去老叶。莴笋去皮、筋络，切成片。藕洗净去皮切片。葱洗净，拍破，切节。以上备料除兔子肉外，均各分成两份，装盘上桌，围在火锅四周。

(2) 炒锅置火上，放菜油烧至五成热，下泡姜片、泡辣椒节、豆瓣酱末、老姜（拍破），炒几下，滗去余油。锅中另下猪油、蒜瓣、花椒，再炒几下，倒入煮兔子的汤，煮 10min，下兔块、啤酒、白糖、盐、味精、胡椒粉，烧开，打去浮沫，将兔肉及汤汁舀入火锅中，上桌点火，边烫边吃。

味碟用麻油、盐、味精、蒜泥拌制，每人一碟。

注意：在吃的过程中可加汤、啤酒、盐等调味。兔块的血水一定要除尽。如果另加干辣椒节，其味更辣更香，也可加一些五香料熬汤汁，味道更浓。

第四节　兔肉制品产品标准

一、概　　念

（一）中国标准定义

我国对产品标准的定义，是指在一定的范围内获得最佳秩序，对活动或其结果规定共同的和重复使用的规则、导则或特性的文件。该文件经协商一致制定并经一个公认机构批准。标准以科学、技术和经验的综合成果为基础，以促进最佳社会效益为目的。

该定义具体地说明下列四个方面的含义。

1）制定标准的对象是重复性事物或概念　虽然制定标准的对象，早已从生产、技术领域延伸到经济工作和社会活动的各个领域，但并不是所有事物或概念，而是比较稳定的重复性事物或概念。

2）标准产生的客观基础是“科学、技术和实践经验的综合成果”　这就是说标准产生的客观基础一是科学技术成果，二是实践经验的总结，并且这些成果与经验都是经过分析、比较和选择，综合反映其客观规律性的“成果”。

3）标准在产生过程中要“经有关方面协商一致”　这就是说标准不能凭少数人的主观意志，而应该发扬民主、与各有关方面协商一致，“三稿定标”，如产品标准不能仅由生产、制造部门来决定。这样，制定出来的标准才能考虑各方面尤其是使用方的利益，才更具有权威性、科学性和实用性，实施起来也较容易。

4）标准的本质特征是统一　这就是说标准是“由标准主管机构批准以特定形式发布，作为共同遵守的准则和依据”的统一规定。

不同级别的标准是在不同适用范围内进行统一，不同类型的标准是从不同侧面进行统一。此外，标准的编写格式也应该是统一的，各种各类标准都有自己统一的“特定形式”，有统一的编写顺序和方法。“标准”的这种编写顺序、方法、印刷、幅面格式和编号方法的统一，既可保证标准的编写质量，又便于标准的使用和管理，同时也体现出“标准”的严肃性和权威性。

（二）国际标准定义

国际标准化组织（ISO）的标准化原理委员会（STACO）一直致力于标准化基本概念的研究，先后以“指南”的形式给“标准”的定义作出统一规定。1991 年，ISO 与 IEC 联合发布第 2 号指南《标准化与相关活动的基本术语及其定义（1991 年第六版）》，该指南给“标准”定义如下：“标准是由一个公认的机构制定和批准的文件，它对活动或活动的结果规定了规则、导则或特性值，供共同和反复使用，以实现在预定结果领域内最佳秩序的效果”。标准应建立在科学技术和实践经验综合成果基础上，并以促进最佳社会效益为目的。

该定义明确告诉我们，制定标准的目的、基础、对象、本质和作用。由于它具有国际权威性和科学性，无疑应该是世界各国，尤其是 ISO 和 IEC 成员应该遵循的。

二、分　　类

1. 按标准发生作用的范围或标准的审批权限分类

标准分为国家标准、行业标准、地方标准和企业标准四大类。

国家标准：简称 GB。根据《中华人民共和国标准化法》规定，对需要在全国范围内统一的技术要求，应制定国家标准。国家标准由国务院标准化行政主管部门制定。

行业标准：如 NY（农业标准）、SB（轻工标准）等。对没有国家标准而又需要在全国某个行业范围内统一的技术要求，可制定行业标准。行业标准由国务院有关行政主管部门制定，并报国务院标准化行政主管部门备案，在公布国家标准之后，该行业标准即行废止。

地方标准：简称DB。对没有国家标准和行业标准而又需要在省、自治区、直辖市统一的工业产品的安全、卫生要求，可制定地方标准。地方标准由省、自治区、直辖市标准化行政主管部门制定，并报国务院标准化行政主管部门和国务院有关行政主管部门备案，在公布国家标准或行业标准之后，该地方标准即行废止。

企业标准：简称QB。企业生产的产品没有国家标准或行业标准，可制定企业标准。企业的产品标准上报当地政府标准化行政主管部门和有关行政主管部门备案。

2. 按标准的约束性分类

标准分为强制性标准和推荐性标准。根据WTO的有关规定和国际惯例，标准是自愿性的，而法规或合同是强制性的，标准的内容只有通过法规或合同的引进才能强制执行。

我国的强制性标准属于技术法规的范畴，其范围与WTO规定的技术法规的五个方面（国家安全、防止欺诈、保护人身健康和安全、保护动植物生命和健康、保护环境）基本一致。强制性标准必须执行。

推荐性标准与国际上的自愿性标准是一致的，推荐性标准占国家标准、行业标准总数的85%以上。推荐性标准并不要求有关各方遵守该标准，但在下列情况下则应执行推荐性标准：被法规、规章所引用；被合同、协议所引用；被使用者声明其产品符合某项标准。

3. 按标准的性质分类

标准分为技术标准、管理标准和工作标准。

三、标准的国际性

标准的属性是技术性，是综合现代科学技术和生产实践的产物。标准随着科学技术和生产的发展而发展。20世纪50年代，我国的标准制定主要参照苏联标准。80年代后，由于世界贸易的交往发展，我国大量引进西方国家的先进技术和生产设备，一些标准的制定开始沿用国际组织标准，如国际标准化组织（ISO）标准、国际电工委员会（IEC）标准、国际计量大会（CGPM）和国际法制计量（OIML）标准等。我国标准的制定，同时也参考其他国家的有关标准，如德国标准（DIN）、美国国家标准（ANSI）、日本标准（JIS）、英国国家标准（BS）、法国国家标准（NF）等。

我国的国家标准代号为GB，国家工程建设标准代号为GBJ，国家军事标准代号为GJB。由于我国国家标准正处于完善过程，无国家标准的允许引用行业标准。行业标准的代号，NY代表农业，SC为水产，SL为水利，LY为林业，JB为机械，HG为化工，YY为医药等。

四、标准文件和技术法规

1. 标准文件

标准文件是“为活动或其结果提供规则，导则或特性值的文件”（ISO/IEC第2号指南）。

标准文件是一个通用术语，它包括如标准、技术规范、操作规程和法规等文件。

技术规范是规定产品、过程或服务应满足技术要求的文件。它可以是一项标准（即技术标准）、一项标准的一个部分或一项标准的独立部分。

在我国，对设计、施工、制造、检验等技术事项所作的统一规定称为规范，规范是标准文件的一种形式。

操作规程，又称作业规程，它是“为设备、构件或产品的设计，制造，安装，维修，或使用介绍规程或程序的文件”（ISO/IEC 第 2 号指南）。它也可以是一项标准，一项标准的一部分或一项标准中的独立部分。

在我国，对工艺、操作、安装等具体技术要求和实施程序所作的统一规定称规程。这些规程也是标准文件的一种形式。

对一定时间、一定条件下，生产某种产品或进行某种工作消耗人力、物力、财力所规定的限额称为定额，定额也是标准文件的一种形式。

对工作的原则、方法或概念等提出指导性或推荐性要求的文件是指南或导则，国际标准化组织把它作为一类标准文件。

2. 法规和技术法规

法规是由权力机构制定的具有法律效力的文件（ISO/IEC 第 2 号指南）。

提出技术要求的法规是技术法规，它可以直接是一个标准、规范或规程，也可以引用或包含一项标准，规范是规程的内容（ISO/IEC 第 2 号指南）。

实际上，技术规范可以简述为符合法规要求所采取技术措施的导则，如安全防护、环境保护、健康卫生等方面技术规定。

依据我国《标准化法》规定，强制性标准就是技术法规。

五、兔肉及其他产品标准

（一）鲜兔肉标准

1. 鲜兔肉国家标准（GB 2708—1994）

感官指标如表 3-1 所示，理化指标如表 3-2 所示。

表 3-1　鲜兔肉感官指标

项目	鲜兔肉		冻兔肉
	一级鲜度	二级鲜度	
色泽	肌肉有光泽，红色均匀，脂肪白色或微黄色	肌肉色稍暗，切面尚有光泽，脂肪缺乏光泽	肌肉有光泽，红色或稍暗，脂肪白色或微黄色
组织状态	纤维清晰，有坚韧性	纤维清晰，有坚韧性	肉质坚密、坚实
黏度	外表微干或湿润，不粘手，切面湿润	外表干燥或粘手，新切面湿润	外表微干或有风干膜或外表湿润，不粘手，切面湿润不粘手
弹性	指压后凹陷立即恢复	指压后凹陷恢复慢，且不能完全恢复	解冻后指压凹陷恢复较慢
气味	具有鲜兔肉固有的气味，无臭味，无异味	稍有氨味或酸味	解冻后具有兔肉固有的气味，无臭味
煮沸后肉汤	澄清透明，脂肪团聚于表面，具特有香味	稍有浑浊，脂肪小滴浮于表面，香味差或无鲜味	澄清透明或稍有浑浊，脂肪团聚于表面，具特有香味

表 3-2　鲜兔肉理化指标

项　目	指　标
挥发性盐基氮/(mg/100g)	≤20
汞（以 Hg 计）/(mg/100g)	按 GB 2762 规定

2. 无公害兔肉标准（NY 5129—2002）

定义：无公害兔肉是指兔肉中有毒有害物质的残留量控制在质量安全范围内，经无公害农产品认证委员会认证，符合国家无公害农产品标准的兔肉称之为无公害兔肉。无公害兔肉的生产是一个系统工程，其质量涉及养殖、饲料、兽药、防疫、加工屠宰、销售等诸多环节，过去只从单个环节来控制往往很难确保终端产品的质量。只有形成封闭运行的产品生产体系，通过对生产中各环节监控技术进行整合组装，建立一条从养殖基地到销售点的链式兔肉产品安全全程监控生产体系和质量管理模式，才能真正保证兔肉产品质量。

标准：中华人民共和国农业部发布了无公害食品的标准。无公害兔肉 NY 5129—2002 标准适用于来自非疫区的无公害肉兔，肉兔屠宰按 GB/T 17239 和 NY 467 规定进行，屠宰加工过程中的卫生要求按 GB 12694 执行。无公害兔肉的技术标准主要有包括 3 个方面的内容：感官指标、理化指标和微生物指标。无公害兔肉感官指标如表 3-3 所示、理化指标如表 3-4 所示、微生物指标如表 3-5 所示。

表 3-3　无公害兔肉感官指标

项　目	指　标
色泽	肌肉有光泽，红色均匀，脂肪白色或微黄色
组织状态	肌肉致密，有弹性，指压后凹陷立即恢复，表面微干，不粘手
气味	具有鲜兔肉固有气味，无异味
煮沸后肉汤	澄清透明，脂肪团聚于表面，具有兔肉固有香味
肉眼可见异物	不应检出

表 3-4　无公害兔肉理化指标

项　目	指　标
挥发性盐基氮/(mg/kg)	<15
铅/(mg/kg)	≤0.5
砷/(mg/kg)	<0.5
铜/(mg/kg)	<1
锌/(mg/kg)	<100
镉/(mg/kg)	<0.1
汞/(mg/kg)	<0.05
氟/(mg/kg)	<2
硒/(mg/kg)	<0.5
铬/(mg/kg)	≤1

续表

项　目	指　　标
亚硝酸盐/(mg/kg)	<3
六六六/(mg/kg)	<0.1
滴滴涕/(mg/kg)	<0.1
敌敌畏	不得检出
乙酰甲胺灵	不得检出
金霉素/(mg/kg)	<0.1
四环素/(mg/kg)	<0.25
土霉素/(mg/kg)	<0.1
氯霉素/(mg/kg)	不得检出
磺胺类/(以磺胺计，mg/kg)	<0.1
伊维菌素/(以肌间脂肪计，mg/kg)	<0.02
乙烯雌酚	不得检出

表 3-5　无公害兔肉微生物指标

项　　目		指　　标
菌落总数/(cfu/g)		$\leqslant 5\times10^5$
大肠菌群/(MPN/100g)		$\leqslant 1\times10^3$
致病菌	沙门氏菌	不应检出
	志贺氏菌	不应检出
	金黄色葡萄球菌	不应检出
	溶血性链球菌	不应检出

3. 绿色兔肉标准（NY/T 843—2004）

定义：绿色兔肉是指利用在无污染的生态环境中养殖的肉兔，经标准化生产或加工，严格控制有毒有害物质含量，使之符合国家健康安全食品标准，并经专门机构认定、许可使用绿色食品标志的兔肉。

标准：应符合 NY—2708 要求，其他产品可参照 GB—2708 执行，理化指标及卫生指标如表 3-6 所示。

表 3-6　绿色兔肉理化及卫生指标

项　目	指　　标
水分/%	≤77
挥发性盐基氮/(mg/kg)	≤15
汞（以 Hg 计）/(mg/kg)	≤0.05
铅（以 Pb 计）/(mg/kg)	≤0.1
砷（以 As 计）/(mg/kg)	≤0.5
镉（以 Cd 计）/(mg/kg)	≤0.1
铜（以 Cu 计）/(mg/kg)	≤10
铬（以 Cr 计）/(mg/kg)	≤0.5

续表

项　目	指　标
氟（以F计）/(mg/kg)	≤1
四环素/(mg/kg)	不得检出（<0.1）
土霉素/(mg/kg)	不得检出（<0.1）
金霉素/(mg/kg)	不得检出（<0.1）
伊维菌素/(mg/kg)	≤0.02
磺胺类（以磺胺类总量计）/(mg/kg)	不得检出（<0.01）
乙烯雌酚/(mg/kg)	不得检出（<0.25）
喹乙醇/(mg/kg)	不得检出（<0.05，仅对猪肉要求）
盐酸克伦特罗/(mg/kg)	不得检出（<0.002）
氯霉素/(mg/kg)	不得检出（<0.01）
呋喃唑酮/(mg/kg)	不得检出（<0.01）
六六六/(mg/kg)	≤0.05
滴滴涕/(mg/kg)	≤0.05
敌敌畏/(mg/kg)	≤0.02
菌落总数/(cfu/g)	5×10^5
大肠菌群/(MPN/100g)	$\leqslant10^3$
沙门氏菌	不得检出
致泻大肠埃希氏菌	不得检出

（二）腌腊肉制品标准

1. 腌腊肉制品国家卫生标准（GB2730—2005）

1）感官指标　　感官要求无黏液、无霉点、无异味、无酸败味。

2）理化指标　　理化指标如表3-7所示。

表3-7　腌腊肉制品的理化指标

项　目	指　标
过氧化物值（以脂肪计）/(g/100g)	
火腿	≤0.25
腊肉、咸肉、灌肠制品	≤0.5
非烟熏、烟熏板鸭	≤2.5
酸价（以脂肪计）/(KOH)/(mg/g)	
灌肠制品、腊肉、咸肉	≤4
非烟熏、烟熏板鸭	≤1.6
三甲胺氮/(mg/100g)	
火腿	≤2.5
苯并（α）芘[a]/(μg/kg)	≤5
铅（Pb）/(mg/100g)	≤0.2
无机砷/(mg/100g)	≤0.05
镉（Cd）/(mg/100g)	≤0.1
总汞（以Hg计）/(mg/100g)	≤0.05
亚硝酸盐残留量	按GB 2760的规定执行

a 仅适用于经过烟熏的腌腊肉制品

2. 腌腊肉制品或腊肠绿色产品标准（NY/T843—2004）

感官指标应符合 GB—10147、SB/T—10003、SB/T—10278 的要求。腌腊肉应符合 GB—2730、SB/T—10294 的要求。理化及卫生指标如表 3-8 所示。

表 3-8　腌腊制品或腊肠理化及卫生指标

项目	指标			
	腊肠类		腌、腊肉类	
	广式	中式	腌肉	腊肉
水分/%	≤25		—	≤25
食盐（以 NaCl 计）/%	≤6			≤10
蛋白质/%	≥22		—	
脂肪/%	≤35		—	
总糖（以蔗糖计）/%	≤20	≤22	—	
挥发性盐基氮/(mg/100g)	—		≤20	
酸价（以 KOH 计）/(mg/g)	≤4		—	≤4
过氧化值（以 I 计）/(g/100g)	—		≤0.25	≤0.25
亚硝酸盐（以 $NaNO_2$ 计）/(mg/kg)	≤5			
复合磷酸盐（以 PO_4^{3-} 计）/g/kg)	≤5			
苯甲酸/(g/kg)	不得检出（<0.001）			
山梨酸/(g/kg)	≤0.075			
糖精钠/(g/kg)	不得检出（<0.000 15）	—	不得检出（<0.000 15）	
苯并（α）芘/(μg/kg)	≤5	—	≤5	
三甲胺氮/(mg/kg)	—			
砷（以 As 计）/(mg/kg)	≤0.5			
铅（以 Pb 计）/(mg/kg)	≤0.1			
汞（以 Hg 计）/(mg/kg)	≤0.05			
镉（以 Cd 计）/(mg/kg)	≤0.1			
六六六/(mg/kg)	≤0.05			
滴滴涕/(mg/kg)	≤0.05			
菌落总数/(cfu/g)	≤500 000			
大肠菌群/(MPN/100g)	≤1000			
致病菌（沙门氏菌、志贺氏菌、金黄色葡萄球菌、溶血性链球菌）	不得检出			

3. 广式腊肠行业产品标准（SB/T 10003—1992）

感官指标如表 3-9 所示，理化指标如表 3-10 所示。

表 3-9　广式腊肠感官指标

项　　目	要　　求
色泽	肥肉呈乳白色，瘦肉鲜红、枣红或玫瑰红色，红白分明，有光泽
组织状态	肠体干爽，呈完整的圆柱形，表面有自然皱纹，断面组织紧密
滋味和气味	咸甜适中，鲜美适口，腊香明显，醇香浓郁，食而不腻，具有广式腊肠的特有风味

表 3-10　广式腊肠理化指标

项　　目	优级	一级	二级
蛋白质/%	≥22	≥20	≥17
脂肪/%	≤35	≤45	≤55
水分/%	≤25		
食盐（以 NaCl 计）/%	≤8		
总糖（以葡萄糖计）/%	≤20		
酸价/(mgKOH/g)	≤4		
亚硝酸盐（以 $NaNO_2$ 计）/(mg/kg)	≤20		

（三）熟肉制品标准

1. 熟肉制品国家卫生标准（GB 2726—2005）

感官指标无异味、无酸败味、无异物；熟肉干制品无焦斑和霉斑。按 GB/T 5009.3 的方法测定。理化指标如表 3-11 所示，微生物指标如表 3-12 所示。

表 3-11　熟肉制品理化指标

项　　目	指　　标
水分/(g/100g)	
肉干、肉松、其他熟肉干制品	≤20
肉脯、肉糜脯	≤16
油酥肉松、肉粉松	≤4
复合磷酸盐（以 PO_4^{3-} 计）/(g/kg)	
熏肉火腿	≤8
其他熟肉制品	≤5
苯并（α）芘/(μg/kg)	≤5
铅 Pb/(mg/kg)	≤0.5
无机砷（As）/(mg/kg)	≤0.05
镉（Cd）/(mg/kg)	≤0.1
总汞（Hg）/(mg/kg)	≤0.05
亚硝酸盐	按 GB 2760 执行

表 3-12　熟肉制品微生物指标

项　目	指　标
菌落总数/(cfu/g)	
烧烤肉、脊肉、肉灌肠	≤50 000
酱卤肉	≤80 000
熏煮火腿、其他熟肉制品	≤30 000
肉松、油酥肉松、肉松粉	≤30 000
肉干、肉脯、肉糜脯、其他熟肉干制品	≤10 000
大肠菌群/(MPN/100g)	
肉灌肠	≤30
烧烤肉、熏煮火腿、其他熟肉制品	≤90
脊肉、酱卤肉	≤150
肉松、油酥肉松、肉松粉	≤40
肉干、肉脯、肉糜脯、其他熟肉干制品	≤30
致病菌（沙门氏菌、金黄色葡萄球菌、志贺氏菌）	不得检出

2. 熟肉制品（酱卤、烧烤）绿色产品标准（NY/T-843—2004）

感官指标应符合 GB—2726、GB—2727 的要求。肉类罐头应符合 GB—13100 的要求。肉灌肠类应符合 GB—2725.1 的要求。肉松应符合 GB—2729 的要求。肉干应符合 SB/T—10282 的要求。肉脯应符合 SB/T—10283 的要求。理化及卫生指标如表 3-13 所示。

表 3-13　绿色食品肉及肉制品理化及卫生指标

项　目	指　标									
				肉松类			肉干		肉脯类	
	肉类食品	肉类罐头	肉灌肠类	肉松	油酥肉松	肉松粉	牛肉干	猪肉干	肉脯	肉糜脯
水分/%	—			≤20	≤4	≤4	≤20	≤20	≤16	≤16
蛋白质/%	—			≥36	≥25	≥14	≥40	≥36	≥40	≥28
脂肪/%	—			≤10	≤35	≤30	≤10	≤12	≤14	≤18
总糖（以蔗糖计）/%	—			≤25	≤30	≤30	≤30	≤30	≤30	≤40
淀粉/%	—			—		≤20	—			
食盐（以 NaCl 计）/%	—			≤7						
亚硝酸盐（以 $NaNO_2$ 计）/(mg/kg)	10			≤5						
复合磷酸盐（以 PO_4 计）/(g/kg)	5			≤5						
苯并（α）芘/(μg/kg)	≤5									
铅（以 Pb 计）/(mg/kg)	≤0.1									
砷（以 As 计）/(mg/kg)	≤0.5									

续表

项目	指标									
	肉类食品	肉类罐头	肉灌肠类	肉松类			肉干		肉脯类	
				肉松	油酥肉松	肉松粉	牛肉干	猪肉干	肉脯	肉糜脯
汞（以 Hg 计）/(mg/kg)	≤0.05									
铜（以 Cu 计）/(mg/kg)	≤10									
镉（以 Cd 计）/(mg/kg)	≤0.1									
锡（以 Sn 计）/(mg/kg)	—	≤100		—						
苯甲酸/(g/kg)	不得检出（<0.001）									
山梨酸/(g/kg)	≤0.075									
糖精钠/(g/kg)	—			不得检出（<0.000 15）						
菌落总数/(cfu/g)	≤50 000		—	≤20 000	≤10 000				≤30 000	
大肠菌群/(MPN/100g)	≤100		—	≤30	≤40				≤40	
致病菌（沙门氏菌、志贺菌、金黄色葡萄球菌、溶血性链球菌）	不得检出		—	不得检出						
商业无菌	—		商业无菌	—						

（四）熏煮香肠行业产品标准（SB/T 10279—1997）

感官指标如表 3-14 所示，理化指标如表 3-15 所示，微生物指标如表 3-16 所示。

表 3-14　熏煮香肠感官指标

项目	指标
色泽	按产品固有颜色，要求均匀一致
风味	咸淡适中，滋味鲜美，有各自产品的特殊风味，无异味
组织形态	组织致密，切片性能好，有弹性。无空洞，无汁液
外观	肠体干爽，有光泽，长短一致，粗细均匀，无黏液，不破损

表 3-15　熏煮香肠理化指标

项目	指标
水分/%	50～70
氯化物（以 NaCl 计）/%	≤4
蛋白质/%	≥10
脂肪/%	≤25
淀粉/%	≤10
亚硝酸钠/(mg/kg)	30

表 3-16 熏煮香肠微生物指标

项　目	指　标
菌落总数/(个/g)	≤10 000
大肠菌群/(个/100g)	≤30
致病菌	不得检出

（五）肉干制品行业产品标准（SB/T 10282—1997）

感官指标如表 3-17 所示，理化指标如表 3-18 所示，微生物指标如表 3-19 所示。

表 3-17 肉干制品感官指标

项　目	指　标	
	牛肉干	猪肉干
色泽	呈棕黄色或褐色、黄褐色，色泽基本一致、均匀	呈棕黄色、棕红、枣红色，色泽基本一致、均匀
滋味、气味	具有该品种特有的香味（麻辣、五香、咖喱、果汁等味），味鲜美醇厚，甜咸适中，回味浓郁	具有该品种特有的香味（麻辣、五香、咖喱、果汁等味），味鲜美醇厚，甜咸适中，回味浓郁
形态	呈块状（片、条、颗粒状），同一品种的厚薄、长短、大小基本均匀，表面可带有细微绒毛或香辛料	呈块状（片、条、颗粒状），同一品种的厚薄、长短、大小基本均匀，表面可带有细微绒毛或香辛料

表 3-18 肉干制品理化指标

项　目	指　标	
	牛肉干	猪肉干
水分/%	≤20	≤20
脂肪/%	≤10	≤12
蛋白质/%	≥40	≥36
氯化物（以 NaCl 计）/%	≤7	≤7
总糖（以蔗糖计）/%	≤30	≤30

表 3-19 肉干制品微生物指标

项　目	指　标	
	牛肉干	猪肉干
菌落总数/(个/g)	≤30 000	
大肠菌群/(个/100g)	≤40	
致病菌	不得检出	

（六）腌腊肉制品国家卫生标准（GB 2730—2005）

感官指标要求无黏液、无霉点、无异味、无酸败味。理化指标如表 3-20 所示。

表 3-20　腌腊肉制品理化指标

项　目	指　　标
过氧化值（以脂肪计）/(g/100g)	
火腿	≤0.25
腊肉、咸肉、灌肠制品	≤0.5
非烟熏、烟熏板鸭	≤2.5
酸价（以脂肪计）(KOH)/(mg/g)	
灌肠制品、腊肉，咸肉	≤4
非烟熏、烟熏板鸭	≤1.6
三甲胺氮/(mg/100g)	
火腿	≤2.5
苯并（α）芘[a]/(μg/kg)	≤5
铅（Pb)/(mg/kg)	≤0.2
无机砷/(mg/kg)	≤0.05
镉（Cd)/(mg/kg)	0.1
总汞（以 Hg 计)/(mg/kg)	0.05
亚硝酸盐残留量	按 GB 2760 的规定执行

a 仅适用于经烟熏的腌腊肉制品

（七）熏煮火腿制品国家卫生标准（GB/T 20711—2006）

感官指标如表 3-21 所示，理化指标如表 3-22 所示。

表 3-21　熏煮火腿制品感官指标

项目	要　　求
色泽	切片呈自然粉红色或玫瑰红色，有光泽
质地	组织致密，有弹性，切片完整，切面无密集气孔且没有直径大于 3mm 的气孔，无汁液渗出，无异物
风味	咸淡适中，滋味鲜美，具固有风味，无异味

表 3-22　熏煮火腿制品理化指标

项　　目	指　　标		
	特级	优级	普通级
水分/%	≤75		
食盐（以 NaCl 计)/%	≤3.5		
蛋白质/%	≥18	≥15	≥12
脂肪/%	≤10		
淀粉/%	≤2	≤4	≤6
亚硝酸盐（以 $NaNO_2$ 计)/(mg/kg)	≤70		

（八）肉松制品国家卫生标准（GB/T 23968—2009）

感官指标如表 3-23 所示，理化指标如表 3-24 所示。

表 3-23　肉松制品感官指标

项目	指标	
	肉松	油酥肉松
形态	呈絮状，纤维柔软蓬松，允许有少量结头，无焦头	呈疏松颗粒状或短纤维状，无焦头
色泽	呈浅黄色或金黄色，色泽基本均匀	呈棕褐色或黄褐色，色泽基本均匀，稍有光泽
滋味与气味	味鲜美，甜咸适中，具有肉松固有的香味，无其他不良气味	具有酥、香特色，味鲜美，甜咸适中，油而不腻，具有油酥肉松固有的香味，无其他不良气味
杂质	无肉眼可见杂质	

表 3-24　肉松制品理化指标

项　目	指标	
	肉松	油酥肉松
水分/(g/100g)	≤20	符合 GB 2726 的规定
脂肪/(g/100g)	≤10	≤30
蛋白质/(g/100g)	≥32	≥25
氯化物（以 NaCl 计）/(g/100g)	≤7	
总糖（以蔗糖计）/(g/100g)	≤35	
淀粉/(g/100g)	≤2	
铅（Pb）/(mg/kg)	符合 GB 2726 的规定	
无机砷/(mg/kg)		
镉（Cd）/(mg/kg)		
总汞（以 Hg 计）/(mg/kg)		

（九）肉脯制品国家卫生标准（SB/T 10283—2007）

感官指标如表 3-25 所示，理化指标如表 3-26 所示。

表 3-25　肉脯制品感官指标

项　目	指　标	
	肉脯	肉糜脯
形态	片型规则整齐，厚薄基本均匀，可见肌纹，允许有少量脂肪析出及微小空洞，无焦片、生片	片型规则整齐，厚薄基本均匀，允许有少量脂肪析出，无焦片、生片
色泽	呈棕红、深红、暗红色、色泽均匀，油润有光泽	
滋味与气味	滋味鲜美、醇厚、甜咸适中，香味纯正，具有该产品特有的风味	
杂质	无肉眼可见杂质	

表 3-26　肉脯制品理化指标

项　目	指　标	
	肉脯	肉糜脯
水分/(g/100g)	≤19	≤20
脂肪/(g/100g)	≤14	≤18
蛋白质/(g/100g)	≥30	≥25
氯化物（以 NaCl 计）/(g/100g)	≤5	
总糖（以蔗糖计）/(g/100g)	≤38	
亚硝酸盐/(mg/kg)	≤30	
铅（Pb）/(mg/kg)	应符合 GB 2760 的规定	
无机砷/(mg/kg)		
镉（Cd）/(mg/kg)		
总汞（以 Hg 计）/(mg/kg)		

（十）火腿肠（高温蒸煮肠）行业产品标准（SB 10251—2000）

外观和感官要求如表 3-27 所示，理化指标如表 3-28 所示。

表 3-27　火腿肠外观和感官指标

项　目	指　标
外观	肠体均匀饱满，无损伤，表面干净，密封良好结扎牢固，肠衣的结扎部位无内容物
色泽	具有产品固有的色泽
质地	组织紧密，有弹性，切片良好，无软骨及其他杂物，无气孔
风味	咸淡适中，鲜香可口，具固有风味，无异味

表 3-28　火腿肠理化指标

项　目	指　标		
	特级	优级	普通级
蛋白质/%	≥12	≥11	≥10
淀粉/%	≤6	≤8	≤10
脂肪/%	6～16		
水分/%	≤70	≤67	≤64
食盐（以 NaCl 计）/%	≤3.5		
亚硝酸钠/(mg/kg)	≤30		
其他食品添加剂	应符合 GB 2760 的规定		
净含量负偏差/%	应符合《定量包装商品计量监督规定》		

（十一）抽空软包装卤肉制品行业产品标准（SB/T 10381—2005）

感官指标如表 3-29 所示，理化指标如表 3-30 所示。

表 3-29　抽空软包装卤肉制品感官指标

项　目	要　求
外观	包装完好，袋内为负压，内容物形态完整、无霉点、无杂质
色泽	具有产品特有的色泽
组织状态	组织致密，坚实而有弹性、有韧性
滋味和气味	具有该产品固有的滋味和气味，咸淡适中，无异味

表 3-30　抽空软包装卤肉制品理化指标

项　目	指　标
淀粉（肉丸类）/(g/100g)	≤10
食品添加剂	应符合 GB 2760 的规定

参 考 文 献

谷子林，薛家宾. 2007. 现代养兔实用百科全书. 北京：中国农业出版社：316
胡国安，吴大付. 2007. 有机农业. 北京：中国农业科学技术出版社：69-70
李乐清. 2000. 四川火锅. 北京：金盾出版社：124-125
刘静，邢建华. 2007. 食品配方设计 7 步. 北京：化学工业出版社：260-263
马美湖，刘焱. 2003. 无公害肉制品综合生产技术. 北京：中国农业出版社：153-160
马新武，陈树林. 2000. 肉兔生产技术手册. 北京：中国农业出版社：480-498
孙润田. 1996. 开封名菜. 郑州：河南科学技术出版社：119
单安山. 2006. 饲料与饲养学. 北京：中国农业出版社：263-264
唐良美. 1998. 养兔窍门百问百答. 北京：中国农业出版社：172-175

王锦华. 1990. 全国卫生防疫标准规范与防疫机构工作政策法规全书. 成都：成都科技大学出版社：352
王丽哲. 2002. 兔产品加工新技术. 北京：中国农业出版社：42-45
王卫. 2002. 现代肉制品加工实用技术手册. 北京：科学技术文献出版社：14-25
王玉田. 2006. 肉制品加工技术. 北京：中国环境科学出版社：246-247
王振来. 2003. 养猪场生产技术与管理. 北京：中国农业大学出版社：379-386
吴祖兴. 2000. 现代食品生产. 北京：中国农业大学出版社：76-80
杨国义. 2002. 食品安全与卫生强制性标准实用手册 1. 西宁：青海人民出版社：5-6
中国食品公司，中国肉类食品综合研究中心. 1993. 中国肉类蛋品企业指南. 北京：中国商业出版社：569-573
钟艳玲，路广计，房金武. 2005. 肉兔. 北京：中国农业大学出版社：10：42-45
朱维军. 2007. 肉品加工技术. 北京：高等教育出版社：156-168

第四章　兔肉制品防腐保鲜与质量安全控制

第一节　兔肉制品防腐保鲜基本方法

优质的肉和肉制品应具备高营养性、卫生安全性和可贮性。卫生安全性意味着这一食品不含有害物，不会导致食品中毒；可贮性是指在所要求的贮存期内不会腐败变质。防腐保鲜是肉制品加工的主要目的之一。防腐保鲜技术贯穿于不同的加工工艺，通过加工以保证产品特有感官及营养特性、可贮性和卫生安全性。

导致食品腐败的原因有物理性也有化学性，但最主要的是微生物性，当微生物在食品内大量生长，增殖至较高量时肉品即腐败变质。肉和肉制品由于其高蛋白及较高水分特性而易于腐败，尤其是在其贮存过程中易腐败变质而失去食用价值。导致肉品腐败的主要微生物如表 4-1 所示，这些微生物无处不在，在肉品中具有极强增殖势能，对肉蛋白的分解仍是通过其生长繁殖过程中的代谢产物酶来实现的。宜于微生物生长的条件是较高 pH、较湿环境、较高温度以及较充足的氧和光的存在。因此，影响肉品可贮性的主要因素包括肉品的微生物状况（初始菌量）、a_w 值、温度、pH、Eh 值和光照。

表 4-1　导致肉品腐败的主要微生物

腐败现象	微生物
黏滞	假单胞菌、大肠杆菌、小球菌、酵母菌
乳浊化	青霉菌、曲霉菌
变色	乳酸杆菌
酸败	乳酸杆菌、链球菌、片球菌
发臭	假单胞菌、变形杆菌、梭状杆菌

一、基本原理

防腐保鲜的基本原理主要是在严格加工卫生条件，尽可能减少肉品中微生物的初势菌量并避免再污染的前提下，抑制肉品中微生物的生长代谢和酶的活性，阻止或抑制残存的微生物在肉品处理、加工和贮存阶段的生长繁殖，保证产品的安全性和可贮性。首选方法是通过冷藏、干燥脱水、酸化等方法去除利于微生物生长和酶代谢的温度、湿度、pH 等条件，也可辅以添加剂增强其抑制效能。防腐方法包括腌制、干燥、热处理、烟熏或添加防腐剂等，需要导致肉品内发生理化变化才能实现；而保鲜常用方法是冷却、常规冻结和低温速冻，可不改变肉品内理化状态而延长产品贮存期。

二、常 用 方 法

（一）控制初始菌量

新鲜兔肉基于自身防御体系基本上是无菌的，只有在病态或屠宰时的应激状态，可产生内源性微生物对兔肉的污染，但原料肉卫生质量（污染菌量）主要取决于屠宰、加工过程的卫生条件。在常规要求的卫生条件下，鲜肉表面污染菌量很低（$<10^3$ 个/cm^2），加工处理时间越长，污染菌量越高，至分割肉出售时，表面污染菌已相当高，可容忍的量为 5×10^6 个/cm^2。污染菌量达 $5\times10^6\sim5\times10^7$ 个/cm^2 时，肉已是次鲜或接近腐败，至 5×10^7 个/cm^2 以上则肉呈现明显的变色、发黏、出现异味等症状。

尽可能低的初使菌量是制品加工可贮性佳的首要条件。除严格原料肉屠宰、分割加工中的卫生条件外，有效的不中断的冷链是防止污染菌生长的最佳方法。此外，可适当采用一些减少屠体表面污染菌的方法，如热水冲淋、蒸气喷淋、有机酸或氯液处理等，脱菌量可达 $100\sim10^6$/cm^2。

在严格加工处理卫生条件中，与肉料接触的加工设备、器具表面的消毒和灭菌尤为重要，为此可应用符合卫生标准的清洁剂、消毒剂，并结合物理法。另一基本要求是随时保持加工设备、器具、加工场地表面的干燥和冷却。

严格原料获取（肉畜屠宰、分割初加工）及产品加工各个环节的卫生条件，是保证肉品可贮性的先决条件。对肉类的早期研究就已表明，初始菌量低的肉品保存期可比初始菌量高的产品长1～2倍。肉品中污染的微生物越多，生长繁殖活力以及对加工中采用的各种杀菌抑菌方法的抵抗力就越强，肉品也就越容易变质腐败。在现代肉制品加工管理中，原料质量和加工卫生条件对产品的影响更为重要。一些符合卫生标准的原辅料中杆菌和梭菌含量如表 4-2 所示。

表 4-2　肉制品加工原辅料杆菌和梭菌常规含量　　单位：个/g

原辅料	杆　菌	梭　菌
瘦肉	10^2	1
畜皮	10^2	1
头肉	10^3	10
全血	10^2	10
大豆蛋白粉	10^3	10
天然香辛料	10^5	10^2
香辛料提取香精	10^2	1

根据肉品中微生物状况一般可对其卫生安全性和可贮性作出初步判断，而对其进行“绿灯”、“黄灯”或“红灯”的“管制”。以鲜肉为例，总菌数 $<5\times10^6$ 个/cm^2，可安全出售食用或用于加工（可开绿灯）；总菌数为 $5\times10^6\sim5\times10^7$ 个/cm^2，为次鲜肉，应谨慎食用，用于加工需特别处理或限定于加工某些产品（开黄灯）；总菌数 $>5\times10^7$ 个/cm^2，为腐败肉，不许出售食用或用于加工产品（开红灯）。肉品中微生物大致限定指标是：总菌数 $10^2\sim10^8$ 个/g（表 4-3），大肠菌群 $<10\sim30$ 个/100g，致病菌不得检出。

表 4-3　肉品中总菌数限定指标

肉　品	总菌数
白条肉	<10^6 个/cm^2
分割肉或绞肉	<10^6 个/g
整节或块状熟肉制品	10^2～10^3 个/g
切片熟肉制品	10^3～10^4 个/g
肉干类制品	<10^4 个/g
腌腊生肉制品	10^5 个/g
发酵制品	10^7～10^8 个/g（主要为乳酸菌等益生菌）
软罐头、高温火腿肠	<10^2 个/g
硬罐头	商业无菌

（二）低温抑菌

每种微生物都有一个最适生存温度，过高或过低的温度都会影响其生长、繁殖。我们可以用高温来杀死微生物，也可用低温来控制微生物。一般微生物的生长、繁殖随温度的下降而减慢，并且随温度的下降，可繁殖的微生物的种类也在减少。

一般微生物生长繁殖温度范围是 5～45℃，较适温度是 20～40℃，嗜冷菌－1～5℃，特耐冷菌－18～－1℃，45℃以上及－18℃以下一般微生物不再具生长势能。有效控制温度，采用低温冷藏或冻结，可有效抑制肉品中残存的微生物的生长繁殖，而从防腐保鲜的意义上讲，低温法是肉品保鲜最重要，也是最主要的方法，其他方法则是防腐法。这也是先进工业国在保证肉品可贮性和卫生安全性上主要采用低温法的原因之一。可以说低温抑菌是工业国肉品防腐保鲜的主要方法。

低温保藏环境温度是控制肉类制品腐败变质的有效措施之一。低温可以抑制微生物生长繁殖的代谢活动，降低酶的活性和肉制品内化学反应的速度，延长肉制品的保藏期。但温度过低，会破坏一些肉制品的组织或引起其他损伤，而且耗能较多。因此在选择低温保藏温度时，应从肉制品的种类和经济两方面来考虑。

肉制品的低温保藏包括冷藏和冻藏。冷藏就是将新鲜肉品保存在其冰点以上，但接近冰点的温度，通常为－1～7℃。在此温度下可最大限度地保持肉品的新鲜度，但由于部分微生物仍可以生长繁殖，因此冷藏的肉品只能短期保存。另外，由于温度对嗜温菌和嗜冷菌的延滞生长期和世代时间影响不同，故在这两类微生物的混合群体中，低温可以起很重要的选择作用，引起肉品加工和贮藏中微生物群体构成的改变，使嗜温菌的比例下降。例如，在同样的温度下，热带加工的牛肉就较寒带加工的牛肉保质期长，这主要是因为前者污染菌多为嗜温菌而后者多为嗜冷菌。

肉品生产中的低温控制，还包括处理、加工、运输、贮藏和销售的场地、空间的温度控制。温度越高，微生物繁殖越快；温度越低，对微生物和酶的抑制作用越强，肉品的可贮性越佳（表 4-4）。

表 4-4　几种肉制品不同温度下的保质期实验结果

肉制品	贮藏温度/℃	货架寿命
西式蒸煮香肠	1～2	31天
	8	22天
	20	7天
高温火腿肠	4	14个月
	15	8个月
	30	3个月
酱卤肉制品（非包装）	2～4	15天
	15	6天
	25	2天

（三）高温灭菌

热加工是熟肉制品防腐必不可少的工艺环节。蒸煮加热的目的之一，是杀灭或减少肉制品中存在的微生物，使制品具有可贮性，同时消除食物中毒隐患。以蒸煮香肠加工各工序微生物的变化，即可反映出热加工在减少肉制品中存在的微生物的重要作用（表4-5），蒸煮后产品中总菌数已降至符合卫生质量要求。根据高温的不同级别可达到抑菌、杀菌或灭菌作用。

表 4-5　蒸煮香肠加工各工序微生物状况

加工工序	香肠中心温度/℃	总菌数/(个/g)
充填时的香肠馅	18	2.6×10^7
预干燥结束时	29	3×10^7
烟熏结束时	41	2.6×10^7
蒸煮初期	56	10^7
60min 蒸煮结束时	70	2.2×10^4
75min 蒸煮后	71.5	1.5×10^4
90min 蒸煮后	72	10^4
水中急冷后	54	4.4×10^3

杀菌和抑菌：肉制品的中心温度加热到65～75℃时，肉制品内几乎全部酶类和微生物均被灭活或杀死，但细菌的芽孢仍然存活，只能受到一定抑制作用。因此，杀菌处理应与产后的冷藏相结合，同时要避免肉制品的二次污染。

灭菌：是指肉制品的中心温度超过100℃的热处理操作。其目的在于杀死细菌的芽孢，以确保产品在流通温度下有较长的保质期。但经灭菌处理的肉制品中，仍存有一些耐高温的芽孢，只是量少并处于抑制状态。在偶然的情况下，经一定时间，仍有芽孢增殖导致肉制品腐败变质的可能。因此，应对灭菌之后的保存条件予以重视。灭菌的时间和温度应视肉制品的种类及其微生物的抗热性和污染程度而定。

一般肉制品的加热温度设定为72℃以上，如果提高温度，可以缩短加热时间，但是，细菌死亡与加热前的细菌数、添加剂和其他各种条件都有关系。如果热加工至肉制品中心温度达70℃，尽管耐热性芽孢菌仍能残存，但致病菌已基本完全死亡。此时产品外观、气味和味道等感官质量保持在最佳状态。这时结合以适当的干燥脱水、烟熏、真空包装、冷却贮藏等措施，则产品已具备可贮性。在高温高压加工的罐头肉制品，高温杀菌成为防腐的唯一作用因素。热加工至中心温度120℃以上，仅数分钟即可杀灭包括耐热性芽孢杆菌在内的所有微生物，产品室温贮藏保质期1年以上。与此同时，肉品的感官质量和营养特性或多或少要受到损害。尽管如此，加工温度越高，产品可贮性越佳（表4-6），充分的热加工温度对于保证肉制品安全性和可贮性是极为重要的。

表4-6　肉制品加工温度与产品可贮性

肉制品	加工温度（中心温度）	可贮性
蒸煮香肠	70～75℃	冷却可贮，2～4℃，≤20天
预煮香肠	75～80℃	冷却可贮，4～8℃，≤25天
高温火腿肠	115～120℃	非制冷可贮，≤6个月
罐头（软罐、硬罐）	80～95℃	非制冷可贮，5℃，≤6个月
	100～110℃	非制冷可贮，15℃，≤1年
	121℃，5min	非制冷可贮，25℃，≤1年
	121℃，15min	非制冷可贮，40℃，≤4年

热加工对肉制品的影响不仅取决于温度，也取决于温度的作用时间。高温抑菌和杀菌强度是温度与时间的结合。这一强度可用F值表达。根据F值的定义，制品中心温度在121℃下作用1min，F值为1。与此等同的是111℃作用10min或121℃作用100min，温度越低，达同等F值所需时间越长。不同类型产品需不同的热加工F值，以保证其可贮性和卫生安全性。

（四）调节a_w值

在微生物和酶类导致的食品腐败过程中，水的存在是必要因素。水分多的食品容易腐败，水分少的食品不易腐败。食品的贮藏性与水分多少有直接关系。食品中水分由结合水和游离水构成，与食品的贮藏性有密切关系的是游离水。游离水可自由进行分子热运动，并具有溶剂机能，因此，必须减少游离水含量才可以提高食品的贮藏性。减少游离水含量，就是要提高溶质的相对浓度。食品中游离水状况可从a_w值反映出，游离水含量越多，a_w值越高。肉品中的大多微生物都只有在较高的a_w值情况下才能迅速生长，当a_w值低于0.95时大多导致肉品变质腐败的微生物的生长均可受阻。微生物对a_w值耐受性的强弱次序是：霉菌＞酵母菌＞细菌。因此，即使是a_w值较低的肉制品，如肉干和腊肉，仍然容易霉变。

一般来说，食品水分含量越高越易腐败。但微生物的生长繁殖并不取决于食品的水分总含量，而取决于微生物能利用的有效水分，即a_w的大小。a_w是指食品的密闭容器内的蒸汽压力与同温度下纯水的蒸汽压力之比。纯水的 a_w 是 1.0，3.5%的 NaCl 溶液的 a_w 为 0.98，16%的 NaCl 溶液的 a_w 为 0.9。细菌比霉菌和酵母菌所需的 a_w 高，大多数腐败细菌的 a_w 高，下限为 0.94，致腐酵母菌为 0.88，致腐霉菌为 0.8。但有些微生物生长所需的 a_w 值较低（表 4-7）。降低食品的 a_w 可延长货架期。

表 4-7 食物中重要的微生物的最低水分活度 a_w

微生物	a_w	微生物	a_w	微生物	a_w
肉毒梭状芽孢杆菌 E 型	0.97	肉毒梭状芽孢杆菌 A 型和 B 型	0.94	棒状青霉菌	0.81
假单胞杆菌	0.97	副溶血性弧菌	0.94	灰绿曲霉	0.70
埃希大肠杆菌	0.96	乳酸链球菌	0.93	鲁氏酵母	0.62
产气肠杆菌	0.95	灰葡萄孢霉	0.93	双孢红曲霉	0.61
枯草杆菌	0.95	金黄色葡萄球菌	0.86		

a_w 值大于 0.96 的肉品易腐败，贮存的必要条件是低温；a_w 值低于 0.96 的肉品较易贮存；低于 0.9 则即使在常温下也可较长时期贮存。含水量 72%～75%的肉品是微生物的最佳营养基，湿润的肉表示 a_w 值较高而易于沾染的微生物生长，如果贮存阶段逐步干燥，则可抑制其生长而有助于产品保存。如表 4-8 所示，肉制品的可贮性与其水分活度值，即 a_w 值紧密相关，一般来讲，a_w 值越低产品越易于贮存。当然微生物对 a_w 值的敏感性还取决于诸多因素，如环境温度、有无保湿剂等。

表 4-8 肉品 a_w 与可贮性

肉品	a_w 值（变动范围）	贮存条件
鲜肉	0.99（0.98～0.99）	冷藏可贮（−1～1℃）
蒸煮香肠（法兰克福肠）	0.97（0.93～0.98）	冷藏可贮（2～4℃）
烫香肠（肝肠、血肠）	0.96（0.93～0.97）	冷藏可贮（2～4℃）
酱卤肉	0.96（0.94～0.98）	冷藏可贮（2～8℃）
发酵香肠	0.91（0.72～0.95）	常藏可贮（<25℃）
西式熏牛肉	0.90（0.86～0.94）	常藏可贮（<25℃）
中式腊肠	0.84（0.75～0.86）	常藏可贮
腌腊肉	0.80（0.72～0.86）	常藏可贮
生熏火腿（中式）	0.80（0.75～0.86）	常藏可贮
（西式）	0.92（0.88～0.96）	常藏可贮
干肉制品（肉干）	0.68（0.65～0.84）	常藏可贮
（肉松）	0.65（0.62～0.76）	常藏可贮

降低肉制品 a_w 的值是延长其保存期常用的方法。干燥（风干、日晒、烘烤等）是降低肉制品 a_w 值最为快速而有效的方法。中间水分食品多采用此法作为主要防腐手段。

干燥脱水主要是使兔肉中的水分减少，阻碍微生物的繁殖，一般微生物的繁殖至少需要 40%～50%的水分，而微生物菌体本身通常含有 85%左右的水分。水分在细胞内为结晶质的溶媒，对确保微生物正常生活具有重要作用，如果细胞没有适当的水分，则微生物就不能生长，也不能吸收必需的营养物质和进行新陈代谢活动。干燥贮藏也就是利用烘烤等方法去除兔肉中的自由水，以达到降低 a_w 值的目的，使微生物因缺乏水分而不能生存来抑制微生物的繁殖。

在兔肉及其制品腌制或绞制等过程中添加食盐、砂糖等 a_w 值调节剂（溶质），利用添加溶质降低产品水分活度。可应用的 a_w 值调节剂包括食盐、糖、脂肪、磷酸盐、柠檬酸盐、醋酸盐、甘油、乳蛋白等，均可不同程度地降低肉品 a_w 值（表 4-9），其中食盐的作用最强，糖次之，甘油最差。只有一个例外，是添加甘油降低 a_w 值以抑制金黄色葡萄球菌的作用比添加食盐更强。由于不同添加剂在肉品中的添加量是有限的，如食盐受咸味所限，添加量一般不超过 3%，因此应用于降低产品 a_w 值的作用范围也就不能随心所欲。冻结贮存肉品的重要机制也在于降低其 a_w 值。以鲜肉为例，在－1℃时，a_w 值为 0.99，而在－10℃、－20℃和－30℃时，a_w 值分别降至 0.907、0.823 和 0.746。传统的肉品腌制法的实质也是通过提高产品中的渗透压，降低水分活性，达到抑制微生物繁殖的目的，与此同时也可改善产品风味。

表 4-9　几种添加剂不同添加量对降低肉品 a_w 值的作用

添加剂	添加量					
	0.1%	1%	2%	3%	10%	50%
食盐	0.000 6	0.006 2	0.012 4	0.186		
聚磷酸盐	0.000 6	0.006 1				
柠檬酸钠	0.000 5	0.004 7				
抗坏血酸	0.000 4	0.004 1		0.09		
葡萄糖醛酸内酯	0.000 4	0.004				
醋酸钠	0.000 4	0.003 7				
丙三醇	0.000 3	0.003	0.006	0.015	0.03	
葡萄糖	0.000 2	0.002 4				
乳糖	0.000 2	0.002 2	0.004 4	0.066		
蔗糖	0.000 2	0.001 9	0.002 6			
乳蛋白	0.000 1	0.001 3	0.001 2	0.039		
脂肪	0.000 1	0.000 62		0.019	0.006	0.031

（五）调节 pH

pH 对微生物生命活动影响很大，pH 或氢离子浓度能影响微生物细胞膜上的电荷性质，从而影响细胞正常物质代谢的进行。每种微生物都有自己的最适 pH 和一定的 pH 生存范围。大多数细菌的最适 pH 为 6.5～7.5。霉菌、酵母菌和少数乳酸菌可在 pH4.0 以下生长（表 4-10）。超出其生长的 pH 范围，微生物的生长繁殖就受到抑制或停止。当肉制品内 pH 降至一定酸度，可比在碱性环境下更有效地抑制、甚至杀灭不利微生物。表 4-11 是根据 a_w 和 pH 对肉制品可贮性进行的分类，及其所需的贮存温度条件。

表 4-10　食源性微生物生长的 pH 范围

微生物	最低 pH	最高 pH	微生物	最低 pH	最高 pH
霉菌	1.0	11.0	沙门氏菌	4.2	9.0
酵母菌	1.8	8.4	大肠杆菌	4.3	9.4
乳酸菌	3.2	10.5	肉毒梭菌	4.6	8.3
金黄色葡萄球菌	4.0	9.7	产气荚膜梭菌	5.4	8.7
醋酸杆菌	4.0	9.1	蜡样芽孢杆菌	4.7	9.3
副溶血性弧菌	4.7	11.0	弯曲杆菌	5.8	9.1

表 4-11　肉制品根据 a_w 值和 pH 分类及所需的贮藏温度条件

肉制品类型	pH 或/和 a_w 值	所需的贮存温度条件
极易腐败类	pH＞5.2，a_w＞0.95	≤5℃
易腐败类	pH5.0～5.2	≤10℃
	a_w0.91～0.95	
	pH≤5.2，a_w≤0.95	
易贮存类	pH＜5.0 a_w＜0.91	常温下可贮

在肉制品感官特性容许范围内降低其 pH 是有效的防腐方法。通过加酸（如水晶肠、荷兰腊肠）或发酵（如发酵香肠、生熏火腿）可降低肉制品的 pH 而防腐。肉和肉制品中最常使用的是乳酸，但乳酸抑菌作用相对较弱。几种常用的酸按其抑菌强度大小依次排列为：苯甲酸＞山梨酸＞丙酸＞乙酸＞乳酸。但实际生产中可添加于肉制品中的酸很少，常用的如乳酸、抗坏血酸等。根据食品酸度可将其分为三类，即低酸度食品（pH＞4.5）、酸度食品（pH4.0～4.5）和高酸度食品（pH＜4.0）。肉制品均属 pH＞4.5 的食品，pH 大多在 5.8～6.2 范围，pH 的可调度极为有限，如何通过微调其 pH 而有效地抑制微生物，延长产品保存期就显得尤为重要。如果在降低 pH 的同时又辅以调节 a_w 值，则可发挥较佳的共效作用。

（六）降低 Eh 值和避光

氧化还原反应中电子从一种化合物转移到另一化合物时，两种物质之间产生的电位差称为氧化还原电位，即 Eh 值，其大小用毫伏表示（mV）。氧化能力强的物质其电位较高，还原能力强的物质其电位较低，两类物质浓度相等时，电位为零。红肉中维持还原状态的物质是-SH。Eh 对微生物的生长繁殖有明显的影响。pH、a_w、Eh 以及食品内固有的天然抗菌成分（如某些香辛料中的抗菌成分，乳品中的过氧化氢酶体系，蛋清中的溶菌酶等）是食品防腐中常用的内在栅栏因子。大多腐败菌均属好氧菌，生长代谢需氧一般从环境大气中吸取，大气中氧含量的多少也就同样影响残存微生物的生长代谢。对此可通过反映其氧化还原能力的 Eh 值作为判定肉品中氧存在的多少。氧残存越多，Eh 值越高，对肉品的保存越不利。Eh 值越低，不利微生物生长繁殖的机会也越小。

肉品生产上降低 Eh 值的主要方法是真空法和气调法，此外应用抗氧剂（加工中添加抗坏血酸、维生素 E、硝酸盐或亚硝酸盐以及其他抗氧剂）或脱氧剂（铁系、酶系、亚硫酸盐脱氧剂等），也在一定程度上有助于降低 Eh 值和增强肉品抗氧化能力。

真空法降低 Eh 值如香肠加工中的真空绞制、斩拌，真空充填灌装，盐水火腿等加工中的真空滚揉，罐头制品的真空封罐等，均是脱氧作用；鲜肉、肉干等产品中常用的气调包装（CO_2、N_2 单独或混合）则是阻氧作用。真空法和气调法均是肉品加工中简易而有效的保鲜、防腐法。

光照可刺激腐败菌代谢，提高分解脂肪的酶类（解脂酶）的活性，而对肉品贮存不利。特别是导致产品外观褪色和脂肪氧化酸败。因此肉制品贮藏中应尽可能避光，并选用深色避光材料包装。尤其是脂肪含量高的产品，避光包装、贮藏对防止脂肪氧化酸败极为重要。

（七）添加防腐剂（化学保存法）

添加适量卫生安全的防腐剂有助于改善肉品可贮性，提高产品质量，肉制品加工研究与实践对此早已予以了充分肯定。肉制品中最常用的防腐剂是硝盐类和山梨酸盐类。

硝酸钠、硝酸钾和亚硝酸钠是肉制品中应用历史最长而且应用最广的添加剂，除可赋予产品良好的外观色泽外，还具出色的抑菌防腐功能，也同时具有增香和抗脂肪酸败的作用。尽管近代研究揭示了亚硝酸盐残留可能导致的致畸致癌性，肉品加工业至今仍未找到更为卫生安全而又能发挥硝盐类诸多功能、更为高效的替代物。现代肉制品加工业的原则是严格控制其添加量和使用范围，尽可能少而又能达到必需的发色、防腐、增香等作用。例如，$NaNO_2$ 添加量为 20～40mg/kg 足以满足发色所需，增香需添加 30～50mg/kg，可发挥防腐功能则需 60～150mg/kg，控制在此范围，肉品的卫生安全性完全可得到保证。

山梨酸、山梨酸钾和山梨酸钠是具有良好抑菌防腐功能而又卫生安全的添加剂，已在各国广泛应用于各种食品中。一些国家将其作为通用型防腐剂，最大使用量 0.1%～0.2%。德国等地则作为干香肠、腌腊生制品的防霉剂，以 5%～10%溶液外浸使用。

对涉及面广，具一定副作用的硝盐类防腐添加剂，严格的加工管理和产品检测体系尤为必要。肉品生产上在严格限制其使用的同时，已在积极开发可起部分替代或协同作用以减少其用量的安全防腐剂。例如，食用酸盐类（乳酸钠）、乳酸菌素类（尼生素 Nisin）等因其良好的安全性和防腐性而应用日益广泛。此外磷酸盐类、抗坏血酸盐类也可与其他添加剂起到协同防腐效能。

（八）烟　熏

肉制品加工中的烟熏，除上色、增香、改善产品感官质量外，其主要作用还在于防腐，烟熏法还是肉品加工中最古老的工艺之一。烟熏防腐的机理是熏烟中含有可发挥抑菌作用的醛、酸、酞类化合物，且加工中烟熏工艺同时伴有表面干燥和热加工作用，所发挥的防腐效能特别显著。对于中间水分的产品（IMF），如腊肠、火腿、腌腊肉等传统肉制品，烟熏是一种既传统又现代的高效防腐防霉法。

烟熏保藏的原理，是利用烟气中的酚（如木榴酚）、酸、醇、羰基化合物和烃类等物质，对微生物的杀菌作用。熏制时兔肉表面干燥，能延缓细菌生长，降低细菌数量，达到保藏兔肉的目的。但是霉菌对烟的作用稳定，故烟熏的兔肉制品仍存在长霉问题。同时烟熏工艺的卫生安全性不容忽视，熏烟中含有的3,4-苯并芘等化合物具致癌性，特别是烟熏物燃烧温度高于400℃时利于有害物苯并芘及其他环烃的形成。加工中应尽可能将其降低到最低程度。有效方法是实际燃烧温度不高于350℃，并采用间接烟熏法，通过烟发生器生烟，分离过滤后再进入熏制室，同时选择优质烟熏料。

（九）辐　　照

这种方法是用一定剂量的放射线来照射兔肉及其制品，以杀灭兔肉中的微生物，从而达到贮藏的目的。

用于处理食品的放射线主要有：从放射线同位素发出的β射线、γ射线和由电子射线加速器放射出来的电子线、X射线等。

根据消灭微生物的程度，国际上将辐照处理分为以下三种剂量。

1）高剂量　　能够完全消灭产生芽孢的微生物菌群，使肉及其制品达到无菌状态。如果照射无二次污染的食品，在任何条件下都可以长期贮存，也不会因此发生腐败或产生毒素。

2）中等剂量　　能够完全杀灭无芽孢的微生物。这种线量主要以消灭污染冷冻兔肉等食品的沙门氏杆菌为标准，通常所用剂量为50万～75万rad（拉特）。

3）低剂量　　这种剂量能杀死部分腐败微生物，延长肉及其制品的保藏期。但用这种剂量照射食品后仍需在低温环境中贮藏，即以照射和冷藏并用。

放射线处理兔肉及其制品的优缺点主要是：①与其他方法相比，可延长保藏期，实验用高剂量的放射线处理包装过的肉，可在室温贮藏7～10个月，而冷却保藏时间仅为2个月。②可以有效地防止二次污染，提高肉及其制品的质量。因为肉及其制品可以在包装以后进行照射，消灭内部的微生物，避免二次污染，保证肉品质量，与冻肉相比，可以免除冻结和解冻过程。目前大部分肉及其制品都采用冷却冻结的方法进行保存，因此，必须在保藏时进行冷却和冻结，使用前进行解冻。而用照射处理可以免除这两个手续，提高了工作效率，也保证了质量，而且应用范围广，不仅仅是肉及其制品，乳、蛋、蔬菜、水果等各种食品都可以应用，如果再配合冷藏，则效果更佳。

国际上经过20余年的研究，做了大量试验，肯定了用10兆rad以内的线量照射食品，不会诱发放射能和有毒物质，不会致癌，基本保证了食品的营养价值。但用放射线照食品后因产生游离离子，使食品产生异味，通常称这种异味为“照射味”，损害食品的香味，尤其对肉类等动物食品影响明显。另外，用放射线照射食品影响其色泽，对具有鲜明红色的食品，如用大剂量照射就会变成暗红色，对人工着色剂，一经照射就会完全分解。此外，营养成分也有一定的变化。鉴于上述各种情况，照射时应尽量采用低剂量，并利用“增感剂”等来补救剂量的不足，以增加被照射物的感受度。

（十）罐　　藏

罐藏法是真空脱氧、密封隔离与高温杀菌方法的结合，其具体工艺包括原料预处理、装罐、排气、密封、杀菌、冷却等。原料预处理的调味配方、杀菌温度和工序等因原料、罐装材料和产品类型而异。通过该工艺，产品在杀菌后不再受到微生物污染，始终保持商业无菌状态。加工的产品为罐头食品，包括硬罐（玻璃瓶罐、马口铁罐、陶瓷罐、硬塑罐等）和软罐（高温蒸煮软塑袋）等。罐藏法与其他方法比较，无须添加防腐剂，产贮藏期长，对贮藏环境的要求低，便于运输携带，食用方便。罐藏食品的关键要素为通过罐藏容器的密封和充分的高温保证产品中商业无菌。容器密封是为了防止产品杀菌后再次受到污染。商业无菌是指经杀菌处理后，按照所规定的微生物检验方法，食品中无活的微生物检出，或仅能检出极少数的非病原微生物，但他们在食品保藏期间不能生长繁殖。

三、防腐保鲜的效果评价

食品的防腐保鲜效果决定食品的使用寿命，即食品从生产到失去食用价值的时间间隔。一般消费者判断食品质量的好坏通常通过感官的可接受程度，而在实验室研究中，一般选择对感官质量影响较大的某些物理、化学、生物反应来精确地量化为评价指标。

1. 油脂氧化

食品中油脂自动氧化是导致食品货架期缩短的一个很重要的因素。酸价和过氧化值是衡量含油脂食品氧化酸败程度的重要卫生指标。引起油脂酸败的原因可分为两个方面：一是由于微生物产生的酶引起的酶解作用而产生；二是在空气、阳光、水等外界条件作用下发生的水解过程和脂肪酸的自身氧化而产生。这些变化使油脂分解产生脂肪酸、醛类和酮类等化合物，这不仅使产品的色、香、味发生改变，而且酸败的氧化产物如醛、酮等具有毒性，能影响人体正常新陈代谢，从而危害身体健康。因此，超标产品已不适宜销售，更不适宜食用。

测试仪器：油脂氧化分析仪。

测试作用：研究抗氧化剂及其复配的抗氧化性能，评估食品的抗氧化稳定性及其影响因素，分析食品的货架期。

2. 水分活度

食品中的水是以自由态、水合态、胶体吸润态、表面吸附态等状态存在。不同状态的水可分为两类：由氢键等结合力联系着的水称为结合水；以毛细管力联系着的水称为自由水。自由水能被微生物所利用，结合水则不能。用一般食品水分测定方法测量的水分即含水量，不能说明这些水是否能被微生物所利用，对食品生产和保藏缺乏科学的指导作用；而水分活度则反映食品与水的亲和能力大小，表示食品中所含的水分作为生物化学反应和微生物生长的可用价值。它影响物质物理、机械、化学、微生物特性，这些包括流淌性、凝聚力、内聚力和静态现象。

水分活度对食品保藏具有重要的意义。含有水分的食物等由于其水分活度的不同，其贮藏期的稳定性也不同。总的趋势是，水分活度越小的食物越稳定，较少出现腐败变质现象；水分活度越高，有越多的细菌可能繁殖。目前水分活度已成为关于食品防毒和防止霉菌产毒的一个安全指标，它可以影响食品中微生物的繁殖、代谢、抗性和生存。

测试仪器：水分活度测试仪。

测试作用：利用水分活度的测试，反映食品的保质期；通过调节水分活度，可以延长食品的保质期。

3. 微生物

在食品微生物指标上，菌落总数、大肠菌群和致病菌是重要的卫生指标。在实际生产中，根据菌落总数和霉菌测定可较确切的反映食品受微生物污染程度的大小。细菌总数超标将会破坏食品的营养成分，加速食品腐败变质，使食品失去食用价值，人食用后会引起呕吐、腹泻和胃肠炎等消化道疾病的危害。

测试作用：通过对不同贮存时间的食品中菌落总数的测定，研究防腐剂及复配性能，分析食品的货架期。

4. 感官

这一指标是对产品进行综合的感官评定的结果。一组经过特定训练的成员定期对产品质量的外观、质地、风味、口感、可接受程度等各方面进行评价。

整体说来，感官指标是对复杂的质量变化过程直观的反映，消费者可接受程度较高，但结果主要由评定小组各个成员的直觉判断，主观性强，个体差异大，受环境影响大；另外其结果是以终点评价，不能动态反映质量变化情况。

当然，针对不同的产品与不同的目的，评价指标会有所不同。例如，德国多乐公司进行的一项聚酯瓶包装对果汁饮料货架寿命的试验，在 21℃不间断的光照条件下，用了 6 个月时间。这是“最恶劣条件”下的试验，测试的中心是对 4～6 个月的样品进行检测，主要检测两方面：技术数据和外观及味道。评价指标有：颜色和味道、维生素流失（抗坏血酸）及碳化水平。

对于罐头而言，评价罐头是否腐败变质还有简单、直观的办法。当罐头内部压力大于空气压力时，罐头的两底端就膨胀凸出，这种现象称为胖听，可用敲打、按压、穿孔的方法来检验。细菌性和化学性胖听的，敲打有空虚感，按压时不易压下，有时按压下去也会膨胀起来，穿孔后有气体跑出来。

目前应用最广泛的是加速寿命试验（ASLT）来测定食品货架寿命，即在复杂的环境下贮藏产品，测试产品周期性的变化直到货架期结束，然后用这些数据分析在实际销售情况下的货架期。虽然很多研究加速试验与延伸试验结果的吻合性还有待提高，但是从发展前景来说值得期待。

第二节　兔肉制品的质量安全控制技术

一、产品加工良好操作规范（GMP）

GMP 是良好操作规范（good manufacturing practice）的简称，肉品加工的 GMP 是保证肉品具有高度安全性的良好生产管理体系。国际标准对其的定义是“生产（加工）符合肉品标准或肉品法规的肉品所必须遵循的、经肉品卫生监督与管理机构认可的强制性作业规范。”GMP的核心内容包括良好的生产设备和卫生设施、合理的生产工艺、完善的质量管理和控制体系。GMP的重点内容是确认肉品生产过程安全性，防止异物、毒物、微生物污染肉品，有双重检验制度，防止出现人为的损失，标签的管理、生产记录、报告的存档以及建立完善的管理制度。肉品加工的良好操作规范是肉品工业现代化、科学化的必要条件，是肉品质量安全和卫生安全的保证体系。

（一）GMP对肉品质量安全的控制要求

1. 工厂的设计与要求

1）厂址选择

（1）厂址选择应符合国家的方针政策。肉品工厂的厂址应设在当地的规划区内，以适应当地远近期规划的统一布局，并尽量不占或少占良田，做到节约用地。

（2）厂址选择应充分考虑生产条件。厂址应选择在利于原料、辅助材料和包装材料的获得，利于产品的生产销售的地方；厂区的标高应高于当地历史最高洪水位，厂区自然排水坡度最好为0.004～0.008；所选厂址要有可靠的地质条件，应避免将工厂设在流沙、淤泥、土崩断裂层上；厂址应有一定的地耐力；厂址附近应有良好的卫生环境，厂区周围不得有粉尘、烟雾、有害气体、放射性物质和其他扩散性污染物，不得有垃圾场、污水处理厂、废渣场等；要建立必要的卫生防护带，如屠宰场距居民区的最小防护带不得少于500m，防止企业污水和废弃物对居民区的污染，应建立废水和废弃物处理设施，有利于经处理的污水和废弃物的排出；要有足够可利用的面积和较适宜的地形，以满足工厂总体平面合理的布局和今后扩建发展的要求；厂区应通风、采光良好、空气清新。

（3）厂址选择应考虑投资和经济效果。所选厂址应有较方便的运输条件（公路、铁路及水路），便于物资的运输和职工上下班；能承载较高负荷的动力电源，以满足生产需要。在供电距离和容量上得到供电部门的保证，所选厂址附近应有充足的水源和良好的水质。

2）建筑设施

（1）肉品工厂建筑设施。建筑物和构筑物的设置与分布应符合工厂生产工艺的要求，保证生产过程的连续性，并尽量缩短作业距离，避免物料往返运输，使生产最方便；厂房应按照生产工艺流程及所要求的清洁级别进行合理布局，全厂的货流、人流、原料、管道等的运输应有各自的路线，同一厂房和邻近厂房进行的各项操作不得相互干扰，做到人流及物流分开，原料、半成品、成品以及废品分开，生肉品及熟肉品分开，杜绝生产操作中的交叉污染；生产区、生活区和厂前办公区的布局应合理，生活区应位于生产区的上风向，厂前办公区应与生产区分开，锅炉房等设施应在工厂的下风向；生产车间与城市公路有一定的防护区，一般为30～50m，中间最好有绿化带阻挡灰尘污染，同时厂区应有一定面积的绿化，起到滞尘、净化空气和美化环境等作用；厂区建筑物之间的距离应按有关规范设计，在符合有关规范的前提下，使建筑物之间的距离最短；公用厕所要与主车间、肉品原料仓库或堆场及成品库保持一定距离，并采用水冲式厕所，以保持厕所的清洁卫生；生产车间的附属设施，如更衣间、消毒间、卫生间、流动水洗手间等应备齐；废弃物存放设施应远离生产区和生活区，应加盖存放，尽快处理。

(2) 肉品加工建筑物。车间结构：肉品加工车间以采用钢混或砖砌结构为主，车间的空间要与生产规模相适应，一般情况下，生产车间内的加工人员的人均拥有面积（除设备外），应不少于 $1.5m^2$，防止人员工作服与生产设备的接触，造成产品污染；车间的顶面高度不应低于 3m，蒸煮间不应低于 5m；加工区与加工人员的卫生设施，如更衣室、淋浴间和卫生间等，应该在建筑上为联体结构。

地面：车间的地面要用防滑、坚固、不渗水、易清洁、耐腐蚀的材料铺制，车间地面表面要平坦、不积水，对有特别腐蚀性的车间地板还要做特殊处理。车间整个地面在设计和建造时应该比厂区的地面略高，地面应有适当的坡度（应在 0.01 以上）。

墙面：车间的墙面应该铺有 2m 以上的墙裙，墙面用耐腐蚀、易清洗消毒、坚固、不渗水的材料铺制及用浅色、无毒、防水、防霉、不易脱落、可清洗的材料覆盖。车间的墙角、地角和顶角曲率半径不小于 3cm，呈弧形，便于清洗，防止积垢。

顶面及天花板：屋顶应不积水、不渗漏、隔热，天花板应不吸水、表面光洁、耐腐蚀、耐温，具有适当的弧度，便于冷凝水的排除。在蒸气、水、油烟和热量较集中的车间，屋顶应根据需要开天窗排风。天花板最低高度保持在 2.4m 以上。蒸气、水、电器等管道不得铺设暴露在肉品上方，否则应加装防止尘埃及凝结水等坠落的装置。

门窗：门窗要严密不变形，门窗的设计不能与邻近车间的排气口直接对齐或毗邻，车间的外出门应有适当的控制，必须设有备用门。门窗有防虫、防尘及防鼠设施，所用材料应耐腐蚀、易清洗。窗台离地面不少于 1m，并有 45°斜面，防止工人在窗台上放杂物，便于清洗，不积尘。车间内的通道应把人流和物流分开，通道要畅通，尽量少拐弯。车间对外出入口应装设自动关闭的门或空气帘，要设鞋、靴等消毒设备。

照明设施：生产车间应有充足的自然光和人工照明，应装设适当的采光或照明设施，一般作业区域的亮度不低于 100 lx，加工工作面的亮度不低于 220 lx，检验场所工作面的亮度不低于 540 lx，应备有应急照明设备。所用的光源不应改变肉品的原有颜色，照明不要安装在肉品加工线上有肉品暴露的正上方，否则需使用安全型照明设施，以防灯具破裂而污染肉品。

通风设备：车间的空气要清洁，要求有适当的通风，尽量要求自然通风，必要时需设机械通风装置，防止车间内温度过高，蒸气凝结。应对车间进行空气净化，按照工艺和产品质量的要求达到不同的清洁程序。肉品生产车间的清洁级别可参考药品生产 GMP 要求（表 4-12）。

表 4-12　厂房的洁净级别

洁净级别	尘粒数/m^3		活微生物数/m^3
	≥0.5μm	≥5μm	
100 级	≤3 500	0	≤5
10 000 级	≤350 000	≤2 000	≤100
100 000 级	≤3500 000	≤20 000	≤500

3) 卫生设施

洗手设施：车间进口处和车间内要设置足够的洗手消毒设施，大约每 10 人 1 个水龙头，并在洗手设施旁边设有干手设备（如热风、消毒干毛巾）、洗涤剂、消毒剂等。对一些特别的车间工作人员应戴有手套。肉品从业人员应勤剪指甲，必要时用来苏尔水或酒精对手进行消毒。水龙头应采用脚踏式或电眼式等开关，以防止已清洗或消毒的手再度污染。

消毒池：在生产车间的入口应设有消毒池，一般设在通向车间的门口处。消毒池壁内侧与墙体呈 45°坡形，池底设有排水口，池深 15～20cm，大小应以工作人员必须通过消毒池才能进入车间为宜。

更衣室：肉品从业人员在进入车间时必须在更衣室换上清洁的隔离服，戴上帽子以防头发上的尘埃及脱落的头发污染肉品。更衣室应设在便于工作人员进入车间的位置，应有必要的更衣通风设施，并安装紫外灯。

浴室：为保持肉品从业人员的个人卫生，肉品工厂设置淋浴器是十分必要的，淋浴器龙头按每班工作人员计，每 20～25 人设置 1 个。

厕所：厂区厕所应设置在生产车间的下风向，距生产车间 25m 以外。车间的厕所应设置在车间外，其入口不能与车间的入口直接相对，一般设在淋浴室旁边的专用房内。便池应为水冲式。其数量应与生产人员人数相匹配。厕所应装有洗手设施和排臭装置，并备有洗手液或消毒液，厕所的排水管道应与车间分开，厕所应定期进行蚊蝇消灭处理，厕所每天每班清洗消毒。

2. 人员的要求

肉品企业生产和质量管理部门的负责人应具备相关学科学历，能按照规范中的要求组织生产或进行质量管理，能对肉品生产和质量管理中出现的问题进行处理。

(1) 质量管理人员应具备发现、鉴别各生产环节、产品中不良状况的能力，并能解决具体实际问题。

(2) 生产负责人应具备相应的生产管理、加工技术等方面的经验和技巧。

(3) 原料采购人员应掌握必备的原料鉴别的方法和技能。

(4) 肉品检验人员应具有大专以上相关学科学历或者中专毕业从事肉品检验工作两年以上。

工厂应对从业人员进行卫生安全教育及相应的技术培训，做到教育有计划，考核有标准，实现卫生培训制度化、规范化。通过多种形式的培训，提高企业职工的自身素质，增强职工的工作自觉性，使每一名职工从内心认识到自己工作的价值，激发出职工的积极性和创造性，使广大职工真正做到“质量是生命”，把“质量第一”变成职工的自觉行动，做到人人重视，层层把关，依靠科学管理的理论、程序和方法，全面地控制质量，提高质量管理水平和企业整体素质。企业负责人及生产、质量管理部门负责人应接受更高层次的专业培训，并取得合格证书。

肉品生产人员尤其是与肉品直接接触的人员的健康与肉品的卫生质量直接相关，新参加工作和临时参加工作的肉品生产经营人员必须进行健康检查，取得健康证明后方可参加工作。肉品生产经营企业应对职工每年至少进行一次健康检查，开展健康宣传，早发现早处置。在不接触直接入口肉品的人员中发现传染病或带菌者，也应当进行管理，加强治疗。要建立一人一卡的健康检查档案，以便全面掌握肉品从业人员的健康状况。

3. 原料和辅料的要求

肉品企业必须从影响肉品质量的重要环节，即原辅料采购、运输和贮藏等方面着手加强卫生管理。

1）*肉品原辅料采购*　对肉品原辅料采购的卫生要求主要包括对采购人员的要求、对采购原料质量的要求、对采购原料包装物或容器的要求等。

采购人员应熟悉本企业生产过程中使用的各种肉品原料、肉品添加剂、肉品包装材料的品种、卫生标准和卫生管理办法，清楚这些原材料可能存在或容易发生的卫生问题。采购肉品原辅料时，应进行初步的感官检查，对卫生质量可疑的应随机抽样进行完整的卫生质量检查，合格后方可采购。采购的肉品原辅料，应向供货方索取同批产品的检验合格证或化验单，采购肉品添加剂时还必须同时索取定点生产证明材料。采购的原辅料必须经验收合格后方可入库，按品种分批存放。肉品原辅料的采购应根据企业肉品加工能力和贮藏条件有计划地进行，防止一次性采购过多，造成原辅料积压、变质而产生不必要的浪费。

肉品原辅料采购时应按照国家有关标准执行，若产品要与国际接轨，肉品生产企业应执行国际标准。在执行标准时应全面，不能人为减少标准的执行项目。

2）*肉品原辅料运输*　为保证肉品原料的质量，减少损失，在运输及贮藏时要采取相应的保鲜手段。需要长时间运输的肉，应注意以下事项。

不要运送污染度高的肉。运输途中，车厢内温度应保持为0～5℃、湿度为80%～90%，避免温度高于10℃，避免与外界空气直接接触。运输车的车体要经常消毒、清洗。清洗用水应清洁卫生，运输车的结构为不易腐蚀的金属制品，应便于清扫和长期使用。运输车尽可能使用机械进行装卸，装卸胴体肉应使用垂吊式，装卸分割肉应避免高层垛起，最好库内有货架或使用集装箱装箱，并留有一定的空间，以便冷气顺畅流通。

3）*肉品原辅料贮藏*　肉品企业必须创造一定的条件，采取合理的方法贮藏肉品原辅料，确保其卫生安全。对肉品原辅料贮藏的卫生要求主要有以下几点。

贮藏设施：肉品原辅料贮藏设施的要求依肉品的种类不同而不同，应采用低温贮藏。

贮藏作业：贮藏设施的卫生制度要健全，应有专人负责，职责明确，原料入库前要严格按有关的卫生标准验收合格后方能入库，并建立入库登记制度，做到同一物资先入先出，防止原料长时间积压。库房要定期检查，定期清扫、消毒。贮藏温度是至关重要的，温度过高会造成有害化学反应加速，微生物增殖迅速，温度过低又可能导致原辅料发生冻伤或冷害，贮藏温度的大幅度变化，往往会带来贮藏原辅料品质的劣化。不同原辅料应分批分空间贮藏，同一库内贮藏的原辅料应不相互影响其风味，不同物理形态的原辅料也要尽量分隔放置。贮藏不易过于拥挤，物资之间保持一定距离，便于进出库搬运操作，利于通风。

4. 工器具、设备和机器的要求

（1）在设计上，所有肉品加工设备的设计和结构应能防止污染，便于拆洗消毒。肉品接触面应光滑、无死角、无间隙、不易积垢。

（2）在选材上，凡直接接触肉品原料或成品的设备、工具或管道应无毒、无味、耐腐蚀、耐高温、不变形、不吸水，要求质材坚硬、耐磨、抗冲击、不易破碎。

（3）在布局上，生产设备应根据工艺要求合理定位，工序之间衔接要紧凑，设备传动部分应安装有防水、防尘罩。管线的安装尽量少拐弯、少交叉。用于测定、控制或记录的测量仪和记录仪器，应能准确地发挥其功能，并定期校正。应具有齐全且符合检验项目需要的检验设备，并保证对原料、半成品和产品检验的需要。

（4）在卫生管理制度上，要定期检查、定期消毒、定期疏通，设备应实行轮班检修制度。

5. 生产过程的要求

肉品生产过程就是原料到成品的过程，根据对肉品加工方式或成品的要求不同，对生产过程的要求也有差异。由于肉品的加工需要经过多个环节，这些环节可能会对肉品造成污染，而有些加工技术本身或运用不当时存在很多安全隐患，因此必须了解不同肉品生产加工工艺过程中可能造成肉品污染的物质来源，指定相对应的生产过程卫生管理制度，提出必要的卫生要求，才可能较好地防止肉品在加工过程中造成污染。

6. 肉品生产过程的良好操作规范

（1）对肉品生产原料的验收的管理，确保肉品生产原料符合有关的卫生标准。

（2）工艺流程和工艺配方的管理，生产配方使用的各种物质的用量要严格控制，并进行全程监督，防止生产过程中的污染物质形成或肉品加工不同环节之间的交叉污染。

（3）对肉品生产用具的卫生管理，及时进行清洗、消毒和维修；对产品的包装进行检验，防止二次污染的发生，并对成品的标签进行检验。

（4）对肉品生产人员的卫生管理，肉品生产过程的卫生管理一般采取定期或不定期抽检及考核方式进行。

（二）质量管理

1. 质量管理部门的作用

质量管理部门负责生产全过程的质量监督管理。全过程的质量监督管理指的是产品质量形成和检验的过程。在肉品企业中，实行全过程的质量管理，就是要求把不合格的产品消灭在质量形成的过程中。要贯彻预防为主的管理原则，一方面，要把管理工作的重点，从事后检验转移到事前设计和制造上来，在生产过程中要加强一切环节的质量管理，消除产生不合格的种种隐患，做到防患未然；另一方面，要逐步形成一个包括市场研究、研制设计到销售使用的全过程的质量保证体系。

2. 组织机构

肉品企业必须建立相应的质量管理部门或质量管理组织。应配备经专业培训，具备相应资格的专职或兼职的质量管理人员。

3. 生产过程质量管理部门

1）*生产管理手册的制定与执行*　生产管理手册由生产部门制定，同时征得质量管理部门的认可。生产管理手册应包括下列生产管理内容：原辅料品质要求及处理方法，包装材料品质控制，加工过程的温度、时间、压力、水分控制，投料及其记录，所有原始记录资料应保存两年以上。

2）*原辅料管理*　原辅料必须经过检查、化验，合格者方可使用。不符合质量卫生标准要求的，不得投入使用，并要与合格品严格区分开，防止污染肉品。来自场外的半成品当做原料使用时，其质量应符合其生产的质量标准。原料使用应以先进先出为原则，冷冻原料解冻时应在防止变质的条件下进行。

3）*生产过程*　所有生产肉品的作业（包括包装、运输和贮藏）应符合安全卫生原则并应尽可能在降低微生物生长繁殖速度及减少外界污染的情况下进行，确保不致因机械故障、时间延滞、温度变化及其他因素使肉品腐败或重复污染。

肉品应在一定条件下存放，如冷藏（肉品中心温度保持在 0～7℃）、冻藏（肉品中心温度保持在－18℃以下）、热藏（肉品保持在 60℃以上）。

生产设备、工具、容器、场地等在使用前后均应彻底清洗、消毒。维修检查设备时，不得污染肉品。

成品包装应在良好状态下进行，防止将异物带入肉品。使用的包装材料，应完好无损，符合国家卫生标准。

4）*原料、半成品及成品的品质管理*　计量器具的管理：生产中使用的计量器具（如温度计、压力计、称量器）应定期校正，并做好记录。

建立有效的内容检查制度：企业应对规范中有关管理措施建立有效的内部检查制度，认真执行并记录。

原料的品质管理：品质管理标准手册应详细规定原料及包装材料的质量标准、检验项目、抽样及检验方法等，并保证实施。每批原料及包装材料需经检验合格后，方可进厂使用。肉品添加剂应设专柜存放，由专人负责管理，并记录添加剂的种类、批准文号、进货量、使用量等。

肉品加工过程中半成品的品质管理：采用 HACCP 的原则和方法，找出预防污染、保证产品卫生质量的关键控制点以及控制标准和监督方法，并保证执行，发现异常现象时，应迅速查明原因并加以矫正。

成品的品质管理：在品质管理标准手册中，应规定成品的质量标准、检验项目、抽样及检验方法。每批成品应留样保存，必要时作成品稳定性试验，以检验其稳定性。每批成品都需要检验，不合格者，应适当处理。

4. 生产车间的设备清洗和消毒的要求

1）*清洗*　清洗是指用清水、清洗液等介质对清洗对象所附着的污垢进行清除的操作过程。肉品上的清洗主要是用水和清洗液等溶液介质进行的湿式清洗。清除的污垢有杂质、生产遗留的物料及残渣、残留兽药、寄生虫卵和有害微生物等。

2）*消毒*　在彻底清洗的基础上，结合有效的杀菌（消毒）处理，才能保证肉品生产中的质量安全。肉品加工中常用的杀菌方法有加热杀菌、辐射杀菌及化学消毒剂杀菌等。

5. 包装、贮存和运输的要求

1）*包装*　肉品包装的主要目的是保护肉品的质量和安全，不损失原始成分和营养，方便贮运，提高货架期和商品价值。肉品包装材料是指用于包装肉品的一切材料，包括纸、塑料、金属、玻璃、陶瓷、木材及各种复合材料以及由它们所制成的各种包装容器及辅助品。由于包装材料直接和肉品接触，就必然存在着包装材料和容器中的某些成分向肉品中迁移的可能性，从而对肉品造成污染，威胁消费者的健康。

对于肉品包装材料和容器的基本要求除了要适合肉品的耐高温、耐冷冻、耐油脂、防渗漏、抗酸碱、防潮、保色、保香、保味等性能外，特别要注意肉品包装材料和容器的安全性，即不能向肉品中释放有害物质，不与肉品中的某些成分发生反应。

2）*贮存*　经检验合格包装的成品应贮存于成品库，其容量应与生产能力相适应。按品种、批次分类存放，防止相互混杂。成品库不得贮存有毒、有害物品或其他易腐、易燃品。成品码放时，与地面、墙壁应有一定距离，便于通风。要留出通道，便于人员、车辆通行。要设有温度、湿度监测装置，定期检查和记录。有防鼠、防虫等设施，定期清扫、消毒，保持卫生。

3）*运输*　运输工具应符合卫生要求。要根据产品特点配备防雨、防尘、冷藏、保温等设施。运输作业应避免强烈震动、撞击，轻拿轻放，防止损伤成品外形，且不得与有毒有害物品混运，作业终了，搬运人员应撤离工作地，防止污染肉品。生鲜肉品的运输，应根据产品的质量和卫生要求，另行制定办法，由专门的运输工具进行。

6. 产品售后质量跟踪服务要求

1）*应建立顾客意见处理制度*　对顾客提出的书面或口头意见，品质管理负责人（必要时，协调其他有关部门）应立即追查原因，予以改善，防止再次发生，同时由单位派人向提出意见的顾客说明原因或道歉。

2）*成品回收*　工厂要建立迅速回收出厂成品的成品回收系统，其目的是保证印有公司标志的产品在任何时候从市场回收时都能尽可能有效、快速和完全进入调查程序。企业要定期验证回收计划的有效性。

回收系统包括产品编码系统有关文件，如生产日期、批号；产品去向记录的保存时间，建立健康和安全投诉档案，列出回收工作组人员联系电话，实施回收的程序，用适当方式通知受影响消费者，注明危害类型；对退回肉品的控制措施计划，定期对回收效率进行评估。

生产者准备实施肉品回收时要立即通报当地官方机构，通报内容包括回收原因、回收产品类别、回收数量（包括当初拥有量、分布情况、剩余数量）、回收产品区域、任何可能受同种危害影响的其他产品的信息。

3）*顾客意见处理与成品回收记录*　顾客提出的书面或口头抱怨及回收的成品，应作记录，内容包括产品名称、批号、制造日期、数量和回收日期、回收理由、处理日期和最终处理方法。

（三）文件管理

1. 定期检查及记录

（1）肉品质量管理人员要定期检查并记录结果，同时还要填报卫生管理日志，内容包括当日执行的清洗消毒情况及人员卫生状况，并详细记录异常情况的处理及防止再度发生的措施。

（2）质量管理部门在原料、半成品及成品中所检查的质量结果应详细记录，并和所定的质量控制标准比较、核对，记录异常处理结果和防止再度发生的措施。

(3) 生产部门要认真填报生产记录及生产管理记录，详细记录异常处理结果及防止再度发生的措施。

(4) 各项记录均应由肉品质量管理执行人员和有关督导人员复核签名或签章，记录如有修改，不能将原文涂掉以至无法辨认原文，并且修改后应由修改人员在修改文字附近签章。

2. 核对

所有生产和品质管理记录应分别由生产和质量管理部门审核以确定所有处理都符合规定，如发现异常现象，应立即处理。

3. 记录保存

企业对规范中所规定的有关记录，至少应保存至该批产品保质期的下一年。

(四) GMP 认证

1. 认证程序

食品 GMP 认证工作程序包括申请、资料审查、现场评审、产品检验、签约、授证、追踪考核等步骤。

食品企业递交申请书的内容包括产品类别、名称、成分规格、包装形式、质量、性能，并附公司注册登记影印件、工厂厂房配置图、机械设备配置图、技术人员学历证书和培训证书等材料。同时还应提供质量管理标准书、制造作业标准书、卫生管理标准书、顾客投诉处理办法和成品回收制度等技术文件。

质量管理标准书的内容包括质量管理机构的组成和职责、原材料的规格和质量验收标准、过程质量管理标准和控制图、成品规格及出厂抽样标准、检验控制点和检验方法、异常处理办法、食品添加剂管理办法、员工教育训练计划和实施记录、食品良好操作规范考核制度和记录、仪器校验管理办法等。

制造作业标准书的内容包括产品加工流程图、作业标准、机械操作及维护制度、配方材料标准、仓贮标准和管理办法、运输标准和管理办法等。

卫生管理标准书的内容包括环境卫生管理标准、人员卫生管理标准、厂房设施卫生管理标准、机械设备卫生管理标准、清洁和消毒用品管理标准。

2. 食品 GMP 认证标志及说明

1) GMP 标志　GMP 标志是目前世界公认的，象征食品制造业者建立了自主质量保证体系，能确保加工食品质量与卫生，保障消费者及制造业者的共同权益。只要有这个标志，代表消费者能安心食用，并满意认证的质量。GMP 标志如图 4-1 所示。

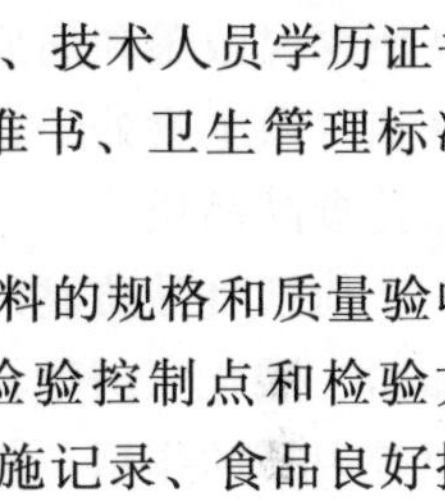

2) 标志说明　OK 手势表示安心，代表消费者对认证产品的安全、卫生相当“安心”。

笑颜表示满意，代表消费者对认证产品的品质相当“满意”。

食品 GMP 认证的编号是由 9 个数字所组成，编号的前 2 位码代表认证产品的产品类别；第 3～5 位码称为工厂编号，代表

图 4-1　GMP 标志图

认证产品制造工厂取得该产品类别的先后序号；第 6～9 位码称为产品编号，代表认证产品的序号。

食品 GMP 认证编号不但采用生产线认证，且采用产品认证法，因此每一项认证产品都有它专属的食品 GMP 认证编号。

二、栅栏技术

任何种类的食品都会在原料制备、调制加工、包装贮运、销售及消费的过程中以一定的速度和方式丧失其原有的品质。造成食品丧失其固有品质的原因，包括理化、生化和微生物等方面。其中最重要的是由微生物引起的食品腐败变质，而食品的微生物稳定性和卫生安全性则取决于产品内部不同抑菌防腐因子的交互作用，因此食品加工过程中或贮存期间必须有效控制微生物的繁殖，产品的品质才能有所保障。Leistner 等据此提出了栅栏效应的概念，并通过长期研究和应用发展为食品防腐保质的综合技术——栅栏技术。栅栏技术不仅揭示了食品防腐保鲜及质量保持的基本原理，更为根据不同产品的防腐保质要求，充分利用现代科技手段设计或调节栅栏因子，应用最佳的组合达到要求的效果，优化加工工艺，有效改善产品质量，延长保存期，保证产品的卫生安全性和提高加工效益等提供了可能，其研究与应用对推进食品科技进步具有重要意义。

栅栏技术理论认为，食品要达到可贮性与卫生安全性，其内部必须存在能够阻止食品所含腐败菌和病原菌生长繁殖的因子，这些因子通过临时和永久性地打破微生物的内平衡（微生物处于正常状态下内部环境的稳定和统一），从而抑制微生物的致腐与产毒，保持食品品质。

他把食品防腐的方法或原理归结为高温处理（F）、低温冷藏（t）、降低水分活度（a_w）、酸化（pH）、降低氧化还原电势（Eh）、添加防腐剂（Press.）、竞争性菌群及辐照等因子的作用，将这些因子称为栅栏因子（hurdle factor）。这些因子及其协同作用决定了食品的微生物稳定性，这就是栅栏效应。

在实际生产中，运用不同的栅栏因子，科学合理地组合起来，发挥其协同作用，从不同的侧面抑制引起食品腐败的微生物，形成对微生物的多靶攻击，从而改善食品品质，保证食品的卫生安全性，这一技术即为栅栏技术。国内也有将栅栏技术和栅栏因子相应译为障碍技术和障碍因子。

1. 栅栏效应及栅栏技术

食品的可贮性取决于产品加工及流通过程中所涉及的与产品质量相关的技术和方法。在还没有化学合成食品防腐剂之前，人类已寻找到了大量使食品保质期延长的办法。现今可用于食品保质的技术和方法，无论是传统或现代法，按其基本原理大致可包括少数几大类，可将每一类方法都看作是食品防腐保质的一个因子，分别为 T（高温杀菌）、t（低温抑菌）、pH（调节酸碱度）、a_w（调节水分活度）、Eh（降低氧化还原值）、c. f（优势菌群）和 Press.（添加防腐剂）等，这就是 Leistner 等提出的栅栏因子（hurdle factor）的基本概念。研究表明，食品防腐上最常用的栅栏因子，都是通过加工工艺或添加方式设置的。每一种质量稳定的食品都有一套固有的栅栏因子，依据产品的不同，其在性质和强度上也不同，但在任何情况下，栅栏因子都必须使食品中微生物的数量控制在正常的状态下，这些栅栏因子的交互效应不仅能保证食品的微生物稳定性，还与食品的总质量密切相关。这些因子单独或相互作用，形成特有的防止食品腐败变质的“栅栏”(hurdles)，决定着食品的微生物稳定性，这就是所谓的栅栏效应（hurdle effect）。Leistner 通过图 4-2 中的几个例子较为全面地阐述了栅栏效应的概念。

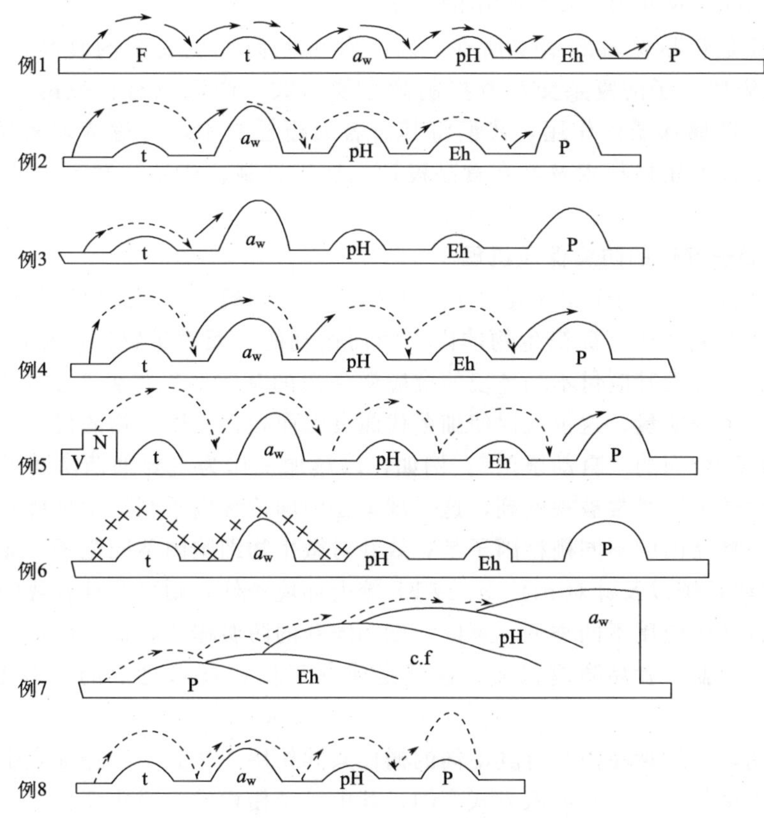

图 4-2　栅栏因子互作模式图

F 为高温处理；pH 为酸化；a_w 为降低水分活性；t 为低温冷藏；P 为防腐剂；N 为营养物；Eh 为降低氯化还原值曲；c. f. 为优势菌群；V 为维生素

例 1：理论化栅栏效应模式。某一食品内共含同等强度的 6 个栅栏因子，残存的微生物最终未能逾越这些栅栏。因此该食品是可贮藏的且卫生安全的。

例 2：较为实际型栅栏效应模式。食品中起主要作用的栅栏因子是 a_w 和 Press.，即加工中干燥脱水，添加 a_w 值调节剂和防腐剂。

例 3：初始菌数低的食品栅栏效应模式，如无菌生产包装的鲜肉，只需少数栅栏因子即可有效抑菌防腐。

例 4 和例 5：初始菌数高或营养丰富的食品栅栏效应模式。微生物具较强生长势能，必须增强现有栅栏因子强度或补充新的因子才能达有效抑制作用。

例 6：经热加工处理而又杀菌不完全的食品栅栏效应模式。细菌芽孢尚未受到致死性损害，但已失活，因而较少而作用强度较低的栅栏就能有效抑制其生长。

例 7：栅栏顺序作用模式。在不同食品中，其微生物稳定性是通过加工及贮藏阶段各栅栏因子之间以不同顺序作用来达到。本例为研究得出的发酵香肠栅栏效应顺序，Press.、栅栏随时间推移作用减弱，a_w 栅栏成为保证产品可贮性的决定性因子。

例 8：栅栏协同作用模式。食品的栅栏因子之间具有协同作用性，即两个或两个以上因子的作用强于这些因子单独作用的累加。

栅栏效应是食品保藏的根本所在，对一种可贮而卫生安全的食品，其 a_w、pH、t、Press. 等栅栏因子的复杂交替着控制微生物腐败、产毒或有益发酵，这些因子对食品起着联合防腐保质的作用，我们将其命名为栅栏技术，或称为障碍技术（hurdle technology）。有关栅栏技术及其在食品设计、加工控制、产品开发等中的作用将在下文论述。

2. 栅栏因子互作的防腐保质机理

内平衡是微生物处于正常状态下内部环境的统一和稳定，食品保质就是通过采用各种技术临时或永久性地打破微生物的内平衡而达到的。而微生物同时面临多种应激条件，合成有助于帮助其应付不利环境的抗应激蛋白的基因活性将处于更为艰难的状态，因而需耗用更多的能量，这也就促使细菌代谢衰竭而死亡。微生物的代谢衰竭可导致食品在加工或贮藏期间的“自动杀菌”。例如，以热加工作为主要抑菌防腐因子的 F-SSP 产品中“自动杀菌”经常被观察到，这一现象在中国传统肉干制品中也普遍存在。

如果某一食品内的不同栅栏因子是有效针对微生物细胞内不同靶子，如是针对细胞膜、DNA 或酶系统以及针对 pH、a_w 或 Eh 等内环境条件，则可实现有效的栅栏交互作用。因此在食品内应用不同类型、不同强度和缓和的防腐栅栏，比应用单一而高强度栅栏更为有效，更益于食品防腐保质，这就是建立于栅栏技术之上的“多靶共效防腐”技术。

研究表明，各种食品内都有其不同的栅栏共同作用，达到一种保证微生物稳定性的平衡。这一平衡如同天平式或魔方式变幻，其中一个栅栏发生微小变化，都可对食品总的达到微生物稳定性的平衡产生影响，使天平的另一端产品在可贮或不可贮性上变化，或如同魔方变幻对整体产生重大影响。对食品中 F、a_w、pH 和 Eh 等各栅栏微调达到的天平或魔方式控制的实现，可能在实际生产中产生重大成果和显著效益。

利用栅栏效应使食品内的微生物达到稳定性，从而延长食品保存期或改善食品感官、营养特性是防腐保鲜技术的根本所在。Leistner 等将其命名为 hurdle technology，王卫等首次将其译为栅栏技术，有的文献也称其为障碍技术或屏障技术等。栅栏技术在食品中的应用日渐突出，它不仅仅针对传统和现代防腐保质工艺技术，更涉及管理学、卫生学、营养学等与食品相关的各个领域。栅栏技术的关键点，是以揭示食品内保证其安全、优质、可贮的栅栏因子及其因子间的互作效应为基础，按照栅栏效应原理，根据现有加工条件采用相应方法，尽可能保证卫生安全性，改善产品感官和营养特性，延长保存期，开发适应市场发展需求的新产品，获取较佳的经济效益。

3. 食品的防腐保质栅栏

食品防腐上最常用的栅栏因子，都是通过加工工艺或添加剂方式设置的。因此，可应用的栅栏因子总计已在 40 个以上，这些因子均可用来保证食品微生物稳定性以及改善产品质量。目前，研究已确认的这些栅栏主要有以下 12 种。

温度：高温或低温。

pH：高酸度或低酸度。

a_w：高水分活度或低水分活度。

Eh：高氧化还原值或低氧化还原值。

气调：二氧化碳、氧气、氮气等。

包装：真空包装、活性包装、无菌包装、涂膜包装等。

压力：高压或低压。

辐照：紫外、微波、放射性辐照等。

物理加工法：阻抗热处理、高电场脉冲、射频能量、振动磁场、荧光灭活、超声波处理等。

微结构：乳化法、固态发酵法等。

竞争性菌群：乳酸菌等有益菌。

防腐剂：有机酸、乳酸盐、乙酸盐、山梨酸盐、抗坏血酸盐、异抗坏血酸盐、葡萄糖醛酸内脂、磷酸盐、丙二醇、联二苯、壳二糖、游离脂肪酸、碳酸、甘油月桂酸脂、螯合物、美拉德反应生成物、乙醇、香辛料、亚硝酸盐、硝酸盐、熏烟、臭氧、次氯酸盐、匹马菌素、溶菌酶、乳过氧化物酶、乳杆菌素、杆菌素等。

4. 食品中的栅栏互作与产品总体质量

食品在贮藏期间，与防腐有关的内在和外在栅栏因子的效应以及这些因子的互作效应决定了食品中微生物的稳定性，各种食品有其独特的抑菌防腐栅栏因子，它们发挥各自的功能。栅栏因子间的相互作用以及与食品中微生物相互作用的结果，不仅仅是这些因子单独效应的简单叠加，而是相乘作用，这种效应称为栅栏效应。

肉中蛋白质含量高、种类多，其缓冲能力强，氢离子浓度的小幅变化对肉的 pH 影响不大。但有些细菌能提高食品的 pH，如丙酮丁醇菌能把丁酸还原成丁醇，产气肠杆菌能把丙酮酸转变为三羟基丁酮，从而使 pH 升高。

a_w 受温度、pH 和 Eh 的影响。在任何温度下，随着 a_w 的降低，微生物的生长能力减弱，延迟期和世代间隔延长。在最佳生长温度下微生物的 a_w 范围最宽。降低贮藏温度和不利的 pH 可使微生物生长所需的最低 a_w 提高。在 a_w、温度和 pH 三个栅栏因子的相互作用中，a_w 和温度之间的相互作用最明显。贮藏环境的相对湿度影响食品的 a_w，也直接影响微生物的生长。因为肉类腐败菌基本上是需氧菌，在 0～4℃下相对湿度较高的冰箱中存入包装不当的肉，容易发生表面腐败。

微生物特别是需氧菌影响其生长环境的 Eh。当需氧菌生长时食品中氧气被消耗，使 Eh 降低；微生物的代谢产物，如 H_2S 可直接与氧反应，从而使食品介质的 Eh 降低；肉中的—SH、添加的还原糖和肉的 pH 也影响制品的 Eh。

从栅栏技术概念上理解食品防腐技术，似乎仅侧重于保证食品的微生物稳定性，然而栅栏技术还与食品的总质量密切关联。正如动物或植物细胞脂质氧化受大量内在和外在因素影响一样，栅栏技术不仅适用于保证食品卫生安全性，也适用于保证其总质量。

有的栅栏，如美拉德反应，就是对产品的可贮性和质量都具重要性。食品中可能存在的栅栏将影响其可贮性、感官质量、营养性、工艺特性和经济效益。当然，栅栏对产品总质量的影响可能是正的，也可能是负的；同一栅栏强度对不同产品的作用也可能是相反的。例如，低温贮藏作为水果的防腐保质栅栏时，过快冷却和过低温度有损于水果质量。又如在发酵香肠中，pH 需降至一定限度才能有效抑制腐败菌，但过低则影响感官质量。为保证产品总质量，栅栏及其强度应调控在最佳范围。

5. 栅栏技术的应用

食品的可贮性可通过两个或更多个栅栏因子的相互作用而得以保证。这样的食品也称为栅栏技术食品（HTF）。过去甚至今天，栅栏技术在 HTF 中的应用均是融汇于经验式加工之中。现在栅栏效应理论的提出，并经大量研究的不断证实，其主动应用正逐步深入。

经验式应用栅栏技术的例证之一是传统的意大利蒙特拉香肠（mortadella），其主要原辅料为猪肉、猪肥膘、猪肚、食盐、奶粉、香辛料等。原辅料铰制混合后灌入牛膀胱，蒸气热加工 35h 至中心温度 78℃，失重率为 10%～15%，成品 a_w 为 0.94～0.95，含盐量约为 3%。这是一种非翻冷可贮的乳化型肉制品，由于热加工温度不很高，细菌芽孢未能被杀灭，但添加的食盐、糖、奶粉以及干燥脱水的共同调节，使产品 a_w 降至可抑制杆菌和梭菌的较低限，可贮性和卫生安全性得到保证。令人惊奇的是使成品 a_w 值控制在 0.94～0.95，是当地加工人员不具备理论知识前提下凭经验实现的。

另一发展中国家经验式应用栅栏技术的例子是拉丁美洲的许多传统食品，由西班牙、阿根廷、巴西等十余个国家共同实施完成的一项称为（YTED-D）的研究课题，对拉美地区 266 种源于水果、蔬菜、乳、肉、鱼和谷物的非制冷贮藏的加工制品进行了系统的分析，结果表明，这些可贮性的产品多为半干水分食品（IMF）。这一研究成果为发展中国家在传统产品的总结提高和栅栏技术的应用上树立了榜样，下面将就各型产品中栅栏技术的应用作一分述。

1）非重组型整体食品　非重组型整体食品加工中若添加较多香辛料，即可在产品外形成一层防腐膜，所含抑菌物即可成为强有力的抑菌栅栏。巴特马干肉条（pastirma）是一种伊斯兰教国家广为流行的传统生肉制品，由牛肉切条后添加食盐和硝酸盐腌制，清洗后挂晾使之干燥发酵，再涂上一层膏状料风干而成。涂料主要由大蒜、辣椒、胡卢巴组成，对肉条内沙门氏菌和外表的霉菌具有出色的抑制作用。研究表明用低 pH 防腐剂的涂膜可提高食品微生物稳定性。例如，添加山梨酸的低 pH 涂膜防腐效果极佳。热带水果已应用表面可食涂膜来延长保鲜期，但涂料必须具有足够的黏着力，含稳定性基质和抗脆性成分，同时能添加抗菌剂、抗氧剂、营养强化剂、香精或色素等，以在表面局部发挥功能特性。

对整体食品采用涂膜法防腐保鲜，其包裹的湿润型产品（水果、蔬菜、肉、干酪、鱼等）在高浓度的糖、氯化钠或其他湿润剂内，将发生脱水和渗透作用，也发生溶液向产品内的溶质传递。通过此过程，不仅是水分活度较低的介质进入完整食品内，防腐剂、营养强化剂、pH 调节剂以及改善产品组织结构和香味的物质也同时进入，因而进入的栅栏因子可发挥提高可贮性和改善质量的双重作用，这在诸多实例中均可得到印证。

2）*半干水分食品（IMF）*　半干水分食品（IMF），因其非制冷可贮性而备受生产者和消费者青睐，这类食品的 a_w 值为 0.6～0.9，其微生物稳定性和卫生安全性大多也建立于栅栏效应之上。如果 IMF 食品 a_w 值很低，则需添加大量保湿剂（糖、盐等），而从营养和感观特性上考虑，产品中过量保湿剂是不利的。如果为改善感官和营养特性减少保湿剂，增大含水量，提高 a_w 值，又将危及产品在非制冷条件下的可贮性和卫生安全性。这一矛盾可通过应用栅栏技术加以解决。例如，一种“萨夫肉”的改进型中国肉干制品，其 a_w 值（0.78～0.79）比传统肉干的 a_w 值（<0.7）高得多，而含糖量和含盐量比传统肉干低。由于加工中增强了 t（低温处理）、H（较高温灭菌）、Eh（真空包装）等栅栏的强度，较高 a_w 值仍达到了传统肉干非制冷条件下 3 个月以上的货架寿命。另一例子是中国腊肠。传统中国腊肠 a_w 为 0.75 左右，是在常温下可较长期存放的非发酵型生肉制品，pH 约为 5.9，因此不允许乳酸菌的大量增殖，味酸是次品的标志，其质量主要是通过 a_w 值的迅速降低而保证。台湾加工的一种中国腊肠，a_w 值高达 0.94，这一产品极易因乳酸菌大量生长而酸败变质，也很可能因金黄色葡萄球菌繁殖而产毒。德国肉类研究中心为改善此产品的可贮性和卫生安全性通过提高 Press. 的抑菌保质强度，添加 3.5%乳酸钠和 0.1%醋酸钠，使之在保持产品原有风味特色的同时货架寿命得到延长。

以往宠物食品的防腐方法一是降低 a_w 值至 0.85，二是添加较高量防腐剂丙二醇。而现在的宠物食品，应用了新的防腐保质栅栏。产品 a_w 值达 0.94，含水量较高防腐剂添加量大为减少，因此其营养及感官特性得到改善，毒理性降低，经济效益提高，其非制冷可贮性和卫生安全性得到保证。

3）*栅栏技术在我国肉制品加工中的应用*　将栅栏技术应用于我国肉制品的研究与应用起步较早，报道也较多。Leistner 等对中国传统肉制品依据栅栏因子的产品特性进行了长期研究。王卫等以肉干、酱卤、腌腊等肉制品加工中对决定产品感官和可贮性的主要特性指标进行的大量研究为基础，通过栅栏因子的设计和调控，为传统产品加工技术提升、质量改进和新产品开发进行了富有成效的探索，其在新型肉干等制品的开发中，通过对 a_w、pH、F 等栅栏因子及其互作效应的研究，使产品在尽可能保持特有风味的同时，感官质量和货架寿命均优于传统肉干。马俪珍等研究了 a_w、Eh（真空包装、添加脱氧剂）和微波杀菌等栅栏因子对羊肉脯的保藏效果的影响。孙卫青等采用多种栅栏因子科学合理的组合（原料减菌化处理、Press.、H、t），使低温羊肉火腿的货架期达 6 个月。赵志峰等研究了 a_w、紫外线杀菌、H 和 t 作为栅栏因子，作用于新型调理食品土豆烧排骨的加工保藏过程，其研究结果能杀灭有害菌且不会对产品的风味和口感造成不良影响。赵静等将栅栏技术与 HACCP 结合应用于牦牛腱子制品、牦牛肉肠、牦牛肉干和牦牛肉发酵香肠制品的加工生产中，通过微波杀菌、H、t 等栅栏因子有效延长了产品的货架期。李宗军在冷却羊肉的生产过程中，通过原料减菌化处理、Press.、Eh、t 等栅栏因子，使冷却分割羊肉的货架期达到 30 天。

4）*在果蔬加工中的应用*　孙来华等对樱桃番茄设置 a_w、pH、Press.、Eh 和紫外线处理等栅栏因子，使产品的保质期达到了规定的标准。蒋家新等研究了 Press.、pH 和 a_w 三种栅栏因子对引起软包装榨菜“胀袋”的微生物的抑制情况。汪艳群等在低糖脆梅的加工中，研究发现 ClO_2 浓度、ClO_2 浸泡时间、山梨酸钾添加量和 650W 微波处理时间 4 个因子对杀菌效果均有极显著的影响，其中以微波处理时间为最主要影响因素，栅栏因子结合应用的效果优于单个因子。余元善等研究了在低糖、半干型凉果生产中调控 a_w、pH、Press.、起始微生物和包装等栅栏因子控制凉果货架期内微生物的稳定性。

5）*在水产品中的应用* 汪涛等在新型即食高水分调味半干鱼片的研发中，采用多种栅栏因子科学合理的组合（pH、Press.、t、H），使制品在 4℃冷藏条件下可保藏 8 个月以上，并较好地保持其优良品质。古应龙等通过对 4 个主要的栅栏因子（a_w、H、Press. 和 pH）的研究，提高了南美白对虾即食加工制品的品质和贮藏性。裘迪红等对一种生食水产品炝蟹的原料蟹用臭氧水减少其初始菌，并用饱和盐水腌制后进行气调包装，使微生物和常见致病菌得到了有效的控制，产品符合最新国家卫生标准，且口感舒爽，在－20℃下贮藏其保质期达 7 个月。吴燕燕等运用栅栏效应理论，确定了高水分型即食调味珍珠贝肉食品的栅栏模式（原料减菌化处理、pH、a_w、H、t）。李莹等研究了 a_w、pH、Press. 及杀菌方式等栅栏因子对调味虾制品感官品质及贮藏稳定性的影响，确定出最优的保质栅栏组合，使产品在 4℃下可保存 9 个月以上。

6）*在乳品、食用菌等加工中的应用* 杨文俊等研究认为巴氏杀菌和 UHT 杀菌是依据于 H 栅栏因子的栅栏技术在乳品工业中成功应用的典型实例。此外，牛乳是一个较为复杂的包含真溶液、高分子溶液、胶体悬浮液、乳浊液及其过渡状态的分散体系，其 pH 的变化直接关系到整个体系的稳定性，所以 pH 是乳品质量的另一个重要衡量指标。在乳品加工过程中还常采用益生菌菌株来开发相关的发酵乳制品。其他一些栅栏因子（如辐照、压力、气调和包装等）在乳品工业中的应用以及各种栅栏因子的复合交互应用都还需要进行大量的研究。在栅栏技术应用于食用菌方面，徐吉祥等探讨了如何从原料选择到包装等各方面将栅栏技术应用到食用菌的保鲜贮藏中，结果显示食用菌一般水分含量高，营养丰富，质地柔嫩，生理生化活动强烈，通过调控栅栏因子对食用菌进行保鲜，可最大限度地保存它的营养价值。

7）*在食品添加剂和包装等中的应用* 随着国家相关部门及消费者对食品安全的日益重视，食品生产商对食品添加剂的使用要求也日趋严格，如何在尽可能少使用甚至不使用 Press. 因子的情况下，保证产品的安全已成为一个重要研究课题。袁霖等研究出在膏状肉类香精防腐中，a_w、包装、t、辐照和 Press. 均应作为栅栏应用，a_w 为主要栅栏因子。严奉伟研究指出，食品包装本身就是构建 Eh 栅栏因子一个非常重要的方式，但是包装材料很少具有防腐性、抗氧化性或能吸收 C_2H_4、O_2、水蒸气等，因此可把具有这些功能的有机物或无机物作为栅栏因子添加到包装材料中去做成可发挥该栅栏功效的包装，再在包装过程中调节温度、压强等栅栏因子以增强其栅栏功效。在必须抵御外界危害的情况下，食品包装中包含防腐剂具有优越性，而且采用合适的方法完全可以阻止防腐剂向食品内迁移。将这些栅栏因子用于食品包装可达到良好的防腐、保藏功效。

三、肉品生产卫生标准操作规范（SSOP）

SSOP 是卫生标准操作程序（sanitation standard operation procedure）的简称，是

肉品企业为满足安全要求，对卫生环境和操作过程的具体要求；是食品企业为了满足食品安全的要求，在卫生环境和加工过程等方面所需实施的具体程序，是实施 HACCP 的前提条件。

20 世纪 90 年代美国的食源性疾病频繁爆发，造成每年大约 700 万人次感染。调查数据显示，至少有大半感染或死亡的原因和肉禽产品有关。这一结果促使美国农业部（USDA）不得不重视肉、禽生产的状况，决心建立一套包括生产、加工、运输、销售所有环节在内的肉禽产品生产安全措施，从而保障公众的健康。1995 年 2 月颁布的《美国肉、禽类产品 HACCP 法规》中第一次提出了要求建立一种书面的常规可行的程序——卫生标准操作程序（SSOP），确保生产出安全、无掺杂的食品。但在这一法规中并未对 SSOP 的内容作出具体规定。同年 12 月，美国 FDA 颁布的《美国水产品 HACCP 法规》中进一步明确了 SSOP 必须包括的 8 个方面及验证等相关程序，从而建立了 SSOP 的完整体系。

此后，SSOP 一直作为 GMP 或 HACCP 的基础程序加以实施，成为完成 HACCP 体系的重要前提条件。

（一）SSOP 的内容

1. 水（冰）的安全

生产用水（冰）的卫生质量是影响肉品卫生的关键因素，肉品加工厂应有充足供应的水源。肉品加工，首先要保证水的安全，并要考虑非生产用水及污水处理的交叉污染问题。

对生产用水必须充分有效地进行监控，经检验合格后方可使用。供水设施要完好，损坏后能立即维修，管道的设计要防止冷凝水集聚下滴污染裸露的加工肉品，防止饮用水管、非饮用水管及污水管间交叉污染。废水排放和污水处理应符合国家环保部门的规定和防疫的要求，处理池地点的选择应远离生产车间。

监控时发现加工用水存在问题或管道有交叉连接时应终止使用这种水源和终止加工，直到问题得到解决。

水的监控、维护及其他问题处理都要记录、保持。

2. 与肉品接触的表面（包括设备、手套、工作服）的清洁度

与肉品接触的表面包括加工设备、案台和工器具、加工人员的工作服、手套及包装物料等。

在肉品生产过程中应及时对肉品接触面的条件、清洁和消毒、消毒剂类型和浓度、手套、工作服的清洁状况进行监控，监控方法有视觉检查、化学检测（消毒剂浓度）、表面微生物检查等。

肉品设备的材料应采用耐腐蚀、不生锈，表面光滑易清洗的无毒材料，不能使用木制品、纤维制品、含铁金属、镀锌金属、黄铜等材料；设计安装及维护方便，便于卫生处理；制作应精细，无粗糙焊缝、凹陷、破裂等，始终保持完好的维修状态。设备在使用前应首先彻底清洗和消毒，消毒可采用 82℃热水、碱性清洁剂（含氯碱、酸、酶、消毒剂、余氯 200mg/L 浓度）、紫外线、臭氧等方法；应设有隔离的工器具洗涤消毒间（不同清洁度的工器具需分开放置）；工作服、手套应集中由洗衣房清洗消毒（专用洗衣房，设施与生产能力相适应），不同清洁区域的工作服分别清洗消毒，清洁的工作服与脏工作服分区域放置，存放工作服的房间设有臭氧、紫外线等设备，且干净、干燥和清洁。

空气消毒可采用紫外线照射法。每 10～15m^2 安装一支 30W 紫外线灯，消毒时间不少于 30min。温度高于 40℃，湿度大于 60%时，要延长消毒时间。

3. 防止发生交叉污染

造成交叉污染的来源有厂址和车间设计不合理，加工人员个人卫生不良，清洁消毒不当，卫生操作不当，生、熟肉品未分开，原料和成品未隔离。预防交叉污染有以下 4 个途径。

(1) 工厂选址应在周围环境不造成污染，同时厂区内不造成污染的地方。

(2) 车间布局应根据工艺流程合理布局。初加工、精加工、成品包装分开，生、熟加工分开，清洗消毒与加工车间分开，所用材料易于清洗消毒。

(3) 明确人流、物流、水流、气流方向。人流，从高清洁区到低清洁区；物流，可用时间、空间分隔；水流，从高清洁区到低清洁区；气流，入气控制、正压排气。

(4) 从事肉品加工的人员应养成良好的卫生习惯，注意洗手、首饰、化妆等的控制，需经过相应的卫生知识培训。

生产时发生交叉污染，应采取方法防止再发生，必要时停产，直到改进完善；如有必要，评估肉品的安全性；进行卫生安全知识强化培训。

4. 手的清洗和消毒、厕所设备的维护与卫生保持

1) 洗手消毒的设施及应具备的条件

(1) 非手动开关的水龙头。

(2) 有温水供应，在冬季洗手消毒效果好。

(3) 合适、满足需要的洗手消毒设施，每 10～15 人设 1 个水龙头为宜。

(4) 流动消毒车。

洗手消毒方法为：清水洗手—用皂液或无菌皂洗手—冲净皂液—于 50mg/L（余氯）消毒液浸泡 30s—清水冲洗—干手（用纸巾或毛巾）。

2) 厕所设施及其要求

(1) 厕所的位置应与车间建筑连为一体，门不能直接朝向车间，有更衣、鞋设施。

(2) 厕所的数量应与加工人员相适应，每 15～20 人设 1 个为宜。

(3) 手纸和纸篓保持清洁卫生。

(4) 设有洗手设施和消毒设施。

(5) 有防蚊蝇设施。

(6) 通风良好，地面干燥，保持清洁卫生。

(7) 进入厕所前要脱下工作服和换鞋。

(8) 方便之后要进行洗手和消毒。

5. 防止肉品被掺杂

防止肉品、肉品包装材料和肉品所有接触表面被微生物、化学药品及物理的污染物玷污，如清洁剂、润滑油、燃料、杀虫剂、冷凝物等。防止与控制方法有以下 6 种。

(1) 包装物料的控制。

(2) 包装物料存放库要保持干燥清洁、通风、防霉，内外包装分别存放，上有盖布下有垫板，并设有防虫鼠设施。

(3) 每批内包装进厂后要进行微生物检验，细菌数<100 个/cm^3，致病菌不得检出。

(4) 必要时进行消毒。

(5) 车间温度控制（稳定 0～4℃）。

(6) 肉品的贮存库保持卫生，不同肉品、原料、成品分别存放，设有防鼠设施。

任何可能污染肉品或肉品接触面的掺杂物，如潜在的有毒化合物、不卫生的水（包括不流动的水）和不卫生的表面所形成的冷凝物，应在生产开始时及工作时间每 4h 检查 1 次。

6. 有毒化学物质的标记、贮存和使用

肉品加工厂有可能使用的化学物质有洗涤剂、消毒剂（次氯酸钠）、杀虫剂(1605)、润滑剂、肉品添加剂（亚硝酸钠、磷酸盐）等。

所使用的化合物应有主管部门批准生产、销售、使用说明的证明，主要成分、毒性、使用剂量和注意事项，应按要求正确使用。化学物质应在单独的区域贮存，设有警告标示，防止随便乱拿，并由经过培训的人员管理。

7. 雇员的健康与卫生控制

肉品企业的生产人员（包括检验人员）是直接接触肉品的人，其身体健康及卫生状况直接影响肉品卫生质量。凡从事肉品生产的人员必须经过体检合格后，获有健康证者方能上岗。凡患有有碍肉品卫生的疾病，不得参加直接接触肉品的加工环节，痊愈后经体验合格后可重新上岗。

生产人员要养成良好的个人卫生习惯，按照卫生规定从事肉品加工，进入加工车间要更换清洁的工作服、帽子、口罩、鞋等，不得化妆，戴首饰、手表等。

肉品生产企业应制订卫生培训计划，定期对加工人员进行培训，并记录存档。

8. 虫害的防治

昆虫、鸟、鼠等东西携带一定种类病原菌，肉品加工厂应重视虫害的防治工作。制订防治计划，重点做好厕所、下脚料出口、垃圾箱周围、食堂等的虫害防治。

（二）卫生监控与记录

在肉品加工企业建立了标准卫生操作程序之后，还必须设定监控程序，实施检查、记录和纠正措施。

肉品加工企业日常的卫生监控记录是工厂重要的质量记录和管理资料，应使用统一的表格，并归档保存。

1. 水的监控记录

生产用水应具备以下 7 种记录和证明。

(1) 每年由当地卫生部门进行 1～2 次的水质检验报告的正本。

(2) 自备水源的水池、水塔、贮水罐等有清洗消毒计划和监控记录。

(3) 肉品加工企业每月1次对生产用水进行细菌总数、大肠菌群的检验记录。

(4) 每日对生产用水的余氯含量进行检验。

(5) 生产用直接接触肉品的冰，自行生产者，应具有生产记录，记录生产用水和工器具卫生状况，如是从冰厂购买则冰厂应具备生产冰的卫生证明。

(6) 申请向国外注册的肉品加工企业需根据注册国家要求的项目进行监控检测并加以记录。

(7) 工厂供水网络图（不同供水系统或不同用途供水系统用不同颜色表示）。

2. 表面样品的检测记录

表面样品检测是指对与肉品接触的设备、器具等的表面，如加工设备、工器具、包装物料、加工人员的工作服、手套等，进行洁净程度的检测。这些与肉品接触的表面的清洁度直接影响肉品的安全与卫生，也是验证清洁消毒的效果。表面样品检测记录包括以下6项。

(1) 加工人员的手（手套）、工作服。

(2) 加工用的案台桌面、刀、筐、案板。

(3) 加工设备，如去皮机、冷冻机等。

(4) 加工车间地面、墙面。

(5) 加工车间、更衣室内的空气。

(6) 内包装物料。

检测项目为细菌总数、沙门氏菌及金黄色葡萄球菌。经过清洁消毒的设备和工器具，与肉品接触面的细菌总数以低于100个/cm^2为宜，对卫生要求严格的工序，应低于10个/cm^2；沙门氏菌及金黄色葡萄球菌等致病菌不得检出。

对于车间空气的洁净程度，可通过空气暴露法进行检验。表4-13是采用普遍肉肠琼脂，直径为9cm平板在空气中暴露5min后，经37℃培养的方法进行检测，对室内空气污染程度分级的参考数据。

表4-13　车间空气洁净程度评价表

落下菌数/个	空气污染程度	评价
30以下	清洁	安全
30～50	中等清洁	安全
50～70	低等清洁	应加注意
70～100	高度污染	对空气要进行消毒
100以上	严重污染	禁止加工

3. 雇员的健康与卫生检查记录

肉品加工企业的雇员，尤其是生产人员，是肉品加工的直接操作者，其身体的健康与卫生状况，直接关系到肉品的卫生质量。因此肉品加工企业必须严格对生产人员，包括从事质量检验工作人员的卫生状况加以管理。对其检查记录包括以下3项。

(1) 生产人员进入车间前的卫生点检记录。检查生产人员工作服、鞋帽是否穿戴正确；检查是否化妆、头发外露、手指甲修剪等；检查个人卫生是否清洁、有无外伤、是否患病等；检查是否按程序进行洗手消毒等。

(2) 肉品加工企业必须具备生产人员健康检查合格证明及档案。

(3) 肉品加工企业必须具备卫生培训计划及培训记录。

4. 卫生监控与检查纠偏记录

肉品加工企业应为生产创造一个良好的卫生环境，才能保证肉品是在适合其生产的卫生条件下生产的，才不会出现掺假肉品。

肉品加工企业的卫生执行与检查纠偏记录包括以下 4 点。

(1) 工厂灭虫灭鼠及检查、纠偏记录（包括生活区）。

(2) 厂区的清扫及检查、纠偏记录（包括生活区）。

(3) 车间、更衣室、消毒间、厕所等清扫消毒及检查纠偏记录。

(4) 灭鼠图。

同时，肉品加工企业应注意做好以下 3 个方面的工作。

(1) 保持工厂道路的清洁，经常打扫和清洗路面，可有效地减少厂区内飞扬的尘土。

(2) 清除厂区内一切可能聚集、滋生蚊蝇的场所，生产废料、垃圾要用密封的容器运送，做到当日废料、垃圾当日及时清除出厂。

(3) 实施有效的灭鼠措施，绘制灭鼠图，但不宜采用药物灭鼠。

5. 化学药品购置、贮存和使用记录

肉品加工企业使用的化学药品有消毒剂、灭虫药物、肉品添加剂、化验室使用化学药品以及润滑油等。

使用化学药品必须具备以下证明及记录。

(1) 购置的化学药品须具备卫生部门批准的允许使用证明。

(2) 贮存保管登记。

(3) 领用记录。

四、HACCP 控制

（一）HACCP 的基本概念

1. 基本概念

目前在肉品加工及销售中为了生产安全可靠的产品而采取了一种先进的预防性措施，使用一套通过分析-控制-监测-校正体系来预防食源性疾病发生和保证食品安全的体系，即危害分析与关键控制点（HACCP）系统。危害分析与关键控制点——HACCP (hazard analysis critical control point)。HACCP 体系，是一个保证食品安全的预防性技术管理体系。

危害分析与关键控制点是一个为国际认可的，保证食品免受生物性、化学性及物理性危害的预防体系。它产生于 20 世纪 60 年代的美国宇航食品生产企业，1997 年国际食品法典委员会（CAC）制定了《HACCP 体系及其应用指南》。目前，大部分国家已开始在水产品、畜禽产品、乳制品、果蔬汁等产品的生产中推广实施 HACCP 管理体系。2002 年 7 月 19 日，我国卫生部制定并颁布了《食品企业 HACCP 实施指南》并积极组织部分食品企业，如乳及乳制品企业、熟肉制品企业、纯净水和矿泉水企业逐步开展了 HACCP 的试点研究工作。在我国推广应用 HACCP 的意义在于更新和提高对食品企业的质量控制技术和水平，有效地保证食品安全和消费者的健康，并通过增加食品安全可信度促进国际贸易。

HACCP 系统早在 20 世纪 60 年代由开发美国宇航食品的 Pillsbury 公司、航空航天局（NASA）和美国陆军技术开发研究所共同进行研究。1971 年，美国食品保护委员会公布并成功地应用于生产低酸性食品罐头的安全与品质管理。到 1987 年，美国农业部食品安全检查局（FSIS）、FDA、海洋渔业局和美国陆军 Natick 研究所合作具体推行食品 HACCP 监视方式。1989 年 11 月，《食品的危害分析和重点管理方式是食品加工的原则》的发表，使 HACCP 系统开始得到推广应用。美国农业部食品安全检查局将这一系统应用于畜禽屠宰；美国海洋渔业局将其应用于海产鱼贝类及加工食品中。而在国际微生物学会（IUMS）、食品微生物标准委员会（ICMSF）的建议下发表的《食品微生物丛书 4：采用 HACCP 方式确保微生物安全性，提高产品品质》已被国际权威机构认为是可控制由食品引起疾病的最有效的方法。食品法典委员会（CAC）认为 HACCP 系统是控制食品安全的最有效和最高效的方法。

2. 进展与应用

HACCP 最初是美国为保证太空食品安全而研究制定的一套品质控制方法，后来随着质量控制水平和管理水平的不断提高而逐步发展完善，并逐渐演变成食品行业的一种食品安全管理方法。1996 年 7 月美国农业部依据《新食品安全检验规定》，要求国内禽肉屠宰及加工厂在 1998 年 1 月至 2000 年 1 月，必须依规模大小先后实施 HACCP 规定。同年美国食品安全与检查服务局（PSLS）发布了一个条例，即“减少病原菌”HACCP 体系，该条例优化了肉类与禽类产品检查体系，具体颁布了肉类与禽类产品加工厂危害分析与关键控制点。主要条款有以下 3 条。

（1）每个肉类禽类加工厂必须编制并实施书面的卫生标准操作规程，作为建立 HACCP 的基础。

（2）每一个屠宰设施必须定期进行大肠杆菌的测试，以便证实该设施有关防止和消除粪便污染及相关细菌的控制程序是否充分，并根据全国的基础数据，建立必须遵守的降低沙门氏菌病原菌的绩效标准。

（3）大型肉类禽类加工厂（5000 名工人以上）在 1998 年 1 月 26 日之前实行 HACCP 的有关规定和条款；小型加工厂（10～500 名工人）在 1999 年 1 月 25 日前实施上述规定和条款；最小型加工厂（小于 10 名工人，年销售额低于 250 万美元）将在 2000 年 1 月 25 日前实施上述条款。

鉴于美国已从 1997 年 12 月 28 日起，对从各国进口的水产品及其加工产品强调实施 HACCP，我国输美肉禽加工厂及有关部门必须密切关注美国官方对输美肉禽产品的规定要求，以确保输美肉禽产品的连续性。因此，我国在 20 世纪 90 年代初引进了 HACCP 管理体系，并将其应用于出口食品加工企业之中。

由于我国生产的肉制品合格率偏低，档次不高，诸多厂家对自己产品的质量缺乏信心。一旦出现不知问题出在哪些环节上，往往靠推测裁定，从而导致了我国的肉制品的质量档次上不去的现象。再者，我国的肉制品行业不仅缺少先进的技术设备，而且缺乏科学的管理手段。因此，在市场竞争激烈的今天，很有必要借鉴一下发达国家推行的HACCP全面质量管理体系。通过采用HACCP质量管理体系，可以列出每个工艺环节的危害点，并将对关键控制点的监控纳入工序中，这样，即使某些生产人员的卫生观念淡薄，只要按要求操作，也可以达到监控的目的。即使出现问题，仍有章可循，有因可究，做到心中有数，从而可以对症下药，达到治标治本的目的。

从目前情况来看，国内一些大中型企业特别是外向型企业，实施HACCP质量管理体系是可行的。因为这些企业设备先进、管理严密，具有一定的技术基础和组织结构。通过实施HACCP质量管理体系，加强产品安全卫生管理，在提高产品内在价值的同时，也有利于促使出口产品的质量达到ISO9000标准要求，从而以高档次的产品真正参与国际市场日益激烈的竞争，扩大国际市场的占有范围，在提高新的经济增长点的同时，带动国内其他行业的发展，取得较好的经济效益和社会效益。

3. 主要优点与特点

1）HACCP的优点

（1）它是一种预防性控制管理体系，比传统的单靠检验生产出来的产品的质量体系要精确、节约。能使工厂降低成本、减少损失。

（2）将整个食品链从原料的生长或饲养，到生产、加工、流通、消费等阶段分为几个CCPS（关键控制点）。这样能减轻工人的劳动强度，提高劳动效率。

（3）能提高产品质量，延长其货架期，保证食品不受污染、破坏，保持食品原有风味、质地、状态、颜色和营养价值，并最大限度地保证消费者的食用安全性。

（4）对生产设施的确定性。一个工厂所采用的HACCP管理体制随其生产设备、原料、产量、生产工艺的改变而做相应的改变。每个工厂都应根据具体生产情况而制订相应的HACCP系统。

2）HACCP的特点

（1）全面性。HACCP是一种系统化方法，涉及食品安全的所有方面，能够鉴别出现今能够想到的危害，包括实际预见到的可能发生的危害。

（2）以预防为重点。使用HACCP防止危害进入食品，变追溯性最终检验方法为预防性质量保证方法。

（3）提高产品质量。HACCP体系控制质量，产品更具有竞争性，并保证消费者食用安全。

（4）具有良好的经济效益。通过预防措施减少损失，降低成本，减轻工人的劳动强度，提高劳动效率。

（5）明确责任。肯定了食品行业对生产安全食品有基本责任，保证食品安全的首要责任首先归于生产商或销售商。

（6）提高政府监督管理工作效率。政府部门检验员可将精力集中到最容易发生危害的环节上，通过检查HACCP监控记录和纠偏记录可了解工厂的所有情况。

（7）增强各方的联系。为食品业体系与进行监督管理的政府体系提供联系的可能，有助于改善该工厂与管理部门和工厂与消费者的关系。

HACCP 可用于尽量减少食品危害的风险，但不是零风险体系。HACCP 管理体系是对其他质量管理体系的补充，和其他管理体系一起使用具有更大的优越性，可以互相补充。

（二）HACCP 的基本原理

HACCP 主要包括危害分析（HA）和关键控制（CCP）两部分，是一种以通过预防保障食品安全为基础的食品全面品质控制体系。在实际生产中主要是指对食品加工的整个工艺流程的各个环节（重点在于与产品感官、营养等所有质量特性及产品卫生性、可贮性密切相关的关键点）逐一进行评价，分析明了化，找出影响产品质量并造成危险的关键点（CCPS），继而建立消除或降低这些危险的标准值或临界范围，并以此来确定监控方式，使最终生产出的产品具有良好的品质。制订 HACCP 方案必须遵循以下 8 个基本原则。

1. 危害分析

危害分析是对原料、配料、生产、运输、销售及产品最终到达消费者手中整个流通领域中各个阶段存在的与有害微生物或其毒素相关的、影响产品质量、损害消费者健康的危害进行评价、分析，以便于确定 CCPS，指导食品的安全控制和后续加工。

根据 1989 年 11 月食品微生物标准咨询委员会颁布的微生物危害分类方法，食品中的危害因子可分为 6 个等级：A、B、C、D、E、F。隐含的危害因子用“＋”表示，“＋”的多少表示危害的程度。A 级危害：未经杀菌消毒的具有高风险性的食品，规定为特级危害。例如，婴儿、老年人、无免疫能力者等所食用的食品。B 级危害：含有对微生物敏感成分的食品。此类食品易遭受微生物的侵害，如鱼、肉、海鲜类产品。C 级危害：无热杀菌工序的食品，如蛋糕、点心等食品。D 级危害：包装前易遭受二次污染的食品。E 级危害：销售不当在食用前造成危害的食品，如各类副食品。F 级危害：食用前无最终热杀菌处理的食品，如凉菜类等。

在危害分级的基础上，根据存在的危害因子的数量将危害归为以下 7 类。

Ⅵ类：含有 A～F 6 个危害等级的食品。

Ⅴ类：含有 B～F 5 个危害等级的食品。

Ⅳ类：含有 B～F 中 4 个危害等级的食品。

Ⅲ类：含有 B～F 中 3 个危害等级的食品。

Ⅱ类：含有 B～F 中 2 个危害等级的食品。

Ⅰ类：含有 B～F 中 1 个危害等级的食品。

0 类：无危害食品。

根据以上食品中危害的分级和分类，可以用来确定与有害微生物或其毒素相关的危害，来指导食品的安全生产，确定有效的关键控制点。

2. 确定关键控制点

对于已确定的 CCPS 必须满足在某一特定的食品构成和流通体系中能够进行控制，如果不加控制，就有可能危害食品安全，损害人体健康，即该点是可以消除、减少或防止食品安全危害的工序。例如，火腿肠的高温处理工序，对特定的病原菌设置一定的温度与时间进行杀菌，或在发酵香肠中调节 pH 控制毒素的产生，这些都是 CCPS。

国际微生物学会（IUMS）的国际食品微生物标准委员会（ICMSF）将 CCPS 分为两种类型。CCP1，确定能够消除一个危害的控制点。例如，消毒奶的巴氏消毒、火腿肠的高温杀菌、无菌包装等。CCP2，不能完全消除但能使一个危害降低到安全标准的控制点。例如，在干制品中降低水分活性，虽不至完全杀灭有害微生物，但能抑制其生长和产毒，不至于产生对人体的危害。此类控制点必须与工艺中的其他措施相互配合，以获得较好的效果。

3. 制订 CCPS 的临界范围

即每个点必须遵循的尺度。具体来讲是指消除、预防或将危害降低到可接受的水平时 CCPS 中的物理、化学或生物参数的最大值或最小值。临界范围的设置可以是一个或多个适当的容许限度，只要超过其中一个，就意味着该 CCP 失控，可能造成潜在的危害。在临界范围中经常使用的指标有温度、时间、湿度、水分活性、pH、滴定酸度、保存剂、食盐浓度、有效氯、黏度以及食品的构成、外观、气味等。

4. 建立 CCPS 的监控系统

对于已确定的 CCPS 及其临界范围要有计划地观察和检测，并记录检测结果，便于后序中的核实和鉴定，保证 CCPS 的有效控制。一般来讲，较完备的监控系统，应是利用各种物理或化学方法，连续时间监控，如使用自动记录测温仪对生产高温肠杀菌工艺中规定的时间和温度进行连续的自动记录等。最好是既要能连续测定又能兼顾分批次测定。应特别注意的是对于已确定的 CCPS 的监控方法必须高效、快捷，否则检验的滞后性同样会导致 CCPS 的控制失败，这就要求在制订 HACCP 计划之前，对各种危害进行充分地分析，在掌握其变化规律的基础上制订出有效的控制计划。

5. 制订修改校正计划

当生产中出现 CCPS 的数值偏离了临界范围时，就必须进行修改、校正程序，来预防或消除可能产生的危害。这就要求操作人员具有高度的责任感和职业的敏感性。

6. 设立完备的检验计划

包括验证程序、频率和物理、化学以及感观方法相应的验证标准。特别对于负责监控的测定装置，必须做到经常调整，无故障管理，以保证 HACCP 计划的正常实施。

7. 建立 CCPS 的监控记录档案系统

要将所有相关的记录进行归档并将全部记录、计划和变动程序及时地提供给主管部门检查。

8. 后期验证

当对某一产品的生产工艺制订并执行 HACCP 计划之后，管理者还应定期地进行验证工作，检查该计划是否能有效进行控制产品的安全危害，以便采取相应的措施加以确保。①随机验证。即指对生产过程中半成品、成品、设备容器、操作人员的抽样检测，以便于及时地发现新的或失控的关键危害点。②重新评定 HACCP 计划。当在生产中出现了某些可能影响危害分析的变化时，如产品配方、加工方法等发生变化或对 HACCP 计划作出了修改时，均应及时地进行重新评定，或至少每年评定一次。③检查各种记录。当加工对外出口产品时，生产商应向进口商提供与进口产品批次相对应的 HACCP

和卫生监测记录，以及政府检验机构或有资格的第三方签发的证明书。进口商应定期对生产商的设备和进口产品进行检验和测试，并保存生产商的 HACCP 计划和证明进口产品按要求加工的保证书的副本。

（三）建立 HACCP 控制体系的步骤

根据建立 HACCP 质控体系的基本原则，每一个准备推行或实施该体系的食品企业，应结合本单位的实际情况，建立 HACCP 控制计划，一般应遵循以下 8 个步骤。

1. 组成 HACCP 工作小组

由本企业与质量管理有关的各主要部门和单位的代表组成工作小组。他们中间应包括熟悉生产工艺及设备的技术专家和具备食品加工卫生管理和检验知识的人员，其中，至少小组的负责人应接受有关 HACCP 原理及应用知识的培训。必要时企业也可在这方面寻求外部专家的帮助。

2. 收集和掌握有关资料

收集及掌握生产场地和周围环境的详细数据。例如，车间和附属用房图；设备布局情况和特点；生产工序流程情况，如原料、配料和添加剂的使用情况，产品在各工序间的停滞时间等；工艺技术参数，尤其是时间、温度和产品滞留时间；加工过程中产品的流向，是否有交叉污染的可能；加工现场清洁区和非清洁区，或产品被污染的高险区和低险区之间的隔离情况；设备和工器具的清洁方法；厂区环境卫生；人员分工情况和卫生质量活动；产品的存贮和发运条件。

3. 进行产品描述

可以从以下几个方面来描述：产品的成分，如加工产品所用的原料、配料和添加剂等；产品的组织及理化特性，如是固体还是液体，呈胶状还是乳状，其活性水、pH 是多少等；加工的方法，如加热、冷冻、盐渍、熏制等，可对加工进程进行简述；包装，如罐装、真空包装、空气调节等；贮藏和发运的条件，如销售期限和最佳食用期；产品拟供应的对象和食用的方法；产品所采用的质量标准，尤其要明确产品的卫生标准。

4. 编制产品加工流程图

为每个产品绘制一张加工流程图，从原料接收到产品装运出厂。每个产品的前处理、加工、包装、贮藏和发运等与所有加工环节，包括产品的各工序之间的停留，都应体现在这份详尽的流程图上，以供进行危害分析和识别关键控制点时使用。流程图绘出来后，还应到生产现场去进行核实查证，以免遗漏。

5. 进行危害分析并确定相应的控制措施

危害是指妨碍食品食用安全性，可对消费者的身体健康造成危害的各种生物、化学和物理的因素。与食品安全卫生有关的危害一般分为以下三大类：生物危害，如致病菌、病毒、寄生虫等；化学危害，如农药、兽药残留、违规使用的添加剂、工业化学品污染物、铅、砷、汞、氰化物等各种有毒化学元素，以及金黄色葡萄球菌肠毒素、肉毒杆菌毒素、黄曲霉毒素等微生物代谢产生的有毒物质；物理危害，如碎玻璃、金属碎屑等可导致人体伤害的物质。这些危害的来源主要有以下两个。

（1）原料在种养、收获、运输过程中形成或受环境的污染。

（2）在加工过程中形成或受污染。危害分析和确定相应控制措施的工作可分三步进行：第一步，找出潜在危害。HACCP 小组进行危害分析时，要从原料的种养环节开始，顺着产品的生产流程，逐个分析每个生产环节，列出各环节可能存在生物、化学和物理的危害，即潜在危害。第二步，判断潜在危害是否是显著危害。并非所有潜在的危害都要纳入 HACCP 计划的监控范围，要通过 HACCP 实施监控的，只有当其有以下特性，才纳入监控：有比较充分的证据表明其存在的可能；其产生和存在的可能性比较大。我们把这些对于保证产品的安全卫生质量来说具有显著意义的危害，称为显著危害。要判断潜在危害是否是显著危害，需要各企业 HACCP 计划的制订者结合本企业产品生产的实际情况，如原料的来源、加工的方式、方法和流程等，在调查研究的基础上进行分析判断。危害的显著性在不同的产品、不同的工艺之间有着很大的差异，甚至同一种产品也会因规格、包装方式、食用方法的不同而有所不同。例如，在真空包装酱排骨生产过程中，如果从酱排骨预煮结束到杀菌前这段过程的时间拖延太长，就会使细菌有大量繁殖和产毒的机会，因此这段时间控制不当，对于真空包装酱排骨的加工来说就是一个显著危害。然而，这种危害对于其他品种的加工来说就没有那么突出。因此，在对危害的显著性进行分析判断的时候，要具体情况具体分析，切不可生搬硬套。第三步，确定控制危害的相应措施。显著危害一经确定，接着就要选定用于控制危害的措施，通过采取这些措施，将危害的产生和影响消除和减少到可以接受的水平，如对原料进行验收和筛选，控制产品加工进程的时间和环境温度，严格控制添加剂的使用量，对产品进行严格的加热处理，控制包装质量等。

有时控制一个危害可能需要多项措施，如为了保证真空包装畜禽肉类的商业无菌，需要在加工过程中对装/封袋、杀菌、冷却工序进行严格控制。然而，有时一项措施也可以控制多个危害，如高温加热蒸煮，即可杀死多种致病菌，也可灭活寄生虫囊蚴。各项控制措施应该有明确的操作执行程序，并形成文字，以保证其得到有效的实施。

6. 识别关键控制点

显著危害确定之后，就要找出需要通过 HACCP 计划实施临控的关键控制点。关键控制点可能包括一个或几个工序，但不要将关键控制点与生产过程的其他质量控制点相混淆，尽管它们有时会重叠，然而它们所临控的对象是不同的。另外，关键控制点的选择应注意体现“关键”两个字，避免设点太多，否则就会失去控制的重点。

识别关键控制点的方法是多种多样的，HACCP 计划制订者可以根据已有的知识和经验去进行分析判断。在此，推荐一种危害分析方法，如表 4-14 所示。

表 4-14　危害分析方法

加工步骤	确定潜在危害	是显著危害（是/否）	说明作出此决定的理由	可采取什么预防措施防止显著危害	此步是关键控制点吗（是/否）
	生物危害 化学危害 物理危害				

7. 编写 HACCP 计划

一份 HACCP 计划至少应该包括以下 7 个方面的内容。

1）关键控制点的位置　注明关键控制点所在的生产工序或工段，如真空包装产品加工过程的杀菌、冷却工序，畜禽肉类加工过程的斩切、腌制、卤煮、分装、称重/包装工段等。

2）需控制的显著危害　注明需要在该关键控制点上予以控制的显著危害，如致病菌的繁殖、毒素的产生、添加剂超量使用、金属碎片等。

3）关键限　关键限是在各关键点上所采取的控制措施必须要符合的标准，这些标准反映食品安全所能接受的极限值，它们将食品安全卫生质量的可接受性和不可接受性区分开来。关键限用能观察和能测量的指标表示，它们可以是物理、化学和生物参数，也可以是一种规定的状态。这些指标应该能很快地显示出关键点是否处于受控状态，并且它们都应经过验证。此类指标有温度、时间、pH、水分含量、添加剂加入量或盐含量、感官指标值，如外观或组织等。一般，为了避免因偏离关键限所造成的损失，一些企业往往规定比实际关键限更为严格的限值，或称操作限。关键限可以来自不同渠道，如技术标准、文献资料、个人的试验数据以及技术专家的咨询意见等。对于不是来自正式标准或其他权威渠道的关键限值，工厂的 HACCP 小组应就这些关键限对于控制危害的有效性进行验证，并保存好有关验证记录。

4）监控程序　这是 HACCP 计划最重要的部分，在监控程序中要交待：监控什么，是温度、时间还是 pH、水分，或者是原料提供方的质量证明书；用什么方法进行监控，是人工观测，还是仪器仪表自动测定？为了便于及时获取被监控指标值的信息，监控的方法应简便快捷，易于操作，那些耗时多，程序复杂的理化分析测试和微生物检验等，不宜用于关键点的监控；监控的频率，即在规定的时间内实施监测的次数，是连续还是非连续的间断监控，如果是非连续监控，那么在确定两次监测的间隔长短时，要保证能及时掌握受控对象的信息；由谁负责监控，是质量监督员还是操作工。

5）纠偏措施　纠偏措施是针对关键控制点的关键限出现偏离，在危害出现之前所采取的纠正措施。HACCP 小组可以根据自己企业的产品特点、生产工艺等实际情况，为每个关键控制点确定相应的纠偏措施，以便在出现偏离的时候能及时予以纠偏。尽管纠偏措施依不同的产品、不同的生产工序而异，但所要达到的目的则主要有三个：一是消除导致偏离的原因，恢复和维持正常的控制状态；二是消除偏离对产品质量造成的影响；三是防止那些卫生质量因关键限出现偏离而受影响的产品对消费者的健康造成危害。例如，在畜禽软包装产品的生产过程中，将抽真空封口工序作为一个关键控制点，设真空密封度的关键限为 95%，当在监控过程中抽检发现真空密封度低于 95%，所采取的纠偏措施之一就是将封口机停机校车。再如，当软包装在杀菌过程中，杀菌锅的温度跌落至关键限规定的温度水平以下时，可通过延长杀菌时间的办法来进行纠偏。纠偏措施应明确负责采取纠偏措施的责任人；具体纠偏的方法；对受关键限偏离影响的产品的处理，如可以将有关产品隔离存放，经过加严检验，或由具有相应资格的人员进行质量评估，确定其食用安全性后，再决定是否可以出厂销售，或是需要返工整理，或予以销毁；还要有纠偏措施的记录。

6）监控记录　对每个关键控制点的监控要形成相应的记录，这些记录所记载的监控信息，是显示关键点受控状态的证据。计划制订者要为每个关键点规定一个记录制度，即要明确记录什么、怎样记录、何时记录、由谁记录、由谁审核等，并设计出统一、规范的记录图表。至于记录图表的具体式样，各企业可以自行决定。不过，HACCP 监控记录一般应包括以下信息：表头，即记录的名称；企业名称；记录的时间；产品的识别，即产品的品种、规格、型号、生产批号或生产线、班次；实际观察或测定的数据/结果；关键限；记录者的识别，如签名、印鉴或工号；记录复核人的识别，如签名、印鉴或工号；复核记录的时间。HACCP 的监控记录准确与否，是决定 HACCP 计划成败的一个重要因素，因此每个企业在实施 HACCP 计划的过程中，要切实保证 HACCP 的监控记录的客观性和真实性。记录的复核应由接受过 HACCP 培训，或确实具有较丰富质量管理经验的人员来承担。

7）验证的措施　针对每个关键点所采取的验证措施，其目的是要证实所确定的危害是否得到了有效的控制，通过验证，可以为进一步完善和改进 HACCP 计划提供必要的信息。一般对各关键点监控情况进行验证的具体做法，主要有以下 3 种：①对监控设备的定期校正；②有针对性的抽样（对原料、半成品或成品）进行检验分析；③对监控记录进行复查。

8）其他　为了便于管理和使用，每份 HACCP 计划最好能按表格式样进行编印，这样比较便于查阅。计划表的首页还应列明以下信息：文件编号；企业名称、地址；产品描述，包括产品名称、包装、贮运和销售方式、供应对象和食用方法等；计划的批准人及批准日期。HACCP 计划表格模式如表 4-15 所示。

表 4-15　HACCP 计划

关键控制点	显著危害	每个预防措施的关键限	监控				纠偏措施	记录验证
			监控什么	怎么监控	监控频率	谁来监控		

8. HACCP 计划的验证

为保证 HACCP 计划的实施能达到预期的目的和效果，企业应当建立对 HACCP 计划进行验证的程序，这些验证活动，除了上述已提到各关键点的验证外，还包括以下两种活动：①确认是在下述情况下对 HACCP 计划的有效性进行认证活动。HACCP 计划正式实施前，当有关因素发生变化时，如原料或工艺发生了变化；验证数据出现相反的结果；反复出现关键限的偏差；在危害控制方面有了新的手段的信息；在生产中观察到了新的情况；销售方式和用户出现变化。②两种主要审核方式：一是进行定期的内部审核；二是定期对成品进行检验分析。内部审核主要核查的内容是：检查产品说明和生产流程图的准确性；检查关键控制点是否按 HACCP 计划的要求受到控制；生产过程是否在监控记录准确，是否是按照规定的要求进行记录的；监控活动是否是在 HACCP 计划规定的位置进行；当关键限出现偏离时有无纠偏；监控仪器装置是否按 HACCP 计划规定的频率进行校准；审核应该由具有相应资格可靠的人员负责进行，并且要形成相应的记录。

（四）HACCP在冷却兔肉生产中的应用

1. 冷却兔肉生产过程中的危害分析工作单

冷却兔肉生产过程中的危害分析工作内容如表4-16所示。

表4-16　冷却兔肉生产过程中的危害分析

加工工序	识别本工序中被引入、控制或增加的潜在危害	潜在的危害是否显著(是/否)	对第（3）栏的判定依据	可采取什么预防措施防止显著危害	该步是否是关键控制点
活兔	生物的：产生应激反应 化学的：无 物理的：无	是	在转移到陌生环境中时，兔易受各种环境因素影响产生应激反应，而造成异常肉，如PSE肉和DFD肉	要求接收人员下兔时要轻赶，不准用木棍或其他工具打兔，必要时可采用手推或高声喊叫，使兔走动	否
候宰检验	生物的：致病微生物残留 化学的：无 物理的：无残留	是	活兔本身可能带疫病和致病菌，而危害人体健康	要求供方提供生猪产地检疫合格证和车辆消毒证；由专职兽医检疫检验员自行观察该批活兔的情况。如发现途死或有传染病可疑时，应隔离观察，并严格检查，必要时可经化验室检验	是
淋浴	生物的：兔体表面细菌残留 化学的：无 物理的：兔体表面污物残留	是	兔体表的细菌和污物残留危害人体健康，并且污染的残留会影响导电性能，降低麻电质量	淋浴的兔不宜过度拥挤，以保证淋浴效果；注意保持一定的水压和水量，不宜过急，应上下左右交错喷淋或冲洗兔体，全部洗净兔体表面污物；洗兔水温，一般掌握冬季38℃，夏季20℃	是
麻电击昏	生物的：无 化学的：无 物理的：电压过大或过低	是	电压过大造成放血不良，电压过低又不便操作	麻电击要求70～90V，电流强度0.5～1A，麻电时间1～3s	是
刺杀放血	生物的：微生物污染 化学的：无 物理的：放血不足	是	微生物污染危害人体健康，污血残留会影响肉品质		否
剥皮	生物的：微生物污染 化学的：无 物理的：无	否	剥皮后清除体表绝大部分细菌，细菌数量大量减少	从麻电致昏到刺杀放血不得超过30s，操作要准确、快速，刺杀时不得刺破心脏，不得使兔发生呛膈淤血，刺杀刀口不超过5cm，沥血时间不少于6min，每刺1只兔对刺杀刀要进行消毒，最好采用多把刀置于消毒水内轮流使用	否

续表

加工工序	识别本工序中被引入、控制或增加的潜在危害	潜在的危害是否显著(是/否)	对第（3）栏的判定依据	可采取什么预防措施防止显著危害	该步是否是关键控制点
开膛去内脏	生物的：微生物污染 化学的：无 物理的：无	否	通过 SSOP* 可控制		否
劈半	生物的：无 化学的：无 物理的：无				否
冲洗	生物的：无 化学的：无 物理的：无				是
入库快速冷却	生物的：微生物污染，虫、鼠的侵害 化学的：无 物理的：无	是	快速冷却能抑制微生物的生长繁殖，虫、鼠会造成微生物污染以及影响胴体外观	要求兔胴体必须在 24h 内冷却至后腿肌肉深层中心温度达 0～4℃，保持库温恒定，库房通风干燥，做好防鼠防虫措施	是
分割	生物的：微生物污染 化学的：无 物理的：无	是	分割人员的手、分割的操作台以及工具都可能造成微生物污染，危害人体健康	分割间的室温要低于 12℃，此阶段工序滞留时间不超过 1h，以保证冷却肉中心温度不超过 7℃。分割人员做好个人清洁工作，分割的设备与工具必须定期消毒，保持清洁	是

* SSOP 为卫生标准操作程序（sanitation stardand operating procedure）。

2. 冷却兔肉生产与流通过程中关键控制点（CCP）

生产与流通过程中关键控制点（CCP）的确定如下：

候宰—淋浴—电击昏—放血—浸烫—打毛—清洗 CCP2—燎毛—冲淋 CCP2—开膛去内脏 CCP1—去头蹄—劈半—冲洗 CCP2—称重—入快速冷却间 CCP1—分割剔骨 CCP1—包装 CCP1—冷藏 CCP1—流通 CCP1—零售 CCP1

（注：CCP1 为有效关键控制点；CCP2 为非绝对关键控制点）

3. 冷却兔肉生产中关键控制点（CCP）的控制措施

冷却兔肉生产中关键控制点（CCP）的控制措施如表 4-17 所示。

表 4-17　关键控制点（CCP）的控制措施

工序	危害因素	CCP	控制措施	控制限度	监测方式	纠偏行为
清洗	微生物污染	CCP2	保持水的清洁加消毒剂		目测	加快水的更换速率
冲淋	微生物污染	CCP2	加大水压		目测	
开膛	肠容物外溢	CCP2	由里向外进刀	胴体表面无可视污物	目测	不做冷却肉加工

续表

工序	危害因素	CCP	控制措施	控制限度	监测方式	纠偏行为
热水冲洗	微生物污染	CCP2	使用热水	水温 90℃时间<10s	温度计测量	调整水温
入冷却间	交叉污染	CCP1	使用一次性清洁手套	胴体表面 TVC≤10^4 个	实验室检测	注意操作卫生
快速冷却	微生物增殖	CCP1	宰后 1h 内冷却	胴体温度<4℃，时间<24h	温度计测量	调整室温
分割剔骨	交叉污染	CCP1	注意操作卫生室内制冷	肉 TVC<10^4，室温<12℃，时间<30min	实验室检测；温度计测量	注意操作卫生
包装	交叉污染	CCP1	注意操作卫生室内制冷	肉 TVC<10^4，室温<12℃，时间<30min	实验室检测；温度计测量	注意操作卫生
冷藏	微生物增殖	CCP1	制冷	0～4℃	温度计测量	调整温度
流通	微生物增殖	CCP1	使用冷藏车	<7℃	温度计测量	调整温度
零售	微生物污染与增殖	CCP1	使用冷藏柜	<7℃	温度计测量	调整温度

注：CCP1 表示确实可以控制并消除一个危害；CCP2 表示能减少一个危害，但不能完全消除。

（五）HACCP 同其他质管体系的联系与区别

1. HACCP 与传统的食品卫生监督管理方式

HACCP 与传统的食品卫生监督管理方式相比，具有以下 3 个方面优点。

（1）通过对关键控制点的控制，将危害因素消除在生产过程中，保证了食品的安全性，突破了传统上满足于最终产品检验的方法。

（2）HACCP 使预防措施系统化。制定了系统防治食品污染的方法，减少以至消除食品的不安全因素，提高了食品的安全性和可靠性。

（3）它通过判定生产过程中的危害因素，针对其采取相应的预防措施，检验机构只需监督检查生产企业执行 HACCP 的情况，生产企业在自我监督中抓住主要环节而对那些食品安全卫生影响不大的环节只需要花费很少的时间和精力，这样就可以大大节省检验机构和企业的人力、物力，既可以保证产品质量，提高效率，又能够节约生产成本。

2. HACCP 与 ISO9000

ISO9000 即质量管理与质量保证系列标准。它是近年来较为流行的一种质量保证体系。ISO9000 体系与 HACCP 体系都是组织管理体系的一部分，可以与组织的其他管理工作相结合，使企业管理工作更加科学、规范和有效。而且，它们的很多要素和程序是相互兼容的，如记录、培训、纠正预防措施、文件控制、内部审核等。

国际食品法典委员会（CAC）认为，HACCP 可以是 ISO9000 系列标准的一个部分。ISO9000 共有 20 个要素。其中“过程控制”这个要素是保证最终产品质量的一个重要程序。过程控制所涉及的活动主要包括过程策划、过程实施、过程监控、过程评审、过程改进、作业程序和实施环境控制、设备控制、技能控制等。而 HACCP 体系中关于危害分析、关键控制点的确定及其监控、验证程序等，与这些活动都是相似和对应的。如果推行 ISO9000 的食品企业把“过程控制”这个要素突出出来，就相当于抓住了 HACCP 的根本，可以收到事半功倍的效果。

此外，是否推行 ISO9000 质量保证体系是食品企业的自愿行为，而 HACCP 则不同。目前，国际贸易对食品的实施 HACCP 已进入法规化的阶段。在欧洲不少国家实行 HACCP 是法规规定的。在美国 HACCP 方法已被所有的执法机构采用，并且对食品加工者来说是强制性的。相信在不久的将来，在我国食品企业中推行 HACCP 也会被法规所规定。

3. HACCP 与 GMP

食品生产卫生规范（GMP）是食品生产全过程中保证食品具有高度安全卫生性的良好生产管理系统。它运用物理、化学、生物、微生物、毒理等学科的基础知识来解决食品生产加工全过程中有关安全卫生和营养问题，从而保证食品的安全卫生质量。GMP 基本内容就是食品从原料到成品全过程中各环节的卫生条件和操作规程。

GMP 不仅规定了一般的卫生措施，而且也规定了防止食品在不卫生条件下变质的措施。GMP 把保证食品质量的工作重点放在从原料的采购到成品及其贮存运输的整个生产过程的各个环节上，而不是仅仅着眼于最终产品上。这一点与 HACCP 是相一致的。

4. HACCP 与 SSOP

SSOP 即卫生标准操作规范，是 GMP 中最关键的，在食品生产中实现 GMP 全面目标的操作规范，它描述了一套特殊的与食品卫生处理和加工厂环境清洁程度有关的目标，及所从事的满足这些目标的活动，包括 8 个方面的卫生条款。美国 FDA 海产品 HACCP 法规中提出的卫生监控范围 8 项规定为：

（1）水和冰的安全性。

（2）食品接触的表面——清洁。

（3）防止交叉污染。

（4）洗手、手的消毒和卫生设施。

（5）防止污染物造成的污染。

（6）有害化合物的适当处理、贮存和使用。

（7）工人的健康状况。

（8）害虫的控制及去除。

SSOP 既能控制一般危害又能控制显著危害，而 HACCP 仅用于控制显著危害。一些由 SSOP 控制的显著危害在 HACCP 中可以不作为 CCP，而只由 SSOP 控制。从而使 HACCP 中的关键控制点更简化，使 HACCP 更具有针对性，避免了 HACCP 因关键控制点过多而难于操作的矛盾。事实上，显著危害正是通过 HACCP 因关键控制点和 SSOP 的有机组合而被有效地控制住的。当 SSOP 被包含在 HACCP 中时，HACCP 变得更为有效，因为它能集中关注食品和加工环节的相关危害，而不仅仅关注加工厂的环境卫生。

实施 GMP 可以更好地促进食品企业加强自身质量保证措施，更好地运用 HACCP 体系，从而保证食品的安全卫生。SSOP 侧重于解决卫生问题，HACCP 更侧重于控制食品的安全性，而良好的 GMP 是食品企业得以规范运行的先决条件。

五、微生物预报技术

1. 微生物预报技术的概念

微生物预报技术是指借助计算机微生物数据库，在数字模型基础上，在确定的条件下，快速对重要微生物的存活和死亡进行预测，从而确保食品在生产、运输、贮存过程中的安全和稳定，打破传统微生物检验受时间约束而结果滞后的特点。其基本内容可归结为以下三点。

（1）对食品中残留的可能导致食品腐败和中毒的微生物进行大量的实验，研究它们各自和相互间的特性，以及与其他栅栏因子（如温度、pH、水分活性等）的关系，了解这些微生物在单一栅栏因子条件和不同栅栏因子交互效应下的生长繁殖等。将研究结果标准化，以便机械系统能加以识别，将这些结果组成一个数据库。

（2）通过最佳模拟数字化研究和计算机程序化计算，使上述数据相互连接且具有外推性，即广泛预测性，将所有结果构成一完善的数字化集合，以作为微生物预报的模型基础。

（3）科学工作者将以上数据和模型资料有机组合，以软件方式建立一咨询中心。这样食品加工企业、商业系统、研究机构、卫生检测部门，甚至法律部门都可以对其加以应用。

2. 微生物预报技术体系的建立

对微生物预报技术而言，微生物数据库和数字模型是其必要的前提条件。另外，还需一个用户界面友好的软件。微生物数据库是过去 10 年中外科学家们在实验室经过艰苦努力建立起来的，它贮存的是不同微生物在不同生长介质中的 pH、水分活性值、培养温度及有氧、无氧条件下惰性气体的关系数据。数字模型的最简单形式为经验公式，以此预报微生物生长、死亡规律。科学家们常常针对一定问题，选择相应模型，使人们在数据库的支持下，能预知目前状态下病菌的活动状况，并可借助计算机绘出相应曲线，从中人们可了解某些试验中无法确定的中间状态值。另外，实验状态的模型，可使人们预知目前条件下病菌的生长情况、生长数量，并比较与实际值的符合程度。如果不十分相符，可以改进模型。其他学者发表的不同食品中某些病菌的增长数据，也可用于修正试验模型；利用这些模型和微生物数据库，可以预测食品中毒性增长程度。例如，这些模型可以预报沙门氏菌在不同温度、pH、食盐浓度、亚硝酸盐条件下的增长情况，所有结果都贮存于软件中。微生物预报学的应用需以大量实验和理论为基础，是一项重要而艰巨的工程，需要国际的大力合作。对此，欧盟各国正进行大量的工作，众多的科学工作者也正在此领域不懈地努力。

尽管微生物预报技术还处于起步阶段，但可望迅速发展成为食品设计中的主要工具并广泛应用于食品加工。该技术将食品设计中所需的有关微生物的选择试验，准确限定于较小范围，大大减少了产品设计中的时间和资金耗费。

3. 微生物预报技术、栅栏技术和危害分析与关键控制点系统的结合应用

栅栏技术应用于食品设计和食品优化，通过计算机快速预估加工食品的可贮性和质量特性，这也涉及微生物预报技术的内容。而微生物预报技术的实施必须与栅栏技术和危害分析与关键控制点管理系统相结合。在食品贮藏领域，当人们使用风险估价危害分析与关键控制点管理系统，并用其进行食品加工过程控制；应用栅栏技术及多种天然保鲜因子于食品防腐保质，同时将微生物预报技术渗透于二者之中，进行设计方案优化时，安全、稳定、美味的食品就全方位迅速地被设计出来。可见，多因素条件下，微生物预报技术是实现多领域相互渗透，从而实现结果优化的强有力工具，它对指导食品加工和进行食品设计有重要意义。新观念、新方法、新工具，从而实现新发展是信息时代的根本特点之一。同时，也是微生物预报技术得以产生、发展的原因所在。

微生物预报技术（PM）是建立于计算机基础上的对食品中微生物的生长、残存和死亡进行的数量化预测方法，在不进行微生物检测分析条件下快速对产品货架寿命进行预测。为实现这一目的，需要两个信息库：一是食品内各种微生物在不同温度、水分活性值、pH、防腐剂等条件下的特性的详情信息库；二是包括每一条件下对这些微生物进行判断和预测的数字化信息库。此外，还需对这两种信息资料进行交互矢合作出智能判断。然而信息库的建立，需要考虑与食品安全和质量相关的栅栏，而所有栅栏甚至其中主要的栅栏也绝非在一个简单的预报模式中所能包括。目前这一模型仅依据于温度、pH、水分活性值、盐或保湿剂、亚硝酸盐、乳酸及其他防腐剂等几种主要栅栏因子及其相互作用。因此，微生物预报技术不能成为以量化方式通向栅栏技术的途径，但以数个最为重要的栅栏因子作为基础建立的模型，可以较为可靠地预报出食品内微生物生存死亡的情况。鉴于很多相辅栅栏尚未纳入预报系统，预报结果也就更为谨慎，比实际的更为保险。

4. 微生物预报技术的作用及意义

微生物预报技术是使用数字方法描述环境因素对微生物生长的影响，其作用主要有4点。

（1）可帮助和指导管理者贯彻危害分析与关键控制点管理系统于食品生产。外部多因素出现时，可决定关键控制点，并可决定竞争实验是否必需，同时对危害分析与关键控制点管理系统清单（菜单）给予补充。

（2）在安全可以设计出来、但无法检验出来的思想指导下，可以预报产品配方变化对于食品安全和货架期的影响，并进行新产品货架期和安全性的设计。

（3）可以预报产品在贮存和流通中，在不同的包装条件下微生物的变化，并客观估计该过程有无失误。例如，有些软件可预告微生物引起食物中毒的征兆，表明哪些方面的卫生监控做得不够，指出如何改进；或者人们给定某一产品设计的数值，则计算机可显出该产品中相应的各组分及性质。另外，人们从事食品生产过程中，防止有害病原菌的侵入方面是必要的。

（4）可大量节约开发研究的时间和资金。在传统方式中，了解食品中的微生物状况常常需要花费大量的时间和资金，尤其是在多因素的状态下。如果人们使用了微生物预报技术，可以省去大量的竞争试验和接种试验，从而节约了时间和资金。

第三节 兔肉制品贮运流通技术

优质兔肉产品需要一个完整的冷链物流对其进行全程的温度控制（根据相关的规则），以确保食品的安全，这包括装卸兔肉时的封闭环境、贮存和运输等，一个环节都不能少。完整的优质兔肉产品贮运技术是兔肉及其制品从生产到销售整个链条中食品安全不可或缺的元素，因此介绍优质兔肉产品贮运技术对兔肉加工企业的加工及安全贮运具有重要意义。

一、贮运链构成

（一）食品冷链物流的定义

食品冷链物流也称为低温物流（low temperature logistics），泛指冷藏冷冻类食品从收获、捕获、宰杀、加工处理、贮藏、运输、销售到消费前的各个环节中始终处于规定的低温环境下，以保证食品质量，减少食品损耗的一项系统工程。它是随着科学技术的进步、制冷技术的发展而建立起来的，是以冷冻工艺学为基础、以制冷技术为手段的低温物流过程。

食品冷链是以保证易腐食品品质为目的，以保持低温环境为核心要求的供应链系统，它比一般常温物流系统的要求更高、更复杂，建设投资也要大很多，是一个庞大的系统工程。由于易腐食品的时效性要求冷链各环节具有更高的组织协调性，所以，食品冷链的运作始终是和能耗成本相关联的，有效控制运作成本与食品冷链的发展密切相关。

（二）食品冷链物流的特点

冷藏链是使产品始终处于低温条件下，就像链条中一环套一环那样自始至终，以最大限度地保持产品原来品质的系统工程。由此可见，冷藏链是一个跨行业、多部门有机结合的整体，要求各部门互相协调，紧密配合，并拥有相适应的冷藏设备。

（三）食品冷藏链中的“3T”原理

“3T”是 time-temperature-tolerance 的简称，是阐述冷冻食品质量与容许冷藏时间和冷藏温度之间关系的理论。该理论认为冻结食品在低温流通过程中所发生的质量下降与所需时间存在着一定的关系。在整个流通过程中，由于温度的变化所引起的质量下降是积累性的、是不可避免的，冻结食品的温度越低，在一定限度内，其质量下降越少，保质期也相应延长。在同样条件下加工的冻结食品，当改变其温度时，其保质期就不同，温度高的保质期较短，温度低的保质期长。冻结食品质量的降低是逐渐的、是累积的，当达到一定的程度就失去了商品的价值。

（四）冷链物流的构成

农户—收购点$\xrightarrow{\text{捕获宰杀}}$屠宰点$\xrightarrow[\text{冷冻包装}]{\text{分拣整理}}$批发站$\xrightarrow[\text{配送}]{\text{贮存运输}}$售肉点—消费者

肉类冷链物流的构成有以下 5 个环节。

1. 食品的冷冻加工

食品的流通加工主要包括冷冻食品、分选农副产品、分装食品、精制食品。提高食品配送效率和效益的有效途径是实施配送到流通加工一体化的策略，即在实施食品集约化共同配送的同时，引入先进技术和设备，对食品进行在途加工和配送中心加工。

2. 冷冻贮藏

冷冻贮藏包括食品的冷却贮藏和冻结贮藏，以及水果蔬菜等食品的气调贮藏，它是保证食品在贮存和加工过程中的低温保鲜环境。在此环节主要涉及各类冷藏库、加工间、冷藏柜、冻结柜及家用冰箱等。

3. 冷却肉的包装

在冷却肉的生产流通过程中，合理的包装是确保产品卫生和质量非常重要和必不可少的环节。冷却肉包装有以下 3 个优点：首先，防止变质，避免二次污染，延长货架期。冷却肉在保存、流通和销售过程中，卫生质量会受到来自微生物、化学和物理等许多因素的影响。冷却肉采用不透氧包装或充气包装，不但可以抑制其表面污染的需氧腐败菌的生长繁殖，而且还可以防止来自外界的二次污染，延长产品的货架期。冷却肉中的脂肪在光催化下会和氧发生氧化反应，水分蒸发引起质量损失，这些质量劣变现象，都可以通过有效合理的包装得以缓解和控制。其次，调节气体分压，赋予产品诱人的鲜红色。最后，为流通提供便利，节省劳动力，消费者购买和食用更方便。按胴体不同部位分割制作的小包装冷却肉更适合家庭消费。

4. 冷藏运输

冷藏运输是保障食品冷链建设成功的关键环节。此环节既是食品产、供、销冷链的中间环节，也是现代化冷链运输系统的核心部分。冷链运输对采用的硬件设备要求很高，既不能受外界气候条件的影响，内部温度要稳定，还要贮运效果好。如冷藏气调集装箱就是食品在运输环节保鲜发展的方向。

冷藏运输包括食品的中、长途运输及短途配送等物流环节的低温状态。它主要涉及铁路冷藏车、冷藏汽车、冷藏船、冷藏集装箱等低温运输工具。在冷藏运输过程中，温度波动是引起食品品质下降的主要原因之一，所以运输工具应具有良好的性能，在保持规定低温的同时，更要保持稳定的温度，远途运输尤其重要。

如果肉在运输中卫生管理不够完善，会受到细菌污染，极大地影响肉的保存性。初期就受到较多污染的肉，即使在 0℃的温度条件下，也会出现细菌繁殖。所以需要进行长时间运输的肉，应注意以下 5 点。

（1）运输车、船的内表面以及可能与肉品接触的部分必须用防腐材料制成，不影响肉品的理化特性或危害人体健康。内表面必须光滑，易于清洗和消毒。

（2）运输途中，车、船内应保持 0～5℃的温度，80％～90％的湿度。

(3) 运输车、船的装卸尽可能使用机械，装运应简便快速，尽量缩短交运时间。

(4) 装卸方法：对于运输的胴体（1/2 或 1/4 胴体），必须用防腐支架装置，以悬挂式运输，其高度以鲜肉不接触车厢底为宜。分割肉应避免高层垛起，最好库内有货架或使用集装箱，并且留有一定空间，以便于冷气顺畅流通。

(5) 配备适当的装置，防止肉品与昆虫、灰尘接触，且要防水。

5. 冷冻销售

冷冻销售包括各种冷链食品进入批发零售环节的冷冻贮藏和销售，它由生产厂家、开发商和零售商共同完成。随着大中城市各类连锁超市的快速发展，各种连锁超市正在成为冷链食品的主要销售渠道，在这些零售终端中，大量使用了冷藏（冷冻）陈列柜和贮藏库，它们成为完整的食品冷链中不可或缺的重要环节。零售中冷藏肉制品的存放时间可从几分钟到一周，而冻藏肉可达数月。在此期间既要保护食品不受外部热源的破坏，同时还要获得最佳出售状态，二者是一对矛盾。展示柜有一体或单独的制冷单元，空气流动可以靠重力或强制气流驱动，展示柜可以是单层也可是多层的。

保鲜是消费者对食品的第一要求。由于食品品种繁多，需引入先进信息系统对产品货架期和保鲜度进行管理。首先要采用“不同货架到货”方式，即按货架为单位进行到货的方法，对各个店铺的货架与冷鲜食品的关系进行调查，将冷鲜食品与存放其货架的货位输入到物流中心的计算机系统中，在计算机系统上建立起冷鲜食品与店铺以及货位的关联，通过计算机系统自动地识别各类食品的数量应该补充到哪一家店铺的哪一个货位上，这样就可能在货架上按顺序补充商品，做到效率最大化。另外要进行鲜度维持管理，采用计算机系统对食品鲜度进行维持，食品的主文件中设定商品有效期和准许销售期限，在商品入库时输入制造年月，计算机系统就可以自动进行判断各类食品是否可以入库。在库商品严格地按照先进先出法进行作业，每日由作业人员检验商品日期，为保证不出现超过准许销售期限的商品，对接近准许销售期限的商品提供警告功能，采用双重保险方式。

二、设 备 设 施

食品冷藏链各个环节中的装备、设施，主要有原料前处理设备、预冷设备、速冻设备、冷藏库、冷藏运输设备、冷冻冷藏陈列柜（含冷藏柜）、家用冷柜、电冰箱等，如图 4-3 所示。

三、冷 链 控 制

动物宰后的胴体温度接近于许多微生物生长的最适温度，所以在加工和销售前必须进行冷却。冷链的第一步操作是把温度降到限制微生物生长和品质变化的水平的冷却操作。如果肉品在冷却条件下流通，温度应高于最初的冷冻点以上，即为－1～15℃，许多国家规定为 7℃。冷冻食品的流通温度控制为－30～－12℃。

（一）冷却肉的冷却工艺

1. 冷却温度的确定

冷却是指将肉的温度降低到冻结点以上的温度（约－1.7℃）。冷却作用将使环境温

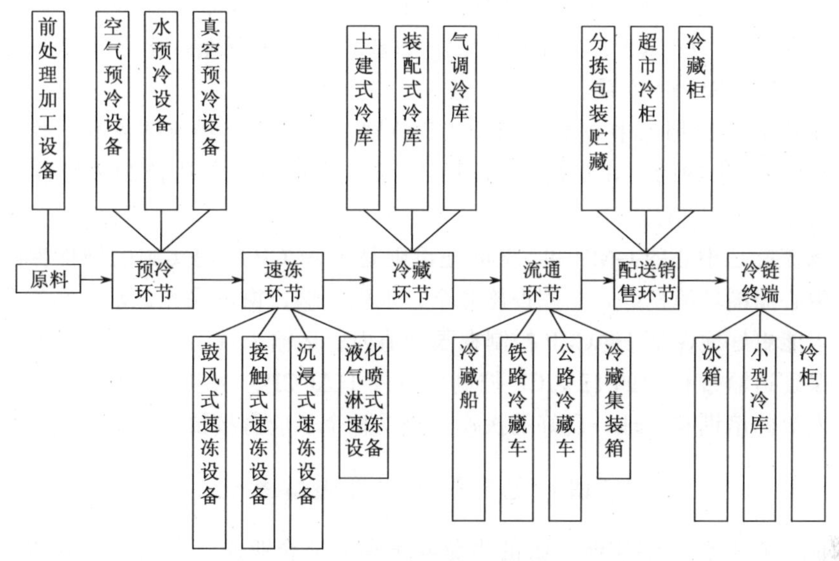

图 4-3 组成食品冷藏链的装备、设施

度降低到微生物生长繁殖的最适温度范围以下，从而抑制了微生物的酶活性，减缓生长速度，防止肉的腐败。冷却肉冷却温度的确定主要是从抑制微生物的生长繁殖考虑。肉品上存在的微生物除一般杂菌外，还有病原菌和腐败菌，当环境温度降至 3℃时，主要病原菌如肉毒梭状芽孢杆菌 E 型、沙门氏菌和金黄色葡萄球菌均已停止生长。将冷却肉保存在 0～4℃范围，可以抑制病原菌的生长，保证肉品的质量与安全；若超过 7℃，病原菌和腐败菌的增殖机会将大大增加。

2. 兔宰后胴体冷却工艺

刚宰杀的兔胴体，后腿的中心温度高达 40～42℃，表面潮湿，极适合微生物的生长繁殖，应迅速进行冷却。

（二）冷却肉的流通管理

1）*冷却链的建立* 兔宰杀后，胴体应迅速进行冷却处理，使胴体温度降到 0～4℃，并且在后续的加工、流通与零售过程中，继续保持在这一温度范围内，即冷却肉始终处于冷链控制之下，不要超过 7℃。

2）*冷却肉的包装* 在冷却肉的生产流通过程中，合理的包装是确保产品卫生和质量非常重要和必不可少的环节。

3）*冷却肉的品质管理* 保障冷却肉品质的最重要的两个因素是温度控制和卫生管理。对冷却链中各个环节的温度及时监测，就可消除温度过高或过低对冷却肉品质造成的危害。而对微生物污染的控制则需执行 HACCP 系统。

（三）食品供应物流和配送物流的质量安全控制

现代化的物流模式以加工配送中心为主导，主要存在着两个关键的物流过程：供应物流和配送物流。因此在引入 HACCP、GMP、SSOP 等食品物流质量安全控制的重要内容之后，要根据 HACCP、GMP、SSOP 的基本宗旨和原理，建立并实施属于自身的 HACCP、GMP、SSOP 体系。

食品供应和配送加工中心根据 HACCP 原则，分析食品物流的流程，找出控制关键点（CCP），包括生物的、化学的和物理的因素，采取适当方法控制关键点，同时建立监控档案并确立纠正措施。

对于物流配送中心的 GMP 和 SSOP 建设则是 HACCP 顺利实施的硬件保障，也就是说，配送中心周围环境良好，仓库设施齐全，地面、墙、窗户采光、水、空气等都符合食品贮存要求能更好地保证 HACCP 控制在限制值内；运输工具清洁可靠，具有良好的温控系统则能保证运输过程中的 HACCP 控制。另外 HACCP、GMP、SSOP 体系中还很重要的一点是人员的培训和管理，良好的操作规范是整个供应链按要求运转的关键。

（四）兔肉配送的可追踪系统

作为能够控制整个供应链上游的生兔养殖和屠宰企业而言，其所关心的问题包括生兔出生、成长、饲养、屠宰和分割等，需要对这些关键数据采集点进行质量安全监控，实施数据采集和数据关联，从而形成一条完整的追溯链条。这样的追溯链条一旦形成，即可从追溯链条的尾部检索追溯至头部，完成整个追溯过程。肉类制品质量安全追溯系统是建立在企业生兔规范化养殖基础上的。系统要求或建议实现生兔规范化养殖管理体系，即对单个生兔的出生地，生长期间防疫、喂料、疾病治疗等信息进行全面的质量安全监管。屠宰厂对兔的检疫、准宰信息、兔耳标号进行登记。对于企业生兔规范化养殖管理的整体过程实现信息化监控，即将规范化养殖管理要求的各个阶段需要采集的数据信息采用 GS1 国际编码体系进行标示，采用移动计算技术、数据采集与数据传输技术对关键数据进行采集，利用计算机技术和数据库技术对关键数据进行有效关联，形成数据链路，最终形成追溯码（或电子监管码），通过追溯码（或电子监管码）对产品单体兔生长信息进行检索追溯的一套技术。

1. 追溯系统业务流程设计

1）*屠宰*　要从兔肉制品追溯到兔，有赖于信息的准确性，需要兔肉标签规则和屠宰场的支持。当兔到达屠宰场时，需要兔的证照或健康证明，以及含有标识代码的耳标。屠宰场必须记录下列信息：连接兔肉与兔的一个参考代码（GS1 建议采用兔的耳标号码，由 AI 251 标识）；屠宰场的批准号码；出生地；饲养地；屠宰地。

如果兔的出生、成长与屠宰都在同一国家，标签上的这些信息统一由 AI 426 标识。

2）*分割*　屠宰场应将所有与兔及其兔胴体的相关信息传递给第一个分割厂。兔体的分割包括兔肉加工的全过程，从切割兔胴体到进一步分割，直至零售包装。

供应链中最多可以为 9 个分割厂编码，每个分割厂应将所有兔及其胴体的相关信息以人工可识读的方式传递给供应链中的下一个分割厂。在兔体分割加工处理过程中要满足兔肉标签规则的要求，并能记录有关信息。每个分割厂必须记录连接兔肉与兔的一个参考代码；屠宰场的批准号码；分割厂批准号码；出生地；饲养地；屠宰地；分割地。

兔肉分割车间切割后组成的任何一批兔肉制品，只包括同一屠宰场屠宰，并且是加工车间同一天加工的兔肉产品。通常只有与整批兔肉相关的信息才可写在分割厂的标签上。每个单独的兔肉块或肉末包装都必须有一个标签。

3）销售　兔肉的最后一个分割厂应按照规则的要求和商业需求，将所有与兔、兔胴体以及兔肉加工相关的信息传递给供应链中的下一个操作环节，可能是批发、冷藏或直接零售。

区分 POS 销售（销售时点信息，point of sale）的"预包装"兔肉制品和"非预包装"兔肉制品很重要。涉及消费者的标签（零售标签）必须包含下列人工可识读信息：连接兔肉与兔的一个参考代码；屠宰场的批准号码；分割厂的批准号码；出生地；饲养地；屠宰地；分割地。

贸易方应与国家的有关权威部门联系，提出 POS 销售点对非预包装兔肉产品标签的信息需求。

2. 追溯系统的架构方案

1）软件架构　软件架构分为数据采集和数据查询追溯两个部分。数据采集部分即是前面所述的采集养殖信息、屠宰与分割信息、检验信息、销售信息，关键数据以编码的形式标识。在数据采集过程中，系统选择合适的时机将相应的数据进行关联。另外一个部分就是数据查询和数据追溯功能，养殖信息统计和屠宰信息统计等关键数据的统计，并可对统计结果进行评价。追溯功能将根据第一章提到的方式进行。整体软件架构包括客户端（数据采集端 C/S 结构），中间层 webservice，web 终端查询（查询与追溯端，B/S 架构）三个部分，三个部分通过中间层松散耦合，通过数据库进行数据共享。

2）硬件架构　由于整个数据采集和追溯功能使用 GS1 国际标准编码规则的编码来标示关键数据，这些编码往往需要通过条码的形式表现出来。因此，硬件部分包括条码识读器（扫描枪）、条码打印机、普通打印机、各种耗材等。

3）网络拓扑　根据实际需要，公司内部数据采集和数据维护与查询限制在局域网内，控制数据安全，外网上只有 web 端追溯功能，通过防火墙与内部网络连接。

（五）低温食品物流的质量安全控制

低温食品是食品物流中质量安全要求最为严格的一类，包括冷冻食品（食品中心温度须维持在－18℃以下）和冷藏食品（食品中心温度须维持在 7℃以下，冻结点以上），以及食品卫生标准中所称的食用冰块、冰激凌、冷冻水果等冰类制品。一些生鲜食品往往也需要低温控制，因此也可以划入低温食品物流的范畴。

低温食品和其他加工食品最大的不同在于采用"低温控制技术"加工，或者/以及全程低温（冷冻食品－18℃以下；冷藏食品 7℃以下，冻结点以上）监控的贮运、配送和销售，达到保存食品原有质量（包括色、香、味、口感、营养等）以及安全（抑制微生物生长）的效果，使食品保存与流通的时间得以延长。低温食品强调以低温控制的技术和原理来达到维护和确保产品安全和质量的目的，因此产品的质量和安全监控就必须涵盖加工制造和出厂以后的贮运、配送和销售等过程，甚至是消费者购买后的最终消费。

根据 GMP、SSOP、HACCP 的原理，对研发技术进行集成，总结出针对低温食品物流质量安全控制的作业指导如下。

1. 低温食品仓贮作业指导

(1) 低温食品物流经营者应建立完善的仓贮管制作业程序，包括低温仓库的温度管制、仓贮作业管理，以及所有产品进货、贮存、搬运、理货和出货等相关管理系统和应有的记录窗体，并据以执行。

(2) 低温仓库应有足够的容量，且应装配适当的冷冻、冷却制冷系统，使库内温度可以维持在－23℃以下的冻藏条件，或4℃以下、冻结点以上的冷藏条件的能力，以维持冷冻食品中心温度可以控制在－18℃以下，冷藏食品中心温度可以控制在7℃以下、冻结点以上。

(3) 低温仓库应具备适当的设备，如出入门扉及遮蔽蓬设备，能与运输商运输配送的厢体紧密结合，以降低装卸货时外部温湿空气的进入。

(4) 低温仓库内每一贮存空间（区域）均应设置温度测定装置，其灵敏度及显示刻度至少可达1℃或更佳，且应能正确反映该区域的平均空气温度，并依规划持续（每天至少3次，或采取连续式）记录库温的变动，且保存温度记录1年以上。

(5) 低温仓库应有适度的照明，照明设施应有安全设计。

(6) 低温仓库的出入库区宜有避免暖空气直接进入的设计，过久而产生结露的缓冲区设计。

(7) 低温仓库应有适当的堆积栈板货架，货架排列及栈板堆栈方式应能使产品热量迅速去除，且不能影响到库内冷风的循流。

(8) 低温仓库的仓贮操作应能使产品温度维持在制造业者所设定的食品贮存温度。

(9) 低温仓贮内装载、卸货及理货作业区应力求密闭，除非是作业上的必要，各作业场所的门扉应保持关闭。内部的任何拆箱理货、搬运作业或堆栈作业应迅速，以避免低温食品暴露于高温多湿的环境中过久，而使产品温度提升及表面冷凝水的产生。

(10) 低温仓库应避免低温食品品温的过度变化，并降低其发生频率。物品的存放不宜置于出入门扉及人员进出频繁的附近区域。

(11) 低温食品和冷却器表面的温差应尽可能降至最低，且应避免过度的冷风循流。

(12) 未冻结、部分冻结或未冷却的产品不宜直接置于低温仓库内。冷藏食品与冷冻食品不可混合存放，同时具有强烈、独特味道的低温食品应单独存放，且应有换气设施。

(13) 低温食品堆栈时宜使用标准栈板（1m×1.2m，高度1.5cm），货品堆栈应稳固且有空隙，并利于冷风循流及维持所需的温度。同时不能紧靠墙壁、屋顶或与地面直接接触，离墙离地应有适当距离（建议在10mm以上）。

(14) 低温仓库应定期除霜，以确保其制冷能力；进行除霜作业期间，应尽量避免冰、水滴到低温产品上。

(15) 低温仓库应定期清扫，库内不得有秽物及食品碎片；高相对湿度的低温仓库应避免其内壁长霉。

(16) 用于搬运、贮存低温食品的载具、运输车辆、栈板等应定期清洗和维持清洁。

(17) 低温仓库仓贮人员应记录每批产品的入库温度、时间、产品有效日期，以及堆栈位置等，同时依食品良好卫生规范保管产品，并保存温度记录至该批食品的有效日期后 6 个月。

(18) 低温食品验收时，产品温度一旦异于制造厂商所设定的产品保存温度时，不论是高或是低，仓库管理员应马上通知货主并要求处理。

(19) 每一批低温食品贮存前，应有明显的产品标识，以便能有效辨识。

(20) 低温食品仓贮业者应依先进先出原则，并考虑产品有效期限排定出货顺序。

(21) 装载、卸货及理货作业区内的环境温度应依低温食品的特性加以控制，原则上均应维持在 15℃以下，各区应有适当区隔及管理。

(22) 温度计或温度测定器等用于测定、控制或记录的测量器或记录仪，应能发挥功能且须准确，并定期校正。

(23) 低温食品仓贮业者执行简易组合包装时应以不破坏原始食品的完整包装为原则，从事简易组合包装人员也应遵守食品良好卫生规范的相关规定。

(24) 低温仓库内部应装置警铃、警报系统，以利作业人员在危急状况或系统设备故障时，可迅速获得帮助。

(25) 低温仓库应装设温度异常警报系统，一旦制冷系统发生故障或温度异于所设定的警戒界限时，可迅速由专业人员加以维修和处理。同时应备有紧急供电系统，以便于停电、断电、跳电等突发状况发生时，维持低温仓贮的正常运作。

2. 低温食品运输配送作业指导

(1) 从事低温食品贮运业者除应有仓贮作业指导中所列的低温仓库以及相关设施外，同时应备有足量可维持低温食品在－18℃以下的冻藏条件，或 7℃以下冻结点以上的冷藏条件的低温运输配送车辆。

(2) 低温食品运输设备应与运输配送的低温食品所需的条件相符，并应有符合装载及卸货期间作业条件、运输期间冷风循流的温度及所需的运输时间等要求的设备。

(3) 低温食品运输车辆的厢体构造和设施应符合以下条件：①结构良好、可密闭及有效地隔热且装设适当的制冷系统和冷风循流系统，其间装载的货品均能维持产品温度在产品标示的贮运温度下。②应于低温运输配送厢体内的适当位置装设温度感应器，以显示运输厢体内正确的空气平均温度，且应有温度自动记录设备；该设施的指针或数字显示部位应装设于厢体外运输配送作业人员容易看到的位置。③应装设厢体防漏设施，包括紧密关闭的车门扉、减少门扉开启时内部冷气损失装置以及适当的排水孔密闭装置，以防止空气泄漏。④棚架、枝条、调节板等的构造应能保持装载货品周围空气循流的畅通。

(4) 低温食品运输车辆的厢体内部构造、材质选用应注意以下 9 点。①所有可能和食品接触的表面必须使用不会影响到产品风味及安全性的材质。②厢体的内壁必须使用平滑、不透水、可防锈、能耐腐蚀及清洁剂和消毒剂的材质。内部各板材的接缝少，且需用充填材料填入接缝。③载运低温食品的货柜厢体的导热系数应低于 0.2W/(m^2 · ℃)。④厢体底部应有沟道，以确保空气的循环流动。⑤厢体内应有安全装置，以防人员被反锁。⑥除了厢体内部设备及固定货物所需的设施或物品外，不应放置具有突状物或尖角等的设施。⑦若使用的制冷系统可能对人体有害时，应有警语标示及安全的作业措施以确保人员安全。⑧制冷系统泄漏时，应特别注意到所使用的冷媒的成分及毒性程度。⑨假如使用对人体的安全有顾虑的消耗性冷媒时，厢体出入门扉附近明显处应有适当的警语标示，以防人员在未经适当换气以前进入厢体内。

(5) 低温食品运输配送厢体应定期检查和保养维修，避免厢体伤害，破坏其隔热层的密闭性，应确保其隔热及冷风循流系统的良好；所有温度的量测装备及仪表亦应每年至少委托具公信力的机构校正一次，并作记录。

(6) 运输配送厢体的制冷系统不堪使用或故障时，不得装载低温食品。

(7) 运输配送作业时，厢体内应随时保持清洁，不能有秽物、碎片或其他不良气味或异味，以防止产品受到污染，同时应维持良好的卫生条件。用于载运低温食品的厢体不可载运会污染食品或有毒的物质。

(8) 低温运输配送厢体于装载前，应检查车辆及运输装备以及制冷系统和除霜系统是否在良好状态，厢体内应无结霜产生且与装载区结合的门扉应保持良好无损坏。

(9) 装载低温食品前厢体应予预冷至内部空气温度达 10℃以下，才能开始装货，同时对装载区的作业时间、能量消耗、温度均应适当控制。

(10) 低温食品的装载、卸货及运输配送等作业应在较短时间内完成，使产品暴露于温湿环境的时间降至最低；同时亦应有适当的措施以降低低温效果的损失，确保产品温度应能保持在制造厂商所设定的产品温度。

(11) 低温食品的堆积排列应稳固，厢体内的冷风应能在所载的低温食品周围循环顺畅；冷风的出入口应避免迂回现象产生，致使循流的空气量不足；同时循流的空气温度各点的温差应在 3℃以内。

(12) 运输配送人员应具备检测产品温度的能力，一旦产品温度未达规定的温度时，应予以适当处理。

(13) 低温食品的品温在装载、卸货前均应加以检测及记录，并保存记录至该批食品的有效日期后 6 个月。

(14) 运输业者应记录装卸货的时间、冷风循流的回风温度、运输配送期间制冷系统运转时间等。运输配送期间，作业人员应经常检测和记录厢体冷风温度，并保存记录至该批食品的有效日期后 6 个月。

(15) 运输期间检测的温度应记录在装载货物的运输文件上，以利于接货验收人员的查看，同时验收人员亦应确实检测，一旦检测结果超过验收标准设定的温度时，应予退货，免遭误用。

(16) 温度检测的位置应由货主及运输业者或运输业者及验收人员共同决定。

(17) 有关低温食品品温以及外观质量的检测只有在低温的环境下方可进行。

(18) 运输配送期间，厢体门扉的开启频率应降至最低。

(19) 一旦装载或卸货作业中断时，低温厢体门扉应保持关闭，且制冷系统应保持运转。

(20) 运输商配送期间车辆或厢体重要部位意外损坏时，应进行货品的损坏调查，并安排适当的运输工具及良好运输配送厢体进行后续的运送作业。如有卸货及再装载的作业，也应尽速完成，并测试产品温度及记录结果。

3. 低温食品销售作业指导

(1) 低温食品贩卖业者应具有足够空间且可维持低温食品品温于－18℃以下及7℃以下冻结点以上的低温食品销售柜和低温仓库（贮存柜），以便于库存控制。

(2) 低温食品于低温仓库贮存期间应遵循低温食品仓贮管制作业指引的相关规定。

(3) 低温食品销售柜或低温仓库应备冷风循流系统，且应有维持柜（库）内温度于－23℃以下及4℃以下冻结点以上的能力。

(4) 低温食品销售柜应具有除霜系统，以维持其冷冻能力。

(5) 低温食品销售柜应有适当措施，如货架或隔板、夜间遮蔽罩（night cover）等，以利冷风循环，以及防止外界的温湿空气进入柜内。

(6) 低温食品销售柜均应装置准确的温度计（建议准确度可达1℃以上），以确实显示柜内温度。温度计的感应部分应设于蒸发器冷却盘管的回风循流的位置上。

(7) 低温食品销售柜应具有清楚标示低温食品的装载限制线，即最大装载线的符号。

(8) 低温食品销售柜内装设的货架或隔板应有足够的孔洞，以确保冷风能在柜内充分循环。

(9) 低温食品贩卖店有权拒收产品温度高于制造厂商设定的产品保存温度的低温食品。

(10) 低温食品于销售柜贮存期间，应能保存产品品温于－18℃（冷冻食品）或7℃（冷藏食品）以下。

(11) 低温食品不得置于低温柜的最大装载线以外的区域。

(12) 销售的低温食品应遵守先进先出的存量管制并定期翻堆。

(13) 低温食品从运输配送厢体到销售柜的时间延迟应降到最低。

(14) 非低温食品或温度较高的产品不宜陈列于低温销售柜内，以免影响低温销售柜的低温效能。

(15) 售价标示作业应在不会影响低温食品品温的环境下进行。

(16) 低温销售柜不可设置于通风口、阳光直接照射、热源等设备或其他可能会降低其功能等因素的位置。

(17) 低温食品销售柜内应保持干净并维持冷风循环的通畅。

(18) 每天应记录低温销售柜的温度至少3次以上，如有异常，应采取必要的矫正措施。

(19) 低温食品销售柜的温度计应每年至少委托具公信力的机构校正一次，并作记录，以维持正常的功能。

(20) 温度的检测不应在除霜期间完成，除霜的时段应能在低温销售柜上清楚显示；作业上许可的话，包装产品内的品温也必须加以测试及记录。

(21) 低温销售柜的空气冷却器和冷冻机应定期清洗；同时除霜系统亦应定期检查；每天应定期除霜，以维持其冷冻能力，同时除霜水的出口应保持干净畅通。

(22) 低温销售柜发生故障或电源中断时，应停止贩卖，并采用各种保护措施；一旦障碍排除，应立即测定产品品温，若有解冻现象，则产品不得贩卖。

(23) 贩卖店应自备有小型的发电机（足够所有低温设备的电力），以备电源中断时使用。

（24）低温食品贩卖店的管理人员应具有检测产品温度的能力，并确实执行进货时的验收温度管理。

四、物流配送技术应用

食品物流由于其时间效应和空间效应，其质量安全的控制强调全程性、动态性、即时性、追溯性，与食品生产制造过程相比，难度更大。近年来，随着通信技术和互联网技术的不断进步，一些物流追踪技术得到发展和应用，并且在食品物流的质量安全管理中发挥了很好的作用。

1. 条码技术

条码技术是把计算机所需要的数据用一种条码来表示，以及将条码符号所表示的数据转变成计算机可以自动采集的数据的技术。主要包括：条码编码规则、条码技术标准、条码扫描与译码技术、条码印刷与检测技术。它们涉及数据通信技术、计算机技术、光电技术等。为了阅读条码符号所包含的信息，就需要有扫描装置和译码装置，当扫描器扫描条码符号时，根据光的反射和光电转换，条和空的宽度就变成了电流波，被译码器译码后就转换成了计算机可读的数据。

2. 射频识别技术 RFID（radio frequency identification）

RFID 系统主要由 3 个子系统组成：

（1）食品跟踪信息采集系统，包括食品自动识别系统。

（2）食品跟踪信息传输子系统。

（3）食品物流协同跟踪网络和配送优化模型与系统，运载工具监控系统。

3. 卫星通信类技术的应用

应用于物流的卫星通信类技术有很多种，目前还在发展中，但这些技术都是从军事技术转化而来，起点高，前景广阔。这类技术包括全球定位系统 GPS、电子数据交流 EDI、地理信息系统 GIS 等，这些现代化的技术结合 RFID 技术能将实时信息有效快速地传达到所需的地方。

这些技术应用于食品物流的质量安全控制具有很大的现实意义，可以将物流过程中的动态变化及时反馈以便做出迅速反应，如温度变化、湿度变化、振动和压力变化等影响食品物流质量与安全的因素。这些反馈和控制在传统的食品物流中是无法实现的。

4. 速冻技术

速冻设备是食品冷加工生产线上投资最大的关键设备，设备的优劣直接影响冷冻食品的品质。据国内外相关资料及产品情况，今后在进一步发展我们的速冻设备时，应注意考虑以下 3 个方面的因素。

（1）功能完善。包括能量的无级调节、多品种的适应性、合理的冷却器结构及冷风循环方式，运行的经济性，人性化设计使设备易于操作维护。

（2）清洁卫生。是指零部件的无污染性、库体内部的易清洁性、灵活设计的自动清洁功能。

（3）高可靠性。摒弃原始的手工作坊生产方式，利用世界一流的设计、制造技术，生产具有世界先进水平的速冻设备，以适应日趋全球一体化大市场的要求。

参考文献

常建军，赵静，张贵花. 2008. 牦牛肉发酵香肠制品关键技术研究. 食品研究与开发，29 (5)：65-69

单安山. 2006. 饲料与饲养学. 北京市：中国农业出版社：263-264

古应龙，杨宪时. 2006. 南美白对虾温和加工即食制品栅栏因子的优化设置. 食品科技，(6)：68-72

胡国安，吴大付. 2007. 有机农业. 中国农业科学技术出版社：69-70

蒋家新，黄光荣，蔡波. 2003. 栅栏技术在软包装榨菜中的应用研究. 食品科学，24 (3)：22-24

李莹，周剑忠，黄开红. 2008. 栅栏技术在调味对虾制品中的应用. 江西农业学报，20 (9)：115-117

刘冠勇，罗欣. 2000. 肉与肉制品加工中的栅栏技术. 肉类研究，(1)：37-40

刘静，邢建华. 2007. 食品配方设计 7 步. 北京：化学工业出版社：260-263

马俪珍，李军虎，程晓英. 1999. 栅栏技术用于羊肉脯的保藏效果. 中国畜产与食品，(5)：196-198

马美湖，刘焱. 2003. 无公害肉制品综合生产技术. 北京：中国农业出版社：153-160

马新武，陈树林. 2000. 肉兔生产技术手册. 北京：中国农业出版社：480-498

裘迪红，李八方. 2008. 臭氧水减菌化处理在炝蟹生产中的应用. 农业工程学报，24 (7)：273-275

孙来华，成坚，郭智函. 2001. 低糖樱桃番茄脯的保形和保质研究. 仲恺农业技术学院学报，14 (1)：36-40

孙卫青，马丽珍. 2004. 低温羊肉火腿综合保鲜技术的研究. 食品科技，(9)：36-39

唐良美. 1998. 养兔窍门百问百答. 北京：中国农业出版社：172-175

汪涛，马妍，金桥. 2007. 利用栅栏技术研制 H-Aw 型即食调味鱼片. 沈阳农业大学学报，38 (2)：224-228

汪艳群，陈芳，李武袆，等. 2007. 低糖脆梅加工中栅栏技术的研究. 食品与发酵工业，33 (5)：80-83

王丽哲. 2002. 兔产品加工新技术. 北京：中国农业出版社：42-45

王卫，黄邓萍. 2003. 香豉兔肉防腐保质栅栏因子的调控研究. 食品工业科技，24 (2)：31-33

王卫. 2002. 现代肉制品加工实用技术手册. 北京：科学技术文献出版社：14-25

王玉田. 2006. 肉制品加工技术. 北京市：中国环境科学出版社：246-247

王振来. 2003. 养猪场生产技术与管理. 北京：中国农业大学出版社：379-386

吴燕燕，李来好，杨贤庆. 2008. 栅栏技术优化即食调味珍珠贝肉工艺的研究. 南方水产，4 (6)：56-62

吴祖兴. 2000. 现代食品生产. 北京：中国农业大学出版社：76-80

徐吉祥，彭珊珊. 2009. 栅栏技术在食用菌保鲜贮藏中的应用. 农产品加工，(5)：65-67

杨国义. 2002. 食品安全与卫生强制性标准实用手册 1. 西宁：青海人民出版社：5-6

杨文俊，宗学醒，母智深. 2007. 栅栏技术在乳品工业中的应用. 中国乳品工业，35 (2)：50-53

余元善，肖更生，陈卫东，等. 2007. 凉果加工技术及微生物控制原理. 广东农业科学，(4)：70-72

袁霖，郭新竹. 2005. 栅栏技术在膏状肉类香精防腐申的应用. 食品工业科技，(6)：179-180

赵静，莫海花，李红征. 2006. 栅栏技术延长牦牛腱子制品货架期的应用研究. 食品研究与开发，27 (7)：193-195

赵志峰，雷鸣，卢晓黎. 2004. 栅栏技术在调理食品中的应用研究. 食品科学，25 (6)：107-110

钟艳玲，路广计，房金武. 2005. 肉兔. 北京：中国农业大学出版社：42-45

朱维军. 2007. 肉品加工技术. 北京：高等教育出版社：156-168

Leistner L. 1985. Hurdle technology applied to meat products of the shelf stable product and inter mediate moisture food types. In：Simatos D，Multon J L. Martinus NijhoffPubl. Dordrech：309-329

第五章　兔皮兔毛及副产物初加工利用

第一节　兔 皮 利 用

一、主要的皮用兔种类

随着兔品种改良技术的进步，家兔越来越趋向于皮肉兼用兔的方向发展。目前，皮质优良，可作为皮肉兼用兔种的为力克斯兔（獭兔）（彩图 62）。其他兔种，如加利福尼亚兔、比利时兔、法国公羊兔、日本大耳兔、青紫蓝兔、丹麦白兔、喜马拉雅兔、弗朗德巨兔（银狐兔）、大型新西兰白兔等也可作为肉皮兼用。随着兔品种越来越趋向于皮肉兼用兔的方向发展，皮用兔种的肉也可用于加工优质兔肉制品。

力克斯兔原产于法国，其皮毛可与水獭相媲美，我国通常称它为“獭兔”；又因为力克斯兔的绒毛水平直立，具有绢丝光泽，手感柔软，故又称之为“天鹅绒兔”；獭兔色彩较多，也有人称其为彩兔。

目前，在英国公认的力克斯兔色型有 28 种，美国公认的有 14 种。我国饲养的獭兔大多从美国引进，其色型分为海狸色、青紫蓝色、巧克力色、紫丁香色、山猫色、乳白色、红色、黑貂色、海豹色、白色、黑色、蓝色和碎花色。

獭兔外观清秀，后躯丰满，腹部紧凑。头小眼大，耳长竖立，并呈 V 形，成兔喉有喉袋，被毛短而平齐，竖立、柔软而浓密，具有绢丝光泽。

獭兔体型中等，发育均匀，肌肉丰满，成年兔体重 3～4kg。繁殖力强，年产 4～6 胎，胎产 6～8 只，哺乳好，母性好，仔兔成活率较高。被毛绒密而短，光泽好，粗毛含量少，毛被平整，不易脱毛，保暖性好。被毛标准长度 1.3～2.2cm，理想长度为 1.6cm。獭兔虽然是皮用兔，但其肉质也非常好，产肉率也高。饲养獭兔对饲料营养、管理条件要求较高，对潮湿和炎热气候抵抗力差，对疥癣等病抵抗力较弱。

獭兔的主要产品是兔皮，兔皮经加工可生产两大类产品——裘皮和革皮。裘皮保温性好，革皮质地致密柔软。因其物美价廉，用途相当广泛。目前我国以制裘为主，革皮为辅。

裘皮是兔皮带毛加工鞣制成的产品。除长毛兔外，獭兔和肉兔的毛被浓密，质地轻柔美观，尤其是白色兔皮，经鞣制加工和用现代化染色技术染色，可仿制各种高级兽皮，生产各种款式新颖、美观大方、穿着舒适的国际流行时装，为毛产品的开发开创了新局面，扩大了原料来源和兔皮产品的使用价值。

革皮是兔皮去毛后经过加工轻制而成的产品，家兔的皮板柔韧，加工鞣制成革皮后，可代替鹿皮擦拭机件，也可制作鞋面、手风琴革、棉皮革以及儿童鞋、帽、手套等多种皮的主体。

二、兔皮的特点

典型的皮用兔獭兔，其鲜皮成分、纤维类型、毛皮特征、换毛规律及原料皮的季节特征等与其他动物皮张相比，具有独特之处。

1. 鲜皮成分

组成兔皮的化学成分，主要为水、脂肪、无机盐、蛋白质和碳水化合物等。了解兔皮化学成分和理化性质，对兔皮的加工、鞣制具有重要意义。

1）*水分*　刚屠宰剥取的兔皮含水量为65%～75%，一般幼龄兔皮的含水量高于老龄兔，母兔皮的含水量高于公兔皮。据测定，真皮层含水量最多，表皮层最少，网状层介于两者之间。鲜皮中的水分，随着干燥时间的延长，水分大量散失，形成过干生皮，由于胶原纤维结合紧密，加工浸水过程中就会导致充水困难，造成生皮难于浸软。

2）*脂肪*　鲜皮中的脂肪含量占皮重的10%～20%，主要存在于表皮层、乳头层和皮脂腺中，其次为网状层和皮下组织中。脂肪对兔皮的加工鞣制有极大影响。所以，含脂过多的生皮，在鞣制加工前必须进行脱脂处理。

3）*无机盐*　鲜皮中含有少量的无机盐，占鲜皮重的0.3%～0.5%，主要是钠、钾、镁、钙、铁、锌等。一般表皮层中含钾盐多，真皮层中含钙盐多；白色兔毛中含有较高的氯化钙和磷酸钙，深棕色兔毛中含有较高的氧化铁。

4）*碳水化合物*　鲜皮中的碳水化合物含量占皮重的1%～5%，从真皮层到表皮层，从细胞到纤维均有分布，有葡萄糖、半乳糖等单糖及糖原、黏多糖等。酸性黏多糖在基质中具有润滑和保护纤维的作用。

5）*蛋白质*　鲜皮中的蛋白质含量占皮重的20%～25%，是毛皮的重要组成成分，结构和性质极其复杂。

真皮的主要成分为胶原蛋白和弹性蛋白。胶原蛋白不溶于水、盐水、稀酸、稀碱和酒精，在鞣制加工过程中胶原蛋白经稀酸或其他鞣剂处理后，能保持柔软、坚固等特性。所以，在生皮贮存期间或鞣制加工过程中，应尽可能防止胶原蛋白受损。弹性蛋白不溶于水、稀酸及碱性溶液，但易被胰酶和饱和石灰溶液分解。鞣制加工过程中就是利用这一特性来除去弹性蛋白，以增加成品的柔软性和伸长性。

表皮和兔毛的主要成分是角蛋白，不溶于水、酸、碱溶液，具有抗酶作用。白蛋白、球蛋白、黏蛋白和类蛋白主要存在于血液、淋巴和纤维之间，白蛋白和球蛋白易溶于水、酸和碱溶液，遇热凝固；黏蛋白和类蛋白则不溶于水和中性盐溶液，但能溶于稀碱溶液，可被酸性蛋白酶和黏蛋白酶分解。在兔皮鞣制加工的准备工序中必须除去白蛋白、球蛋白、黏蛋白和类蛋白，以利鞣剂、加油剂、染料等渗入皮层内。

2. 獭兔皮季节特征

从獭兔被毛的褪换规律可以看出，宰杀取皮季节不同，皮板与毛被的质量也有很大差异。

1）*春皮*　自立春（2月）至立夏（5月），气候逐渐转暖，这时所产的皮张底绒空疏，光泽减退，板质较弱，略显黄色，油性不足，品质较差。

2）*夏皮*　自立夏（5 月）至立秋（8 月），气候炎热，经春季换毛后已褪掉冬毛，换上夏毛。这时所产的皮张，被毛稀短，缺少光泽，皮板瘦薄，多呈灰白色。毛皮品质最差，制裘价值最低。

3）*秋皮*　自立秋（8 月）至立冬（11 月），气候逐渐转冷，且饲料丰富，早秋所产的皮张，毛绒粗短，皮板厚硬，稍有油性；立秋后皮毛绒逐渐丰厚，光泽较好，板质坚实，富含油性，毛皮品质较好。

4）*冬皮*　自立冬（11 月）至立春（2 月），气候寒冷，经秋季换毛后已全部褪换为冬毛。这时所产的皮张，毛绒丰厚、平整，富有光泽，板质足壮，富含油性，特别是冬至到大寒期间所产的毛皮品质最好。

3. 兔皮的组织结构

兔皮分为毛皮和革皮两部分。毛皮大量用作制裘，革皮用作制革。兔皮除皮上所附毛被外，可分为 3 层：表皮层、真皮层、皮下层。

1）*表皮层*　位于皮肤的最外层，可分角质层、透明层、颗粒层、生发层 4 层。

角质层：角质化变硬的细胞层、逐渐变屑自行脱落。

透明层：在角质层下面，由颗粒层细胞往上移而形成，细胞排列紧密，它是枯死的细胞。

颗粒层：由生发层往上移而形成，组成的细胞局部失去水分呈颗粒状。

生发层：即生长层，是表皮最下层，由具有繁殖能力的有核的线状新生细胞所组成。

2）*真皮层*　位于表皮以下，皮下层以上的部分。它是一种厚而致密的结缔组织，在构造上是由化学组成彼此不相同的胶原纤维、弹性纤维、网络纤维所构成。胶原纤维是组成真皮的主体，弹性纤维和网络纤维在真皮中都比较少。真皮层可分为乳头层和网络层。乳头层和表皮的下层相互嵌入，在本层内有可调节体温的汗腺，所以称为恒温层。网络层的皮纤维和纤维束比乳头层的粗，编织紧密如网。

3）*皮下层*　皮下层常称肉层，是一层松软的结缔组织，由排列疏松的胶原纤维和弹性纤维构成，纤维间包含着许多脂肪细胞、神经、肌肉纤维和血管等。

三、獭兔毛的特点

（一）兔毛类型

獭兔被毛的特点是绒毛含量高，枪毛含量低。如果一张獭兔皮，枪毛含量过高，且突出于绒毛面，就失去了獭兔毛皮的特点。

据测定：獭兔被毛中的枪毛含量为 4%～7%，绒毛含量为 93%～96%。从不同部位看，枪毛含量以肩部最高，背部次之，臀部最低；从不同性别看，似有母兔被毛中的枪毛含量高于公兔的趋向。獭兔被毛中的枪毛含量，除受遗传因素影响外，主要受外界温度和饲养管理条件的影响。不良的饲养管理条件，忽视品种的选育提高，均会引起一种退化，枪毛含量增加。总而言之，獭兔毛皮的主要特点在于：绒毛短密柔软，色泽光润美观，拉力、弹性、抗磨力强，保温性能好，是毛皮工业中的优质制裘原料。

（二）兔毛的构造

1. 兔毛的组织学结构

单根兔毛由三部分组成，由外向内依次为鳞片层、皮质层和髓质层。

1）*鳞片层*　鳞片层是兔毛纤维的最外层，由较坚固的角质细胞组成，对毛纤维有保护作用。鳞片的游离端朝向毛根，可以防止水渗入毛的深处，还可以防止其他理化作用的影响。兔毛的鳞片紧贴毛干，摩擦力较小，是兔毛织物容易掉毛的主要原因。

2）*皮质层*　皮质层位于鳞片层的下部，由扁平而稍长的纺锤状细胞组成，是纤维的主体，决定毛纤维的主要品质如强度、弹性等。

3）*髓质层*　髓质层是毛纤维的中心部分。髓质细胞中充满空气，而空气是热的不良导体，能降低兔毛的导热性，使兔毛具有良好的保暖性，同时使兔毛质地轻柔。

2. 兔毛的纤维类型

根据兔毛纤维的组织学结构和细度，可分为粗毛、细毛和两型毛。

1）*粗毛*　是兔毛中最粗的一种，髓腔特别发达，毛平直，无弯曲，具有保护绒毛和防止绒毛毡结的作用。

2）*细毛*　又称绒毛，比粗毛细而短，毛纤维有浅状弯曲。

3）*两型毛*　属粗毛，毛的上半段粗而纤维平直，髓腔发达，具粗毛特征。下半段较细，有不规则弯曲和平列髓细胞，有细毛特征。在粗毛和细毛交界处易断裂，纺织价值较低。

（三）换毛规律

獭兔的正常换毛现象是对外界环境的一种适应表现，换毛时间可分为年龄性换毛和季节性换毛。

1. 年龄性换毛

年龄性换毛主要发生在未成年的幼兔和青年兔。第一次年龄性换毛始于仔兔出生后30日龄左右，直至130～150日龄结束，尤以30～90日龄最为明显。据观察，120日龄以内的獭兔被毛多呈空疏、细软，不够平整，随日龄增长而逐渐浓密、平整。獭兔皮张以第一次年龄性换毛结束后的毛皮品质最为好，屠宰剥皮最合算。

第二次年龄性换毛多在180日龄左右开始，210～240日龄结束，换毛持续时间较长，有的可达4～5个月，且受季节性影响较大。例如，第一次年龄性换毛结束时正值春、秋换毛季节，往往就会立即开始第二次年龄性换毛。

2. 季节性换毛

季节性换毛主要是指成年兔的春季换毛和秋季换毛。春季换毛，北方地区多发生在3月初至4月底，南方地区则为3月中旬至4月底；秋季换毛，北方地区多在9月初至11月底，南方地区则为9月中旬至11月底。

季节性换毛的持续时间长短与季节变化情况有关，一般春季换毛持续时间较短，秋季持续时间较长。另外，也受年龄、健康状况和饲养水平等的影响。

3. 换毛顺序

据观察，獭兔的换毛顺序一般先由颈部开始，紧接着是前躯背部，再延伸到体侧、腹部及臀部。春季换毛与秋季换毛顺序大致相似，唯颈部毛在春季换毛后夏季仍不断地褪换，而秋季换毛后则无此种现象。

獭兔换毛期间体质较弱，消化能力降低，对气候环境的适应能力也相应减弱，容易受寒感冒。因此，换毛期间应加强饲养管理，供给容易消化、蛋白质含量较高的饲料，特别是含硫氨基酸丰富的饲料，对被毛的生长，提高獭兔毛皮的品质尤为重要。

（四）兔毛的采集与分级

1. 兔毛的采集

常用的兔毛采集方法有 2 种，即拉毛和剪毛。

拉毛：在春秋换毛季节，可以一小撮一小撮轻轻拉下长毛，留下短毛；幼兔 2 月龄时剪去乳毛后 80 天左右全部拉光。

剪毛：是我国兔毛生产主要的取毛方法。其顺序为：先剪背部，再剪体侧，然后剪头部、四肢和腹部。

2. 兔毛的分级

兔毛的分级是根据“长、松、白、净”的要求进行的（表 5-1）。

表 5-1 兔毛分级技术国家标准（1990 年审定）

级别	平均长度/mm	短毛率不大于/%	松毛率不小于/%	含杂质小于/%	外观特征
优级	不小于 55.1	10	99.5	0.05	颜色自然洁白，有光泽，毛形清晰，蓬松
一级	45.1～55.0	15	99.5	0.07	颜色自然洁白，有光泽，毛形清晰，较蓬松
二级	35.1～45.0	20	97.0	0.10	颜色自然洁白，光泽稍暗，毛形较清晰
三级	25.1～35.0	25	95.0	0.15	颜色自然洁白，光泽稍暗，毛形较乱

（五）兔毛的质量指标

1. 长度

长度是指毛丛在自然状态下的长度。一般粗（枪）毛要长于细（绒）毛，测量长度以细毛为准。

2. 蓬松状态

蓬松状态是指松散度。缠结毛有以下 3 种状态：带毡结不形成毡块，容易撕开不影响毛的品质；缠结毛虽然呈毡块，但较轻微，对毛的品质稍有损伤；结块毛缠结严重，不易撕开。

3. 色泽要求

全部白色无色差者为纯白色；洁白光亮者为洁白色，为最佳色泽；色白略带微黄、微红、微灰者为较白色；次于较白色者为次白色；非白色者为次毛色、有色毛、染（杂）毛等。

4. 净度

净度是针对含水、杂质而言。要求干燥、无杂质。

四、宰杀取皮方法

獭兔贵在毛皮，通常以毛皮品质来衡量产品的商品价值，宰杀取皮技术的好坏往往会影响到毛皮的质量和收购等级。因此，必须引起足够的重视。可参见本书第一章有关兔屠宰的相关内容。以下就手工宰杀取皮予以简述。

1. 宰前准备

为了保证兔皮和兔肉的品质，对候宰兔必须做好宰前检查、宰前饲养和宰前断食等工作。

1）宰前检查　进入屠宰场的候宰兔必须具有良好的健康体况。兽医检疫人员应首先了解候宰兔产地的疫病情况，并全部转入隔离舍饲养，作详细的临床检查和实验室诊断，经诊断确属健康的，即可转入饲养场进行宰前饲养，病兔或疑似病兔应转入隔离舍饲养。

2）宰前饲养　候宰兔经兽医检疫人员检查后可按产地、强弱等情况分群、分栏饲养，饲料应以精料为主，青料为辅，尤以大麦、麸皮、玉米、甘薯、南瓜等为最适宜。在宰前饲养中还必须限制獭兔运动，以保证休息，解除运输途中产生的疲劳和刺激，提高产品质量。

3）宰前断食　确定屠宰的兔子，宰前断食 8h，只供给充足的饮水。宰前断食不仅有利于屠宰操作，保证皮张质量，而且还可节省饲料，降低成本。

2. 处死方法

獭兔处死的方法很多，常用的有颈部移位法、棒击法和电麻法等，可参见本书第一章有关兔屠宰的相关内容。

3. 剥皮技术

处死后的兔子应立即剥皮。手工剥皮一般先将左后肢用绳索拴起，倒挂在柱子上，用利刀切开跗关节周围的皮肤，沿大腿内侧通过肛门平行挑开，将四周毛皮向外剥开翻转，用退套法剥下毛皮，最后抽出前肢，剪除眼睛和嘴唇周围的结缔组织和软骨。在退套剥皮时应注意不要损伤毛皮，不要挑破腿肌或撕裂胸腹肌。

剥皮是一项繁重的劳动，现代化獭兔屠宰场多采用机械剥皮，我国在剥皮机加工上已有成熟技术和设备，如链条式剥皮机，与手工比较工效提高 5 倍左右。中小型獭兔屠宰加工厂可采用半机械化剥皮法，即先用手工操作，从后肢膝关节处平行挑开剥至尾根，用双手紧握腹、背部皮张，伸入链条式转盘槽内，随转盘转动顺势拉下兔皮。

4. 放血方法

獭兔宰杀取皮要破除长期形成的先宰杀放血，后剥皮的传统方法，改为先处死、剥皮，后放血的新方法，以减少毛皮污染。目前，最常用的放血方法是颈部放血法，即将剥皮后的兔体侧挂在钩上，或由他人帮助提举后腿，割断颈部的血管和气管放血。根据操作实践，倒挂刺杀的放血时间以 3～4min 为宜，不能少于 2min，以免放血不全，影响兔肉品质。放血充分的胴体，肉质细嫩，含水量少，容易贮存；放血不全的，肉质发红，含水量高，贮存困难。

5. 胴体处理

处死、剥皮、放血后的胴体，立即剖腹净腔。先用利刀切开耻骨联合处，分离出泌尿生殖器官和直肠，然后沿腹中线切开腹腔，除留肾脏外取出全部内脏器官，在前颈椎处割下兔头，在跗关节处割下后肢，在腕关节处割下前肢，在第一尾椎骨处割下尾巴。最后用清水洗净胴体上的血迹和污物。

五、毛皮品质评定

（一）兔皮的分级标准

1. 一般兔皮的商业分级标准

特等皮：具有一等皮毛质，面积在 1110cm^2 以上。

一等皮：毛绒丰厚、平顺，面积在 800cm^2 以上。

二等皮：毛绒略空疏、平顺，面积在 700cm^2 以上。

三等皮：毛绒空疏或欠平顺，面积在 500cm^2 以上。

等外一：具有一等、二等皮毛绒、面积，带有伤残缺点，但不超过全面积的 30%；或具有一等、二等皮毛绒，面积在 444cm^2 以上；或毛绒略差于三等皮而无伤残者。

等外二：不符合等外一要求，但有一定制裘价值者均属之。

说明：

（1）带轻微伤残或颈部及边肷空疏的，不算缺点，伤残严重的酌情降级。

（2）量皮方法选从颈部缺口中间至尾根量其长度，选腰间中部位置量其宽度，长宽相乘，求出面积。

（3）长毛兔皮，毛长在 3.3cm 以上按家兔皮等外一算，不足 3.3cm 按等外二算。

2. 獭兔皮的商业分级标准

中国土畜产进出口总公司 1982 年根据国外獭兔皮的商品标准并结合中国獭兔皮的生产情况，把獭兔皮暂分为甲、乙、丙三个正式等级。

甲级皮：绒毛丰密平齐，毛色纯正，色泽光润，无旋毛，板皮良好，皮板洁净，无伤残，全皮面积在 1110cm^2 以上。

乙级皮：绒毛齐平，毛色纯正，色泽光润，无旋毛，绒毛略空疏或略短芒，板质良好，皮板洁净或具有甲级皮面积，在次要部位可带破洞 2 处，总面积不超过 7cm^2，或具有甲级皮质量，面积在 944cm^2 以上。

丙级皮：板质较好，绒毛空疏或短芒，毛绒欠平齐，毛色纯正或具有甲、乙级皮面积，在次要部位可带破洞 3 处，总面积不超过 10cm^2；或具有甲、乙级皮质量，面积在 777.8cm^2 以上。

不符合等内皮要求者，列为等外皮，等外皮暂按一般家兔皮规格。

说明：

（1）量皮方法与一般兔皮相同。

（2）品质退化（针毛突出平面）按等外皮算，针毛含量过多酌情降级。

（3）严防烈日暴晒，严防油烧，严防受闷脱毛。油浸、软脱、剪毛等无制裘价值者亦无商业价值。

3. 兔皮的质量检验和分级

兔皮可分为一般家兔皮、力克斯兔皮、青紫蓝皮及野生的山兔皮。家兔皮、青紫蓝皮及力克斯兔皮是制裘的原料，山兔皮是制毡帽、笔的原料。各种皮的商业分级如表 5-2 所示。

表 5-2　各种皮的商业分级标准

	家兔皮	力克斯兔皮	青紫蓝皮	山兔皮
甲级皮	毛绒平顺丰富，色泽光润，板质良好，全皮面积在 24cm² 以上	板质足壮，绒毛丰厚平顺，毛色纯一，无旋毛（轻度旋毛降一级，严重者降两级）。无脱毛、油烧、烟熏、孔洞、破缝，面积在 33cm² 以上	同家兔皮标准相同，要求板皮面积在 30cm² 以上	毛细长，绒丰厚，面积在 23cm² 以上
乙级皮	毛绒略薄而平顺，色泽光顺，板质良好，仅次于甲级皮质量，面积在 21～23cm² 以上	板质良好，绒毛略薄而平顺，毛色统一，无旋毛，在次要部位有轻微脱毛、油烧、烟熏、孔洞、破缝，面积与甲级皮相同，或具有甲级皮质量，面积在 28cm² 以上	等级要求与家兔相同。面积要求在 25cm² 以上	毛绒较疏，毛丰顺，面积较小或具有甲级皮质量而带有小伤残者
丙级皮	毛绒空疏但平顺，或色泽、毛绒、板质稍次于乙级皮者，或具有甲级皮板质量而面积只有 20cm² 以上者	板质良好，绒毛稍空薄，边肋带两个小孔或其他伤残者，全皮面积与甲级皮同或者质量与甲、乙级同，面积在 23cm² 以上	等级规格参考家兔皮规格，面积在 20cm² 以上者	—
等级比差	甲级皮为 100% 乙级皮为 80% 丙级皮为 50% 等外皮 25%	100% 80% 50% 25%	100% 80% 50% 25%	100% 60% — 25%
颜色比差	白色为 100%，黑色、棕色、褐色为 90%，杂色为 80%	纯种色泽无比差，但必须在一张皮上毛色纯一，有不同毛色的皮甲级皮质降为丙级，以此类推	—	—

（二）兔皮的评定依据

衡量兔皮特别是獭兔皮品质好坏，主要依据是绒毛、色泽、板质、面积和伤残等。

1. 绒毛

评定獭兔毛皮品质最重要的是绒毛的丰厚度、平整度和针毛含量。丰厚度是指单位面积内着生的绒毛数量，除受品种遗传因素影响外，还受营养年龄和季节的影响。营养条件越好毛绒越丰厚；青壮年兔比老龄兔丰厚；冬季皮比夏季皮丰厚；北方皮比南方皮丰厚。平整度是指绒毛长短均衡程度。如果针毛多而突出于毛面，就会失去獭兔毛皮固有的特色。影响平整度和针毛含量的主要因素有营养条件和取皮时间，营养条件越差，则针毛含量越多。未经换毛的毛皮，其针毛含量往往高于经换毛后的适龄毛皮。

2. 色泽

对色泽的基本要求是符合品种色型特征，毛色纯正、色泽光亮。影响色泽纯正度的因素主要是遗传和年龄。颜色不同的獭兔杂交，其后代容易出现杂色；年龄不同其色泽也有较大的差异，一般以 5 月龄至周岁前后最为纯正而富有光泽；老龄兔和 4 月龄以前的青年兔毛皮色泽较淡而缺光。此外，管理较差、营养不良、疾病等因素均会影响毛皮的色泽。

3. 板质

板质是指皮板质量而言。要求薄厚适中，质地坚韧，板面洁净，色泽鲜艳，被毛附着度牢固。青年兔适时取皮，板质一般都比较好，老龄兔板质比较粗糙，夏季取的皮皮板较薄，易破裂，绒毛也容易脱落。有的板质不好，是由于剥制与加工不当，晾晒、贮存与运输不当造成的。

4. 面积

面积大小关系到皮张的利用价值，通常以原干板为标准，鲜皮、皱缩板在评定时应正确测量，酌情伸缩，撑拉过大的皮张一律降级或作次皮处理。

5. 伤残

伤残缺陷直接影响到皮张的利用价值。鉴别伤残缺陷时，应区分软伤与硬伤、伤残处数的多少、面积大小、分散还是集中等，全面衡量影响皮张质量的程度。

（三）皮的评定方法

主要通过看、抖、摸法来评定兔皮质。

看：就是一手捏住兔皮的头部，一手执其尾部，仔细观察其毛绒、色泽和板质等。一般先看毛面，后看板面。注意观察被毛的粗细、色泽、皮板、皮形是否符合标准，有无淤血、损伤、脱毛等现象。

抖：就是一手捏住头部，另一手执其尾部，然后用捏住尾部的一手上下轻轻抖动毛皮，观察被毛长短、平整度及绒毛附着度等。如果粗毛突出或粗毛含量过多，均应降级处理。宰杀、剥制、加工过程中处理不当或春、秋季节脱换毛期剥制的兔皮，则会引起脱毛现象。经抖皮出现毛绒脱落即为脱毛皮，必须降级。

摸：就是用手指触摸皮毛，以检查被毛弹性、密度及有无旋毛，并用手指插入被毛，检查厚实程度。用嘴逆毛方向吹开被毛，使其形成漩涡中心，根据露出皮板面积大小评定密度，最好的密度为漩涡中心看不到皮板。一般臀部最密，背部次之。

六、原料皮的初加工

刚从兔体上剥下的生皮称为鲜皮。鲜皮含有大量水分、蛋白质和脂肪，极适于各种微生物繁殖，如不及时进行加工处理，就很有可能腐败变质，影响毛皮品质。

1. 清理

剥下的生皮，常带有油脂、残肉和血污，不仅影响毛皮的整洁和贮存，而且容易造成油烧、霉烂、脱毛等伤残，降低使用价值，应及时清理。脱脂清理工作，家庭通常采用木制刮刀进行。清理中应注意以下 3 点。

(1) 清理刮脂时应展平皮张，以免刮破皮板。

(2) 刮脂时用力应均衡，不宜用力过猛，以免损伤皮板，切断毛根。

(3) 刮脂应由臀部向头部顺序进行，如逆毛刮脂，易造成透毛、流针等伤残。

2. 消毒

在某些情况下，原料皮可能遭受各种病原微生物的污染，为了防止传染源的扩散和传播，在原料皮加工前，可用甲醛熏蒸消毒，或用2%盐酸和15%食盐溶液浸泡2～3天，则可达到消毒的目的。

3. 防腐

防腐方法有干燥法和盐腌法，后者有损于毛皮品质，通常多采用干燥法。

鲜皮刮去脂肪后，用干锯屑、滑石粉、破布等搓擦皮板内膜，直至脂肪沉积物完全擦去为止，再抖掉锯屑和滑石粉。然后将皮筒毛朝里皮板朝外套在特制楦板或撑子上（图5-1）。最后悬挂于干燥通风的地方，当晾至手感干燥时，即可贮藏或打包运输。在干燥过程中，不可雨淋、暴晒或火烤。

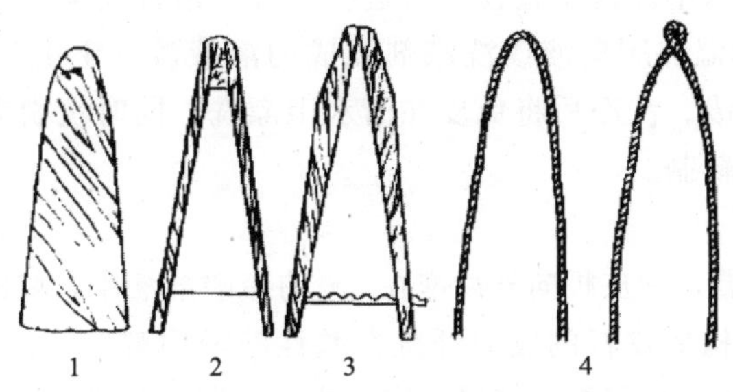

图5-1　楦板与皮撑

1为楔形板；2为叉形板；3为活动板；4为铅丝绳撑

鲜皮防腐是毛皮初步加工的关键，防腐的目的在于促使生皮造成一种不适于细菌作用的环境。目前常用的防腐方法主要有干燥法、盐腌法和盐干法等3种。

1) 干燥法　　干燥法即通过干燥使鲜皮中的含水量降至12%～16%，以抑制细菌繁殖，达到防腐的目的。

干燥防腐的优点是操作简单、成本低、皮板洁净、便于贮藏和运输，主要缺点是皮板僵硬、容易折裂、难于浸软，且贮藏时易受虫蚀损失。

2) 盐腌法　　盐腌法即利用干燥食盐或盐水处理鲜皮，是防止生皮腐烂最普通、最可靠的方法。用盐量一般为皮重的30%～50%，将其均匀撒布于皮面然后板面对板面堆叠1周左右，使盐溶液逐渐渗入皮内，达到防腐的目的。

盐腌法防腐的毛皮，皮板多呈灰色，紧实而富有弹性，湿度均匀，适于长时间保存，不易遭受虫蚀。主要缺点是阴雨天容易回潮，用盐量较多，劳动强度较大。

3) 盐干法　　这是盐腌和干燥两种防腐法的结合，即先盐腌后干燥，使原料皮中的水分含量降至20%以下。鲜皮经盐腌，在干燥过程中盐液逐渐浓缩，细菌活动受到抑制，达到防腐的目的。盐干皮的优点是便于贮藏和运输，遇潮湿天气不易迅速回潮和腐烂。主要缺点是干燥时皮内有盐粒形成，可能降低原料皮的质量。

生皮经脱脂、防腐处理后，虽然能耐贮藏，但若贮存保管不当，仍可能发生皮板变质、虫蚀等现象，降低原料皮的质量。因此，在贮存时要注意通风、隔热、防潮、防鼠、防蚁、防虫，应经常翻垛检查，一般每月检查 2～3 次。

生皮质地僵硬、易折裂、怕水、有臭味、易腐烂、难保存、不美观、不宜直接使用，必须进行鞣制。兔皮经过鞣制，皮质柔软，抗潮防霉，坚固耐用，可以制裘。兔皮的鞣制方法很多，主要有铬鞣、明矾鞣、甲醛鞣、硝面鞣等，其鞣制工艺比较繁琐，需要一定的物质和技术条件，不适合于一般庭院养兔户加工生产。

七、兔皮系列鞣制技术

（一）简易鞣制法

1. 洗涤和清理

把新鲜的兔皮平铺在板上，用刀刮去皮肌脂肪和血污，特别要把脂肪刮净。陈旧和放干的兔皮要放在清水中浸泡 1 昼夜，再进行清理。清理完毕后，将兔皮翻转，使毛面向上，用 35～40℃的温热肥皂液或洗涤剂配成的溶液泼在毛上，用手掌顺毛、逆毛反复拭刷，一面刷一面泼。洗净后将兔皮在清水中漂洗，同时洗刷皮板的肉面，漂洗干净后，晾至不滴水即可鞣制。

2. 酸液浸泡

将兔皮的毛面对叠，使皮板向外浸泡在 5％的硫酸溶液中，要浸没兔皮，隔 4～5h 翻动 1 次。8～10h 后，构成皮板的胶原纤维在酸性溶液中膨胀，使皮板变厚、面积缩小。撕拉一下边角处的皮下疏松组织，如果很容易撕下，即说明浸泡时间已够。用酸浸泡兔皮不会对毛有损害，因毛的抗酸力很强。将兔皮在清水中泡洗一下，晾至不滴水为止。

3. 皮板硝化

硝化可用皮硝。皮硝是粗糙的硫酸铝，各药店均有售。把兔皮皮板向上摊开，将 100g 皮硝溶解到 250mL 热水中，调入 250g 粗粮粉制成涂料，均匀地涂在皮板上，并用手掌轻轻压实。皮硝会慢慢地渗入膨胀的胶原纤维中。经 1 昼夜后切下一小片边角，除去涂料，在边角料干至七八成时，用力左右前后拉搓，若皮下组织发白变松说明皮硝已经吃透，即可将整张兔皮涂料全部除去（涂料可再次利用）。兔皮晾至八成干后，用手从各方向拉搓兔皮，以改变胶原纤维之间的位置关系，直至皮板恢复至原来大小和皮下疏松组织发白起绒为止。将兔皮晾至全干，拍净皮板，梳理被毛，就成 1 张柔软、光洁的兔皮。

在整个鞣制过程中要特别注意，兔皮在酸溶液浸泡时间不宜过长；皮板只宜风吹晾干，不能暴晒；不能待皮板全干后再拉搓，这是一个技术关键。如果皮板已经干透发硬，可以将兔皮夹在两层潮毛巾中，1h 后皮板还潮，就可以拉搓。

（二）工厂传统鞣制方法

1. 浸水

（1）以 1000 张/2 吨槽为例（下同），水温 28℃加浸水助剂 1mL HAC/L，4～5h 出槽。

（2）水温 28～30℃加 0.5～0.7mL 硫酸，下完皮加 0.5～0.7g/L 亚硫酸氢钠，5～7h 后加盐 5g/L，加元明粉 5g/L，过夜次日去肉。

2. 复浸水、脱脂

（1）常温，加 0.5g/L 保险粉，加盐 20g/L，元明粉 20g/L；下完皮加硫酸 0.3mL/L，过夜 pH 为 5.8。

（2）加温 35℃，加纯碱 1g/L，毛皮脱脂剂（JC50）1mL/L，转动 60min 出皮 pH 为 5.0。

3. 浸酸

（1）水温 35℃，加盐 50g/L、甲酸 2mL/L、乳酸 1mL/L，下完皮加 537 酸性蛋白酶 0.1g/L，pH 为 2.5。

（2）4h 后补加甲酸 2mL/L，硫酸 0.7mL/L，pH 为 2.0（如不加 537 则加料总量一次性加入），次日补温 35℃ 1h 后出皮。

4. 鞣制

（1）水温 35℃，加盐 50g/L，纯碱 1g/L，甲醛 5mL/L。下完浸酸，皮 pH 为 5.0～6.0，次日用 10/100 纯碱水溶液调整 pH 为 7.0～7.5 过夜，次日补温 35℃后 30min 出皮。

（2）重复利用，补温 35℃，纯碱 1g/L，甲醛 4mL/L。下完浸酸，皮 pH 为 5.0～6.0，次日用 10/100 纯碱水溶液调整 pH 为 7.0～7.5，过夜次日补温 35℃后，30min 出皮。

5. 中和

水温 35℃，加盐 40g/L，明矾 15g/L，甲酸 1mL/L，铝鞣剂 0.2g/L，增光剂 0.3mL/L，下完皮 pH 为 3.0～3.8，次日出皮，脱水削匀，加脂，次日晾晒。

八、兔皮褥子加工技术

根据市场的需要，一张褥子是由 9 张或 12 张兔皮缝制而成的。制作兔皮褥子的第一步是选皮。通过眼睛看、手摸等鉴别方法，按照兔皮面积的大小、平整度、密度、色泽等标准，将兔皮加以分类。将兔皮分好后，接下来就是去皮。先要将兔皮上褶皱的颈部皮毛去掉，裁成开口的 V 字形。开口要长一些。然后，将开口两边对齐，用缝皮机将开口缝合好。缝皮机右踏板为离合，用来固定兔皮，左踏板为马达，踩下马达，开始缝合。缝合的顺序应从里到外。缝皮的同时，要注意使用拨针，将露出来的兔毛拨回去，以免影响毛面接缝处的美观。缝好后，要检查接缝处，必须牢固。如发现开线，需重新缝合。缝好后，还需要第二次裁剪。通常，兔子身上皮毛最好的地方是背部，又密又厚实。而肚子上的毛就稀疏多了。因此，为了褥子的整齐一致，还要检查一下毛皮质量，去掉边缘毛稀的部分，只留下背部的皮毛。根据兔皮褥子的规格，最好取 3 张大小相同兔皮同时进行裁剪。根据摆放的位置，裁出不同的形状。裁剪好的 3 张皮毛，要将它们摆放整齐，摆放时一定要注意：方向要一致，否则就会出现一块儿顺毛，一块儿逆毛的现象了。为了避免混淆，可以用笔在皮张的背面做好标记。缝合的时候就可以按照标记的顺序进行了。每一行皮张之间的连接应该是头接尾，尾接头的方式。

褥子按照9张或12张的规格缝合好后，会出现不平整、大小不一的情况，这就需要进行下一步定性工作了。首先，要将褥子皮面朝上，拉伸、展平，然后用喷壶将清水均匀的喷洒在褥子上，喷水量以没有遗漏、表面潮湿为好。然后，将褥子叠起来放置一会，使水更好地渗透到皮张中。通过湿润皮张可以增强它的柔韧性，便于下一步操作。几分钟后，将兔皮褥子放在木板上。用钉子先将一边固定。

使用的钉子是纯钢制作，虽然钢钉很细却不会弯曲。固定好一边后再固定另一边，固定时要将兔皮上的褶皱拉平，但不要过分用力抻拉。然后，再将其余两边固定。这里要注意：应采用对角线的方式进行。最后，检查固定情况，要保证兔皮褥子上没有任何褶皱。钢钉最好相隔3～4cm。钉好兔皮褥子的边缘后，接缝处的线条不整齐，这会影响它的价格。需要边调整边固定，使每一张兔皮的大小保持一致、线条笔直、美观。全部固定好后，就可以将兔皮褥子放置在阴凉通风处晾干。一般需要3～4h。当褥子晾至八成干的时候，就可以将兔皮褥子上的钢钉取下，先拔掉中间的钉子，再拔掉四周的。将事先准备好的模板平压在褥子上。沿着模板的四周将边缘裁掉。取下模板，一张标准规格的兔皮褥子就制作完成了。

经过定形裁剪好的兔皮，被送到染色厂处理，便染成了所需要的各种颜色。

九、兔皮系列印染技术

（一）兔皮的染整工艺技术

1. 选皮

选择合适的铬复鞣制兔皮，收缩温度≥90℃。

2. 脱脂

液温35～40℃，液比20∶1，用1～1.5g/L脱脂剂Ditony FD-60，脱脂30min后，冲水出皮，甩干。

3. 染色

液温65～70℃，液比20∶1，加4g/L元明粉，0.5～1.0mL/L匀浆剂Dilevry FK浸15min，再加入酸性染料浸30～60min，加入85%0.5mL/L甲酸30min，加85%1mL/L甲酸60min后，冲水，出皮。

4. 漂洗

常温下采用液比20∶1，加0.3～0.5g/L润湿剂Dishior HAC，加0.2～0.3mL/L光亮剂漂20min，冲水出皮。

（二）黑色兔皮褪色增白工艺技术

1. 选皮

未经铬复鞣的兔皮。

2. 脱脂

液温32～40℃，液比20∶1，用1～2g/L脱脂剂Ditony FD-60，纯碱2g/L，氨水2～3mL/L，脱脂60～90min后，冲水出皮，甩干。

3. 醛鞣

液温 33～35℃，液比 20：1，加食盐 40g/L，甲醛 10mL/L 浸 6h，加纯碱 2～4g/L，调 pH 为 7.8～8，过夜，次日水洗甩干。

4. 媒介

液温 34～36℃，液比 20：1，加食盐 40g/L，硫酸亚铁 12g/L，乙酸 1～2mL/L，调 pH 为 5±0.5，16～24h 后出皮甩干。

5. 漂白

液温 32～35℃，液比 20：1，加食盐 40g/L，加 20g/L 漂白助剂 F-16，3～5mL/L 护毛助剂 MD 浸 15min，用 20mL/L 34％双氧水浸 60min，用 10mL/L 34％双氧水浸一夜，次日出皮，水洗甩干。

6. 还原

液温 32℃，液比 20：1，加食盐 50g/L、草酸 2mL/L、甲酸 1～2mL/L，调 pH 为 4～4.5，加 2g/L 保险粉 3～4h 后出皮，水洗甩干。

7. 增白

液温 35℃，液比 20：1，加食盐 50g/L，甲酸 0.5～1mL/L，调 pH 为 4～4.5，加 1～1.5g/L 增白剂 C 3～4h 后出皮，甩干，干燥，整理。

（三）獭兔皮毛流行色染色技术

裘皮素有软黄金之称，当今裘皮产品的御寒性功能已逐渐被淡化，因而其时尚性、装饰性成为裘皮产品的主要功能。随着毛皮更多地作为服饰产品，而成为一类时尚，毛皮的染色就显得尤为重要。

本技术内容是在獭兔皮经鞣制加工的基础上，进一步开展下游产品开发，提高獭兔皮的附加价值。目前市场上流行的毛皮花色主要有单一色、草上霜、一毛双色、印花、渐变色、梦幻效应、仿青紫蓝等。

1. 单一色的染色方法

单一色染色是獭兔皮染色中最简单、最普遍、最基础的方法，是制作各种流行花色的基础。目前主要采用酸性染色法，即采用酸性染料、络合染料等进行染色。

工艺流程：选皮—称重—铬复鞣—脱脂—染色—洗浮色—甩水—加脂—干燥—回潮—铲软—磨里—转锯末—转笼—整理。

酸性染色要求的染色温度高，一般为 60～68℃，所以对于非铬鞣皮坯都必须经过仔细的铬复鞣，使收缩温度能达到 90℃以上，以确保染色时皮板不变性、不收缩。但是也不要做过强的铬复鞣，否则皮板会过于紧实，失去了獭兔皮的轻薄和柔软性。

2. “草上霜”效应制作

“草上霜”效应是深受消费者欢迎的一种流行色彩。许多裘皮制品都有这种“草上霜”效应的色彩，已流行多年而经久不衰。目前制作“草上霜”效应主要采用拔白法，即用能够被拔色的草上霜专用染料染色后在毛尖上喷拔色剂，用气蒸或在阳光下晾晒拔白。

工艺流程：选皮—称重—铬复鞣—脱脂—染色—洗浮色—甩水—加脂—干燥—回

潮—铲软—磨里—转锯末—转笼—整理—喷拔色液—气蒸拔白（80～90℃，气蒸5～10min）(或太阳光下晾晒）—晾干—转锯末—整理。

实践证明，制作“草上霜”效应，除了要选择易拔白、上染性和配伍性好的染料，拔色作用强的拔色剂外，拔色工艺条件控制亦是决定拔白成败的关键。直接在阳光下晾晒拔白受气候条件影响大，不易控制，拔白了的毛尖易泛黄。而使用气蒸拔白如果选用较先进的设备，且稳定的控制拔白所需温度、湿度、蒸气分压，就能得到理想的拔白效果。试验表明气蒸温度高，拔白度则高，但同时要求皮板的收缩温度也要高，否则气蒸时容易引起皮板收缩变硬。在多变的气候条件下，若设备简陋，气蒸室温度、湿度、蒸气分压忽高忽低，甚至出现蒸气冷凝在被毛上，则都会引起泛红。另外当采用间断式操作时，气蒸室温度升高时间长，以及由于环境温度过低或蒸气压力低使升温较慢易造成毛尖与毛根两段交接处泛红。产生这种现象的原因可能是毛尖上的冷凝水带着拔色剂向毛根方向扩散，造成交接处产生不完全拔色；另一原因可能是毛尖下部原本拔色剂浓度低，在低温下产生了不完全的拔色。在气蒸室气蒸拔白后再在阳光下晾晒一段时间，使拔色反应进行到底，能使拔白度提高很多。另外，拔白需要一定的时间，一般在85℃以上最少需要3min。时间太短拔白度不高，时间过长，会引起皮板收缩，蒸气冷凝。

为提高毛尖白度，对铬鞣皮在染色前可以先用甲酸或草酸进行酸漂洗，以除去被毛上吸附的铬，或在染色前通过增白提高毛尖白度和亮度。

3. “一毛双色”效应制作

“一毛双色”是指被毛的下层和上层为两种颜色，“草上霜”效应实质上是被毛上层为白色的“一毛双色”效应，只是白尖部分较少而已。自然界的野生动物被毛绝大部分为一毛多色或渐变色，有的毛从根部至毛尖有5种以上颜色的色节。“一毛双色”效应有底绒浅色针毛深色和底绒深色针毛浅色两种风格。

1）*底绒色浅针毛色深的“一毛双色”效应工艺*　要求针毛色深的双色效应，其传统的染色方法是用氧化染料刷染毛尖，鉴于氧化染料染色存在的某些问题，现多采用酸性染料替代之。具体操作方法是先用酸性染料染底色（方法同染单色），干燥整理后再将酸性毛尖染料喷或刷于毛尖层，气蒸固色，水洗浮色，干燥整理即可。该法也适用于毛尖颜色能够包含底绒颜色情况，如要求底绒为米色，毛尖为咖啡色。

工艺如下：染底色用酸性染料染成底绒要求的颜色。水洗、干燥、整理。

毛尖稀释剂200mL，甲酸10mL，毛尖固色剂4mL，乙醇（95%）25mL，毛尖染料适量。将染料加入稀释剂中，在电炉上加热搅拌至染料完全溶解，用玻璃棒醮染液涂在白纸上看色光，调整颜色至符合要求后加入其他辅料和助剂，搅匀后喷或刷于毛尖层，在80～85℃蒸气房中气蒸10～15min，出皮，干燥固色，大液比洗浮色，干燥整理。

该法染色成本低，操作简便，可以替代氧化染料染色。

2）*底绒色深毛尖色浅的“一毛双色”效应工艺*　要使被毛的底层颜色深，上层颜色浅，并不是一件很容易的事。现有几种方法可满足不同情况需要。

色拔法：即采用不能够被拔色的染料和能够被拔色的“草上霜”染料配伍将被毛染成底绒所需要的颜色，干燥后用拔色剂进行毛尖色拔（方法同“草上霜”效应工艺的拔色)，这时毛尖上能够被拔色的染料颜色被拔去，保留了不能够被拔色染料的颜色。配色的方法是先用不能被拔色的染料将样品染成毛尖所需要的颜色，再用“草上霜”染料与毛尖已有的颜色调配出底绒要求的颜色。该法适用于底绒色能够包含毛尖色的情况，如要求底绒为咖啡色，毛尖为嫩黄色或浅粉色。

拔白毛尖二次染色法：该法是先用“草上霜”染料将被毛染成底绒要求的颜色，再将毛尖拔白（方法同“草上霜”效应工艺）、漂洗、干燥整理，然后将毛尖染料刷或喷于已拔白的毛尖段上，气蒸着色。该法适用于底绒色不能包含毛尖色的情况，如要求底绒为大红色、毛尖为艳绿色，底绒为深蓝、毛尖为艳黄等。这种方法工艺烦琐，技术难度大，原因是刷色时必须将拔成白色的毛尖段盖住，但是又不能刷到底段毛上，否则就会出现三段色。若把白色毛段没有盖完，中间会出现白色段；若盖过了头，中间会产生既不同于毛尖也不同于底段颜色的深色毛段，如底段为红色，毛尖为绿色，中间就会出现近似黑色的一段色节。

毛尖拔白染色同步法：该法也是先用“草上霜”染料将被毛染成底绒要求的颜色，但是在干燥整理后同时进行毛尖拔色和染色，即将毛尖染料溶解到拔色液中，刷或喷于毛尖，气蒸、拔白和染毛尖同步完成。该法与拔白毛尖二次染色法一样，主要用于底绒色不能包含毛尖色的情况，但要求染毛尖色所选用的染料能够完全抵抗拔色剂的作用（如石家庄永泰染料化工厂生产的科纳素 F5610、F5611 和 F5612 等）。显然该法不仅克服了拔白毛尖二次染色法容易出现第三段色的不足，同时较拔白毛尖二次染色法大大简化了工序，节能降耗省时效果显著。

3）“一毛三色”效应制作　制作“一毛三色”甚至“一毛四色”效应工艺原理和方法同“一毛双色”法。例如，将样品先做成“草上霜”或“一毛双色”，再在毛尖上部喷染上另外一种颜色，喷毛尖时不要将毛尖下段的颜色盖完即成“一毛三色”。

4）印花　印花不同于一般意义上的印刷花纹或印染花纹，被毛上印花的实质是将被毛的局部做成“一毛双色”或“一毛三色”，从而使其构成一定的图案。例如，用“草上霜”染料染底色，喷拔色液时在被毛上铺上有图案的丝网板，喷刷拔色液，气蒸即产生白色霜花。印花时，为了使花纹图案轮廓清晰不虚边，需要在拔色液或毛尖染色液中加入增稠剂调节黏度。黏度太小时易产生虚边，花纹轮廓不清晰，黏度太大时拔色剂或毛尖染料渗入不到毛尖纤维中去，印花不清晰。选用的增稠剂应易于清洗。印花方法有以下 5 种。

方法一：用“草上霜”染料染底色，通过拔色形成白色霜花。

方法二：用“草上霜”染料与不能被拔色的染料配伍染底色，通过拔色形成深色底的浅色花图案。

方法三：先将皮坯做成“草上霜”，再用毛尖染料印花。

方法四：用酸性染料染浅色底，用毛尖染料印花。

方法五：用“草上霜”染料染底色，拔色、毛尖染料染色，同步拔色印花。

5）渐变染色　渐变效应在工厂俗称“过渡色”，是指从皮的一个部位到另一个部位被毛的颜色逐渐发生变化的一种效应。例如，从皮的头颈部到尾臀部颜色逐渐变深，或者从脊背部到腹部颜色逐步变浅。渐变效应是近年才开始流行的花色品种，自然界的许多动物的被毛具有这种颜色渐变现象。毛皮染色中渐变效应的形成主要是基于对不同部位染色时间的渐变或染料浓度、配方的渐变控制。制作渐变效应染色需要专门的染色设备，该设备由长方体不锈钢染槽、吊架和升降控制装置三部分组成。染色时把染液配制在染槽中，把皮毛朝外逐张绷平固定在丝网架上，再把若干张丝网架平行排列安装在吊架上，通过升降控制装置使皮张按设定速度逐渐浸入染浴中或者先使整个皮张全部浸入染液中，然后再逐渐吊起，这样皮张的不同部位在染液中停留的时间长短不同，并因此可以形成颜色的深浅渐变，在这个过程中还可以逐渐改变染液浓度或配方形成不同颜色的渐变。通过渐变染色可以制作很多品种的渐变效应，如头部浅臀部深、中间深两头浅、渐变“草上霜”等。制作渐变效应时，颜色的搭配很讲究，并非所有的颜色之间都可以实现渐变。例如，从浅黄色、米色、粉色等很容易渐变为深棕色，但互补色之间无法渐变，如不能从绿色渐变成红色或红色渐变成绿色。在渐变效应制作中，如何控制溶液的 pH，大量的染料、浓度较高染色废液如何处理是需要解决的问题。因为在吊染过程中，如果把染液 pH 调在低值（3.5～4.0），则染料难渗透；如果把染液 pH 调在高值（5.0～6.0），则染料难结合，染色坚牢度低，且染色结束后废液浓度较高。

采用双浴渐变法和双向渐变法，能有效地解决渐变效应染色坚牢度低的问题和染液循环利用问题，提高染色效果和染料利用率，降低染色成本和对环境的污染。双浴渐变法的第一浴是指高 pH 的染色浴，在该浴中进行渐变染色；第二浴是酸溶液固色浴，专门进行染色后的固色。采用双浴法染色，废液可以循环使用。双向渐变法是指先在高 pH 下渐变染色（如将吊架逐渐向上提），走完一遍后再加甲酸将染浴 pH 降低，再逆向渐变染色和固色（如再将吊架逐渐向下移）。

6）仿青紫蓝　青紫蓝兔是一种珍贵的野生裘皮动物，其皮毛绒短平，极其细密柔软，风吹呈明显的水波浪状，飘飘然如仙女下凡一般。沿背脊线有约一寸宽的黑脊，边腹部呈银白色，腹部为白色，其皮每张售价 20～40 美元，是普通獭兔皮的几倍。仿青紫蓝的关键是要形象逼真，因此在染色过程中有几个要点应加以注意：首先底绒色要尽量与青紫蓝的底绒颜色一致，这主要取决于所选的染料和调色经验；其次是拔白要自然，不能过白；最后所喷黑脊的形状要自然，不能僵硬死板。

工艺流程：选皮—脱脂—水洗—染色—拔色—水洗—喷黑背—洗浮色—干燥整理。

染色：液比 20∶1，温度为 65～70℃，元明粉 5g/L，银光增白剂 0.5g/L，毛皮晕染剂 FM 1g/L，划匀投皮，划动 20min，加科钠素 F4610 染料 3g/L，划动 2h，加甲酸 1mL/L，划动 30min，冲洗，出皮。干燥、铲软、转锯末、转笼、钉板或绷板。

拔色：拔色液配比为毛皮拔色剂 WA∶甲酸∶水＝1∶3∶60，将拔色液用冷水化开，慢慢加入甲酸，搅匀。将拔色液喷或刷于毛尖，在蒸气房中于 70～75℃ 气蒸 15min，在阳光下晾晒 2h。

水洗：用冷水洗 10min，再冲洗干净。要求尽量洗净被毛上残余的拔色液。由于拔色剂一般为还原剂，没有洗净的拔色剂会与喷脊时使用的染料反应使色光发生变化。甩水、干燥、整理。

喷黑脊：染液配比为稀释剂 1L，乙醇 125mL，科钠素 F5609，毛尖染料 90g，毛尖固色剂 FR20mL，甲酸 40mL。将染料加入稀释剂中，升温完全溶解加入其他助料，搅匀。用喷枪将喷液喷于皮脊背部在蒸气房气蒸 15min，取出，晾干，洗浮色，干燥整理。

在最近几届中国国际裘皮革皮制品交易会和上海皮革博览会上，外国公司展示了以绵羊皮、海豹皮、水貂皮、羔皮等为原料皮的毛革产品，被毛除了有本色、单色、“草上霜”等多种花色外，也有通过机械加工将被毛做成各种立体图案和局部脱毛后构成的立体图案。皮板还更多地做成“双面革”效应，皮板有常见的绒面和光面外，还有各种涂饰效应，如条绒布、牛仔布、龟裂效应、珠光效应、转移印花染等风格的产品。国内近年来毛革产品原料皮正向獭兔皮、猾子皮、羔皮、小湖羊皮、牛犊皮等多品种发展。獭兔毛革一体产品集革裘风格于一身，轻薄柔软、保暖，同时也能满足不同层次消费者的需求，作为更新换代产品具有广阔的潜在市场，将会成为今后裘革发展的主要方向。

第二节　兔毛的加工利用

一、毛用兔种类

1. 法系安哥拉兔（彩图 63）

法系安哥拉兔的选育历史较长，是著名的粗毛型长毛兔。体型较其他品系粗重，体质较结实，适应性强，但产毛量和体重不及德系安哥拉兔。法系安哥拉兔的外貌待征为被毛白色，无长额、颊毛，耳壳上也有短毛，耳尖端有一撮或很少的长毛，脚毛少。该兔绒毛密度没有德系兔大，比日系、中系兔密，粗毛含量比其他品系高，枪毛含量较多，被毛很少结毡，毛品质属上等。法系成年母兔，年产毛量可达 1kg，优秀者年产毛量可达 1.3kg，毛长达 10～14cm。该兔适于以拉毛的方式采毛，不宜剪毛，成年兔体重 3～4kg。最大体重可达 6.5kg。

2. 英系安哥拉兔（彩图 64）

该兔为细毛型，体型较法系小，成年兔体重 2.3～2.7kg，被毛白色、蓬乱，形似雪球，圆形，有厚密绒毛向前和两侧下垂，面圆嘴阔，额、颊毛丰满，耳短厚，耳尖密生绒毛，形似缨穗，四肢及趾（指）间脚毛较长，绒毛呈丝状，有光泽，成熟的毛长达 14cm 以上，枪毛少，一般 1.5%～5%，易缠结，年剪毛量 0.4～1kg。该兔繁殖力较强，泌乳力较差，体质较弱，抗病力差。除白色外，还有黑色和蓝色品系。

3. 德系安哥拉兔（彩图 65）

德系安哥拉兔是安哥拉兔中产毛量最高的品系，是我国引进饲养量最多的长毛兔。该兔体型中等，成年兔体重一般 3.5～5kg，最大者可达 5.7kg；耳较大，绝大多数耳端有一束长绒毛，俗称“一撮毛”。被毛白色，眼红色，四肢和趾间密生绒毛，毛密度大，毛与皮肤几乎呈垂直状态，含一定比例的粗毛，不易毡结。毛质好，有毛丛结构，呈波状弯曲，年产毛量 1kg 以上，据西德 1989 年测定，公兔平均年产毛 1174g，母兔平均 1338g，最高可达 2024g。体毛厚密，排列整齐，细软而长，最长达 16cm 左右。其体型清秀，胸部发达，背线平直，四肢强健。较英、法品系体型大，但繁殖性能较差，怀孕期 29～32 天，窝产仔 5～8 只，泌乳性能比较差。该兔的产毛性能与繁殖性能呈负相关。同时，公兔在夏季炎热条件下，存在不育现象。

4. 日系安哥拉兔（彩图 66）

日系安哥拉兔体型与德系兔相近，但绒毛密度稀，年平均产毛量不超过 0.5kg。我国引进饲养观察适应性、繁殖性能、毛产量、毛品质均属一般，生产性能远不及德、法系安哥拉兔。

5. 中系安哥拉兔（全耳毛兔）（彩图 67）

由早年引入我国的法系和英系安哥拉兔与中国白兔杂交经长期选育而成。其外形特征和生产性能有别于英、法系安哥拉兔，适应性、抗病力和繁殖性能均较强，分布区域也较广，体重一般 2.5kg 左右，最大可达 3.5kg。该兔的外形特征是头宽而短，耳中等长，整个耳背和耳端均密生细长绒毛，飘出耳外，俗称“全耳毛”。额、颊部均密生绒毛，面部绒毛丰盛，额部绒毛向两侧延伸可达鼻端，从侧面看不到眼睛，故称“狮子头”。眼粉红，被毛白色，细长柔软，粗毛含量很少，成熟毛长 13cm 左右，毛密度稀，产量低，年产毛量一般只有 150～250g，特别好的“个体年产毛可达 0.5kg。脚趾（指）间及脚底均有绒毛，称其“老虎爪”。该兔虽有适应性和繁殖力强的优点，但产毛量低，易毡结，产毛性能不佳，不能称为优良品系。

6. 巨高长毛兔（彩图 68）

该品种又称“白中王”巨高长毛兔，是浙沪一带兔业工作者在安哥拉兔的基础上经多年杂交培育而成，是当前闻名国内外的毛兔新品种。其特点是适应性好，抗病力强，成年体重 5000g 以上，最高可达 7500g，绒毛粗毛密度大，不缠结，年产毛量 2000g 以上。2007 年 4 月嵊州市第十九届“白中王”长毛兔比赛中，嵊州“白中王”巨高种兔场，曾以养毛 73 天，单次剪毛，公兔 756g，母兔 952g，群体平均单只 769.5g，年产毛量 3847.5g，创造了公兔、母兔、群体 3 个新的世界纪录，获得群体冠军。

7. 皖系长毛兔（彩图 69）

由安徽省农业科学院畜牧所以德系安哥拉与新西兰白兔杂交选育而成。该兔体躯发育良好，成年母兔 4.2kg 以上，公兔 4kg 以上，前胸宽阔，骨骼粗壮。眼眶周围和鼻梁一般无长毛，额、颊部和耳背的绒毛覆盖不一，耳背尖端“一撮毛”者偏多，部分个体颈部有细微皱褶。该兔平均年产毛量 835g。母兔窝均产仔 7～8 只，仔兔早期生长发育快，母兔泌乳力高，21 日龄平均个体重 350g，6 周龄断奶个体重 830g 以上。

8. 彩色长毛兔（彩图 70）

原产于美国，1988 年引入我国。其体型中等，成年体重 3.5～4kg，毛色有黑、蓝、米黄、棕红、青紫蓝色等。成年兔重 3.5～4kg，年产毛 600g 左右。年繁殖 3～4 胎，每胎产仔 6～7 只，容易饲养，与一般白色长毛兔相仿。

9. 豫系长毛兔（彩图 71）

豫系长毛兔是河南省台前县良种长毛兔总场，以德系安哥拉长毛兔为基础，引进优秀法系、鲁系、浙系等多系粗毛型安哥拉兔作父本，历经 20 年多代品系杂交培育成的地方优良长毛兔新品系，2005 年 12 月通过河南省省级鉴定，被命名为“豫系长毛兔”。

1）体型特征　成年公兔平均体重 5130g，平均体长 56cm，胸围 37.7cm。最大个体体重 6300g，成年母兔平均体重 5556.4g，平均体长 59.9cm，胸围 38.9cm，最大个体体重 7800g。在全国居首位。

2）产毛量　　成年公兔单次采毛量 389.5g，最高个体达 550g，平均年产毛量 1925g，最高年产毛量 2750g。成年母兔单次采毛量平均 403g，最高单次采毛量达 593g，平均年产毛量 2015g，最高年产毛量 2965g，居全国之首。

3）母兔繁殖率　　年产 4～6 胎，平均胎产仔 6～8 只。断奶时平均成活 6～7 只，成活率 92.5%。出生仔兔平均体重 55.2g，断奶时平均体重 875g，居全国第一位。

4）幼兔生长发育　　8 月龄公兔平均体重 4664g，平均单只采毛量 404g。8 月龄母兔平均体重 4668g，平均单只采毛量 416g，属全国最高。在全国长毛兔 6 项相关指标比较中，豫系长毛兔产毛量、繁殖率等 4 项指标居领先地位，是当前很受欢迎的长毛兔新品系之一。

10. 其他种类

1）鞑靼（da）毛用兔　　苏联用安哥拉兔同大型标准兔杂交育成的新品种。成年鞑靼毛用兔兔体长 53～67cm，胸围 34cm，体重 4～6.6kg。年产毛量约 400g，最高可达 1000g，兔毛均为中等粗毛。母兔的产仔力强。

2）丹麦系安哥拉兔　　丹麦系安哥拉兔原产于丹麦，1980 年引入我国。丹麦系长毛兔体型属中等，头型类似法系，一般耳尖多长一撮毛。该兔被毛密度大，但短毛较多，绒毛基本不结块。

丹麦系长毛兔产毛量高，年均产毛量为 1000g 左右，最高达 1500g。繁殖率较高，年繁殖 3～4 胎，每胎产仔 6～8 只。成年兔体重达 3kg。

3）苏系粗毛型长毛兔　　由江苏省农业科学院畜牧兽医研究所，在德系安哥拉兔选育的基础上，导入粗毛率高的新西兰白兔、德国 SAB 兔和法系安哥拉兔等品种的血缘选育而成。其生产性能为：平均产活仔数 7.29 只，21d 泌乳力 2082g，42 日龄断奶个体重 1080g，11 月龄体重达 4400g，粗毛率为 15.56%，年产毛量 880g。

4）西平长毛兔　　由河南省西平县畜牧局从当地饲养多年的高产长毛兔群体中选育而成。据测定，其粗毛率为 17%左右，3 个月养毛期后平均一次剪毛量可达 400g 以上，成年体重 4.5～5kg，窝产活仔平均可达 6.5 只，属于高产粗毛型长毛兔。

二、出口兔毛的加工操作

出口兔毛的加工操作程序，主要包括分选、拼配、开松、除杂和包装等工序。加工后的商品兔毛由商检部门按批抽样检查，符合标准者，出具证书，准予出口；否则，不准出口。

1. 分级方法

兔毛分级主要根据毛丛的长度、色泽、松度和毛型。分级时可采用一手拿毛，一手扶毛，或在分级罗网上进行抖毛，把毛抖松，显出毛型，确定长度、色泽和松度。发现掺杂物时，应随时捡出，单独存放。

2. 松毛捡杂

松毛捡杂时，要集中精力，勤松、勤捡。加工结块毛时，除捡净杂质外，可手工松开的结块毛应尽量松开，并按实际质量分级存放。略带缠结不呈毡状，容易撕开，撕开后不影响品质者可按原有长度、色泽和毛型分级；缠结毛虽呈毡状，但较轻微，稍用力即可撕开，对品质稍有影响者应降级处理，不得放在优级及一级毛内；结块毛、严重缠结、不易撕开者一律作等外毛处理。

3. 分级要点

1）优级毛　特征：色泽洁白，有光泽，毛型清晰，全松。

长度：3.8～4.3cm 或以上，平均 4.05cm 以上。

等级比重：按 2∶8 比例掌握，即 5.08～6.35cm 的兔毛约占总量的 20%，3.81cm 以上的约占 80%，严禁带入 2.54cm 以下的短松毛、残次毛及含杂毛。

2）一级毛　特征：色泽洁白，毛型较清晰，全松。

长度：3.1～3.8cm 或以上，平均 3.35cm 以上。

等级比重：按 6∶4 比例掌握，即 3.8cm 左右的主体毛应占 60%以上，2.54～3.8cm 的兔毛不超过 40%。严禁带入短、次松毛，异色毛和块毛。

3）二级毛　特征：色泽洁白，毛型略乱，全松。

长度：2.5～3.1cm 或以上，平均 2.75cm 以上。

等级比重：按 2∶8 比例掌握，即 3.1cm 以上的毛应占 20%以上，2.5～3.1cm 的主体毛占 80%以下。其中 2.54cm 以下的兔毛不超过 10%，严禁带入黄梢毛、残次毛和硬块毛。

4）三级毛　特征：色泽较白，毛型较乱，略松。

长度：1.5～2.5cm 或以上，平均 1.75cm 以上。

等级比重：按 4∶6 比例掌握，即 2.5cm 以上的毛约占 40%，1.5～2.5cm 的主体毛占 60%左右。严禁带入黄梢毛、异色毛、残次毛和硬块毛。

5）四级毛　特征：色泽较白，毛型凌乱，略松。

长度：1.3～2.5cm，平均 1.75cm 以下。

等级比重：以拉松毛为主，2.5cm 以上和色泽较白的全松毛占总量的 10%左右。严禁带入二刀毛、异色毛和残次毛。

4. 注意事项

第一，凡属二级以上的毛均列为高档毛，要求色泽洁白，毛型清晰，全松；三四级毛为低档毛。

第二，为保证兔毛的出口质量，要求高档毛一律不得带入异色毛、短松毛、残次毛、硬块毛及含杂毛。

第三，为统一分级标准，要加强对兔毛分级、拼配和验收人员的培训。在出口加工过程中可采取先粗分后精分的方法，即首先按出口标准进行粗分，然后按加工标准进行细致剔选加工。

三、兔毛掺杂物的鉴别

兔毛属高档毛纺原料，一旦出现纰漏，就会给企业及国家带来极大损失。据有关部门反映，兔毛中的常见掺杂物主要有棉花、化纤等，收购、商检等部门必须掌握识别方法，以防掺杂做假。

1. 目测法

主要通过检测人员观察兔毛纤维的色泽、形态、粗细等，鉴别有无掺杂物。

1）兔毛　纤维洁白，有丝样光泽，手拔毛可见毛根和毛相，刀剪毛可见毛梢和整齐的切口；有细毛、粗毛和两型毛 3 种纤维类型组成，细毛有波浪形弯曲，细度为 10～15μm。

2）棉花　纤维色白，光泽较差，在黑绒板上鉴别时常呈暗淡无光；纤维类型一致，虽有弯曲，但弯曲常绕着自身轴心旋转，似螺旋一样，细度为 16～26μm。

3）化纤　可分为人造纤维和合成纤维两大类。纤维洁白，光泽刺眼；长短、粗细一致；无毛梢和明显的自然弯曲，或拥有明显、规则的正常弯曲或高弯曲。

2. 燃烧法

点燃火种，取一小束纤维燃烧，观察其火焰烧后灰末的情况。

1）兔毛　燃烧速度很慢，散发出类似羽毛燃烧时的难闻气味，燃烧着的毛束立即形成黑色凝结物，形同球状，能阻止燃烧，并使燃烧迅速停止，凝结物手捻易碎。

2）棉花　燃烧速度很快，燃烧后发出类似焦布样臭味，燃烧时产生黄色火焰，灰末细软呈深灰色。

3）化纤　黏胶纤维燃烧速度很快，产生黄色火焰；锦纶纤维燃烧时没有火焰，迅速卷缩、熔融；涤纶纤维点燃后先卷缩、熔融，再燃烧，火焰呈黄白色；腈纶纤维点燃后能延烧，火焰旁的纤维先软化、熔融，再燃烧。化纤燃烧后都能形成凝结物，趁热可拉丝，冷后成硬球。

3. 染色法

先配制两种溶液：甲液——将 3g 碘化钾溶于 60mL 水中，再加 1g 碘和 40mL 水，过滤；乙液——用甘油 2 份加水 1 份，再加浓硫酸 3 份。试验时用甲液 2 份、乙液 1 份混合，放入受检纤维，1min 后取出纤维，用清水冲洗后观察其色泽及溶解度。

兔毛呈黄色，不溶解。棉花不上色，微溶解。化纤：黏胶纤维呈浅绿色或浅蓝色，不溶解；锦纶纤维呈深棕色、硬结状，稍有溶解；涤纶纤维呈淡棕色，不溶解；腈纶纤维不上色，不溶解。

4. 镜检法

这是鉴别不同纤维最可靠、最有效的方法。检查将受检纤维放在载玻片上，加水 1 滴，盖上盖玻片，置显微镜下观察。

1）兔毛　细毛、粗毛、两型毛均由鳞片层、皮质层和髓质层构成，髓腔细胞呈颗粒状有数排之多，清晰可见。

2）棉花　每一根纤维即为 1 个单细胞，在显微镜下观察呈扁平管状结构，中间有细胞腔，边缘为增厚的细胞壁，沿纵轴出现许多扭曲。

3）化纤　在显微镜下未见复杂的组织结构，只见长管一条。

5. 溶解法

在烧杯中置 5%烧碱（氢氧化钠）溶液，放入纤维后加热煮沸 5～7min，观察溶解度。兔毛完全溶解；棉花不溶解；化纤不溶解。

混入兔毛纤维中的掺杂物还有尿素、杂物等，收购、质检时应严格防范。

四、残次兔毛的鉴别

残次兔毛即指兔毛生产和收购过程中，不符合收购分级标准，品质有缺陷的兔毛。常见的主要有以下 7 种。

1. 编结毛

长毛兔在饲养管理过程中，由于被毛长期得不到梳理而缠结的毛。根据缠结程度又可分为结块毛、缠结毛和松结毛 3 种。缠结程度严重，已经形成毡块，不易撕松者称为结块毛；缠结程度较轻，虽已成块但较松软，稍经用力即可撕开，撕松后对兔毛品质有损伤者称为缠结毛；缠结轻微，未成毡状，容易撕开，撕松后并不影响兔毛品质者称为松结毛。

2. 二刀毛

二刀毛又称重剪毛。是指剪毛时由于剪毛技术不熟练，不能紧贴皮肤将兔毛 1 次剪下而残留一段短毛在皮肤上、重剪 1 次所得的兔毛。二刀毛往往底面参差不齐，混杂短断毛茬，这种短断毛一般为 1～1.5cm，无任何纺织价值。混杂在兔毛中的重剪短毛，在加工梳理时，一部分梳落变为皮毛，没有梳落的裹在毛纱内会使织品厚薄不均，到一定时期短毛会脱落，降低制品的坚实性。

3. 变色毛

正常兔毛应为纯白色，但在互相对比时其色泽略有差别，如洁白光亮的为洁白色，列为最佳色泽；色白而略带微黄或微灰等色的称为较白色；次于较白色的为次白色。凡被粪尿污染或因阳光暴晒、受潮而变成深黄或浅黄色的兔毛称为变色毛，最常见的为毛梢部有明显的黄残毛和黄梢毛。粪尿对兔毛有严重侵蚀作用，会降低兔毛的强度和弹性，而且不易染色，所以纺织价值很低。

4. 皮屑毛

皮屑毛又称皮块毛。由于剪毛人员技术不熟练，剪毛时有的连小块皮肤一齐剪下，使兔毛根部带有皮块，这种皮块毛不适宜于纺织，常会影响生产，所以在采毛、收购验收时，应细心检查，严格剔除。

5. 疥癣毛

凡是从患疥癣病兔身上采得的兔毛，称为疥癣毛，其特点是兔毛中混有皮肤上脱落的大量颜块和皮屑。因患疥癣病的兔子，其皮肤生理和营养状况遭受严重破坏，故兔毛纤维短细、脆弱，品质低劣，工艺性能差，不能纺织成坚实的兔毛制品。

6. 霉蛀毛

因贮藏、保管不善，受潮、发霉而引起虫蚊侵扰的兔毛，都称为霉蛀毛。兔毛霉烂一般带有水黄色，发脆而无拉力；虫蚊毛多呈粉状，一抖即撒飞空中。常见的是兔毛被蛾类蛀蚀后，其长度、弹性、强度等工艺特性明显降低，失去纺织价值。

7. 烫翅毛

烫翅毛是指兔子屠宰后，经沸水浸泡或采毛时用石灰煺下的兔毛。这类兔毛都带有毛根，但没有手拔毛那样的光泽和毛型，毛质受到严重损伤，无纺织价值或只能加工成低劣产品。

五、兔毛的贮藏和运输

1. 兔毛的贮藏

兔毛主要是由蛋白质构成，其品质受环境影响很大，科学贮藏至关重要。该环节的要求是按等级分别存放，注意防潮、防蛀、防变质和防杂质混入。

1）*防潮* 兔毛分级后，应按级别单独包装存放。容器为特制的木箱、纸箱或仓库，存放地点要求干燥、清洁和通风。兔毛不能直接接触地面和墙壁。梅雨季节要防雨，必要时要翻垛晾晒。

2）*防蛀* 兔毛主要由蛋白质构成，容易受到虫子蛀食，影响品质。因此，在保存兔毛时，应首先对其包装材料进行防虫处理。一般采用滴滴涕等杀虫剂，而后在兔毛的包装箱内放置防虫剂如樟脑丸、萘酚、苯化合物等，但杀虫剂不能与兔毛直接接触，以免变色。

3）*防变质* 由于兔毛表面的多孔型结构，极易吸潮发生霉变。因此，已晾干的兔毛应放入垫有草纸或油纸的包装箱内，然后将箱封严，放置在离地面 30cm、高墙 40～50cm 的货架或枕木上，同时避免阳光暴晒。

2. 兔毛的运输

由于兔毛纤维黏合性强，不宜团动和按压。兔毛吸水性强，容易受潮、变质。因此，在兔毛的运输过程中要注意防潮，严禁挤压，防止灰尘和化学药品污染。

六、毛的综合利用

1. 毛皮加工中的皮毛

1）*剪下毛* 是指在洗涤、脱脂后剪下的毛。适合于纺线和高级毡制品。

2）*梳下毛* 是指从鞣制和染色毛皮上梳下和打下的毛，分为精梳毛和粗梳毛。精梳毛主要由绒毛组成，没有枯萎的毛；粗梳毛主要由枪毛组成，绒毛少，有枯萎的毛。

3）*修剪毛* 从毛皮上剪下的毛或从袄皮加工时剪下的毛，可用于制毡。

4）*其他毛* 包括制革、制胶时脱下的毛以及小块皮、头皮、尾皮、肢皮上的毛，如在进行分割、修边时撕下的小块废皮及头皮、尾皮、肢皮、缝裁下脚料上的毛等。

2. 废毛回收和初步加工

（1）剪下毛经洗涤、干燥、疏松后压紧打包。

（2）干燥湿操作中得到的毛，剔除杂质、皮块，清除粉尘后压紧打包。

（3）将制革、制胶时脱下的毛收集起来，除去杂质、洗涤、干燥后压紧打包。

制革、制胶脱下的毛洗涤前放置时间不应超过 6h，涂灰碱脱毛法脱下的毛不应超过 1～1.5h。一般先用适量的盐酸溶液洗涤，酸用量以中和毛中的碱，使洗涤水呈微碱性为度，为毛重的 1.5%～2%。在洗衣机中用清水洗 10min，酸液中洗 7min，再用清水洗 10min。离心甩水、干燥后打包。

3. 小块毛皮上毛的回收

用胰酶溶解真皮后回收毛

1）*原料挑选* 将小块皮按毛的粗细、颜色进行分类。

2）洗涤浸水　设备为划槽或转鼓，液比：划槽中为 8～10、转鼓中为 4～5，温度 35℃，时间 5～8h（以湿皮计）。

洗涤 3 次，每次都需要换水，最后一次洗涤时在水中添加亚硫酸钠 5g/L。转鼓转速 5r/min；划槽则每小时划动 10min，出皮时控水 1～2h。

3）热处理　设备为转鼓，液比 4（以湿皮计），温度 75～80℃，时间 1.5h，转动 2 次，每次 10～15min。

4）胰酶处理　取湿皮块重 12%～15%的胰腺捣碎，液比 20，温度 38℃，用 2%硫酸铵溶液浸提 1.5h，然后将滤液倒入转鼓中。此时的液比为 2，温度为 38～40℃。也可采用胰岛素生产中废料所含的胰酶来溶解小块皮。pH7.5～8（用氨水或碳酸钠调整），时间 15～18h，每小时转动 3min，直至真皮完全溶解。为了避免溶解时出现细菌污染而产生臭味，可以在处理后 8h 添加 30%双氧水 3～5mL/L 或 0.5%原料重的亚硝酸钠作为防腐剂。

5）洗毛　真皮完全溶解后，倒出胶液，毛经洗涤、干燥后打包。

4. 用细菌蛋白酶制剂溶解皮块回收毛

1）原料挑选　将小块皮按毛的粗细、颜色进行分类。

2）浸水　先清水中浸水，尔后在 3～5g/L 碳酸钠溶液中浸水，并加入少量洗涤剂脱脂。

3）洗涤　脱脂后流水洗涤 5～10min。

4）热水处理　在 70～80℃热水中处理 2h。

5）酶处理　液毛比为 4∶1，温度 40～45℃。一般用中性蛋白酶制剂，如 1398 蛋白酶或者 166 蛋白酶 40～45 原子质量单位/L，防腐剂 0.05～0.15g/L，pH7～8，时间 16～48h，间歇转动。在真皮溶解后，流水洗毛 15～20h，回收毛干燥。

5. 用硫酸溶液溶解生皮块的真皮回收毛

本方法是根据硫酸对胶原和角蛋白的作用不同。角蛋白耐稀酸作用强，而胶原在酸中易水解。

对于湿皮块可以按下面 4 步进行毛回收。

1）水洗　流水洗涤 45min，或分 3 次水洗。

2）浸水　设备：转鼓，液比 2，温度 15～18℃，时间 10～12h。

3）酸溶　液比 2，温度 85℃，硫酸 40～50g/L，搅拌 3h，使真皮溶解，间歇转动。用碳酸钙中和胶液后澄清，浓缩即得到粗胶。或先不加酸煮胶，而在倒出胶液后加酸溶解带毛的小皮块。将倾出胶液得到的毛洗涤、甩水、干燥。

4）捡毛、拔毛　在废毛回收和初步加工中，应将白毛、染色毛、有色毛分别收集。按种类分开处理，以免降低毛的质量。

6. 残次毛用于加工胱氨酸

1）原料要求　采收的残次兔毛，首先应清除各种杂质、污物，然后用毛重2%～3%的洗涤剂，在 40～50℃的温水中洗涤、搅拌 30min，再用清水冲洗备用。

2）加工方法　胱氨酸的加工工艺流程为：

原料—清洗—水解—中和—粗品—精制—过滤—检验—成品

1）水解　将洗净后的残次毛装入水解罐内，按毛量180%～200%加入10mol/L盐酸溶液，加热至100℃，并在1～1.5h内升温至110～115℃，水解6～7h后过滤。检验水解是否彻底，可使用双缩脲反应，若水解已经彻底，则溶液呈蓝色；若呈红色或紫色，表明水解还不彻底。

2）中和　将滤液在搅拌下加入30%～40%的氢氧化钠，当氢离子浓度达1mmol/L（pH为3）后，减速加入，直至氢离子浓度达0.0158mmol/L（pH为4.8）为止。静置沉淀36h，滤取沉淀物，经离心甩干，即得胱氨酸粗品。母液中含有谷氨酸、精氨酸和亮氨酸等。

3）粗制　取胱氨酸粗品，加10mol/L盐酸，用量为胱氨酸粗品量的60%左右，然后加水4～5倍，加温至65～70℃，搅拌溶解30min，再加活性炭8%，升温至80～90℃，保温30min，搅拌、过滤。将滤波加热至80～85℃，边搅拌边加入30%氢氧化钠，使氢离子浓度达0.0158mmol/L（pH为4.8），静置、结晶、沉淀、虹吸上清液，沉淀物过滤后离心甩干，得粗品胱氨酸。

4）精制　取粗品胱氨酸，加1mol/L盐酸，用量为粗品量的4～5倍，加热至70℃，再加活性炭3%～5%。加热至85℃，保温、搅拌30min，用布氏漏斗过滤，再经3号垂熔漏斗过滤，按滤液体积加入1.5倍蒸馏水，加热至75～80℃，在搅拌下用12%氨水中和至氢离子浓度为0.1～0.316mmol/L（pH为3.5～4），趁热迅速分离母液，过滤，将胱氨酸结晶，用蒸馏水洗涤至无氯离子，真空干燥后即得精制胱氨酸成品，成品率为4%～8%。

5）精制精氨酸和酪氨酸　将粗品Ⅰ（原制粗品）溶于2mol/L盐酸中，调pH为1，85℃水浴，加入粗品量8%的活性炭，搅拌升温至90℃，保温搅拌0.5h，趁热过滤。将滤液保温至80～90℃，搅拌下加入30%氢氧化钠调pH为4.8，静置36h，过滤干燥得粗品Ⅱ。

将粗品Ⅱ用1mol/L盐酸溶解，85℃水浴。加入粗品量5%的活性炭，搅拌升温至90℃，趁热过滤。将过滤液80℃保温，缓缓加入12%氨水调pH至3.5～4.0，静置36h后过滤。用去离子水洗涤至洗液无氯离子，于60～70℃真空干燥，得精品。胱氨酸粗品的母液经适当处理可制得精氨酸和酪氨酸。

七、毛皮利用

1. 人造毛皮

人造毛皮是将剪下的毛平移到布或其他织物基底上而得到的毛皮。方法是：选取毛长适合的鞣制皮，毛被向上，在织物和毛被上分别涂暂时性联结剂，将毛梢与织物黏结；用带刀剪毛机将毛被剪成两半，分成真皮和织物基的毛被；在选定的布基或其他织物上涂聚异丁烯胶，并将其贴于剪开的毛被上，粘好后送入干燥室干燥；之后，将最初的织物撕下，通过梳毛、剪毛、染色、熨烫等整理后，即可得到毛梢在外的人造毛皮。

2. 用于非纺织品

与其他方法相比，非纺织品具有可以利用不能用于纺线的毛做原料、减少投资、增加品种的优点。包括缝制法和胶黏法。

缝制法：在细密的纤维网上，均匀地铺上从梳毛机上所得的纤维，然后在特殊的编织缝纫机上用结实的线缝制。

胶黏法：将天然的毛纤维与热塑性合成纤维的混合物做成厚度均一的毛网，并使其通过热轴延压机。此时合成纤维熔化，将全部纤维黏着。

3. 其他用途

1）*食品及动物饲料*　利用酸、碱、酶及其水解剂，在高温下将皮毛进行水解即可制得动物饲料。用来饲养家兔，以提高产毛量。制造食品的方法是：将毛除杂后用清水洗去泥沙及污物，晒干、粉碎，与13倍的清水混合，加入毛重32%的含9个结晶水的硫化钠，40℃水浴，保温搅拌2h，2000r/min离心20min，收集上清液；残渣用13倍清水搅匀后离心20min。合并两次上清液，用6mol/L盐酸调整pH至4.2，搅拌0.5h，静置4h，离心分离得到沉淀，用0.01mol/L盐酸搅拌一次，再离心分出沉淀，用丙酮酸洗涤3次，过滤、抽干、室温干燥，即可得到色浅无味的产品，可用于食品加工。收率可达68.5%。

2）*生产人造纤维*　将角蛋白废料溶解，再将溶液压过喷丝头，用酸和甲醛或其他化学药剂使纤维固定。

第三节　兔副产综合利用

一、兔废皮利用

肉兔的废料皮（包括头皮、四肢皮、残次皮等）以往多作废料处理，但在集中宰兔的加工厂，积少成多，可用以生产明胶。

1. 加工原理

明胶属蛋白质，存在于真皮结缔组织胶原纤维中的胶原蛋白是主要的成胶物质。胶原在常温下不溶于冷水和稀酸、稀碱溶液，但能溶胀，使纤维呈半透明状态。胶原在水中长时间加热，就能通过水解而成为明胶。

2. 生产方法

明胶生产的方法有碱法、酸法、盐法和酶法4种，目前普遍采用的是碱法生产，其工艺流程为：

原料—脱毛—预浸—脱脂—浸渍—洗涤—中和—熬胶—浓缩—干燥—成品

1）*脱毛*　原料皮经分类整理后，用5%石灰乳或0.5%～1%硫化钠溶液浸泡脱毛。

2）*预浸*　将脱毛后的原料皮再在1%的石灰水中预浸1～2天，除去污物后切成小块。

3）*脱脂*　将预浸后的原料皮放入脱脂机内，利用水的冲击作用和高速铁锤的机械作用，清除脂肪和污物。

4）*浸渍*　用2%～4%的石灰水，比重为1.015～1.035，氢离子浓度0.000 316～0.001nmol/L（pH为12～12.5），温度为15℃左右，浸渍15～90天。浸渍后胶原纤维吸水膨胀、松散，内部结合力减弱，以便熬胶时进一步水解。

5）*洗涤*　浸渍后的原料皮用清水洗涤，以清除吸附的石灰，液比为1∶（5～6）

(以湿皮重计)，洗涤时间为 12～16h，氢离子浓度为 0.316～1nmol/L（pH 为 9～9.5)。最初 5h 内，每半小时换水 1 次，以后每小时换水 1 次。

6）中和　洗涤后用盐水中和剩余石灰，在水池或木桶内不断搅拌，加入 6mol 盐酸，使氢离子浓度为 0.3163～3.163mmol/L（pH 为 2.5～3.5)，开始时每半小时加酸调整 1 次，3h 后每小时加酸调整 1 次，中和 12～16h，排酸水洗 8～10 次。

7）熬胶　先在熬胶锅内加入热水，放入原料缓缓升温至 50～65℃，3～8h 后放出胶液，清除锅底残渣、污物。再加热水，加温至 60～70℃继续熬胶，最后在 60℃左右滤出胶液，再用离心机分离除去油脂等杂物。

8）浓缩、干燥　将稀胶液减压浓缩，如用冷热风空调干燥浓缩时，可浓缩至相对密度为 1.05～1.08。经浓缩后的胶液，乘热加入过氧化氢或亚硫酸等防腐剂，在金属或模型盘中冷却至完全胶胨，切成薄片或碎块，干燥至含水量 10%～12%即成。

3. 成品规格

药用明胶为淡黄色，半透明，略带光泽，溶解后无特殊臭味；含水量低于 14%；亚硫酸盐低于 1.5ppm，含砷量低于 1ppm。

二、兔头、兔骨、兔脑的利用

兔头加工制作是深受西南地区消费者喜爱的酱卤产品，如四川卤兔头、麻辣兔头风靡一时。兔骨经高温处理后，骨油可提取食用骨油或工业骨油，骨渣可提取骨粉、活性炭或过磷酸钙，骨汤则可提取工业骨胶或医用软骨素、骨浸膏或骨宁注射液等。此外兔头骨是提取蛋白胨或提取加工骨肽、骨粒、骨泥的好原料，如能开发利用，其经济价值甚为可观。

兔脑可直接食用，也可以制药治病。用新鲜兔脑外用，可治疗冻疮、烫伤及手脚皲裂等。将兔脑垂体组织加工制成注射液，定位注射治疗支气管炎、支气管哮喘、肺气肿、肺心病等疾病，临床验证疗效确切，具有广泛的应用前景。从兔脑中还可以提取和制造脑磷脂、凝血酶等功能性物质。磷脂对于治疗心脑血管疾病、增进智力、预防老年性痴呆症有一定的疗效。

（一）兔脑提取磷脂

1）总磷脂的提取　收集去脑膜和血块的兔脑，称重后匀浆，加入 3 倍量丙酮于 4℃浸渍 24h，重复 3 次，滤渣干燥，再加入 3 倍量乙醚于 4℃浸渍 24h，重复 3 次，合并滤液回收乙醚，浓缩物再以丙酮洗涤 2～3 次，得总磷脂。

2）卵磷脂和脑磷脂的提取　在兔脑总磷脂中加入 3 倍量 95%热乙醇，37℃浸泡 12h，冰箱过夜，沉淀，再重复处理 2 次，回收乙醇得浓缩物，以乙醚溶解，加入丙酮的沉淀物为卵磷脂。热乙醇处理的沉淀物用乙醚溶解，加入乙醇于 0℃放置 24h，滤液反复加乙醇，收集乙醇沉淀物，真空干燥得脑磷脂。

（二）兔骨提取蛋白胨

1. 原料要求

采集健康、新鲜的兔头骨等，提取前先用清水漂洗 1～2 次，清除污物，然后用锤击碎备用。

2. 加工方法

蛋白胨的提取工艺流程大体如下：

原料—蒸煮—排油—消化—中和—浓缩—成品

1）蒸煮　将清洗后的兔头及兔骨放入高压锅内，按1∶1加入开水，经高温蒸煮（逐渐升压至245.16～294.19kPa，然后排气1min，排除高压锅内剩余冷空气），再度升压至294.19kPa，根据原料情况，保持4～5h。

小型加工厂可采用普通铁锅熬煮，将洗净、击碎的头骨放入装有50℃的热水锅中，先用猛火熬煮，每隔30min翻动、搅拌1次，根据原料情况，熬煮时间为6～8h。

2）排油　蒸煮结束时，产生油层和液层，一般可先排除液体表面漂浮的油层，排油时一定要控制流速。采用高压罐蒸煮时，如在排油过程中气压不足，则可再次升压至196.13kPa，排油完毕打开排气节门，将压力放至零，即可开口出料。

小型加工厂采用人工舀油时，必须注意防止油液烫人，当油量稀少、舀油困难时，熬煮就可结束，开锅出料备用。

3）消化　骨汤放出后装入消化箱内，用冷水降温，待汤温降至50℃左右时，按汤液3%的用量加入消化酶，调节氢离子浓度到1～10nmol/L（pH为8～9），然后在45～50℃条件下消化2h。前1h搅拌3次，后1h搅拌2次。测定消化过程是否完全，可取上清液5mL，再加0.1%硫酸铜0.1mL，混合后如呈红色，则表明消化已经完全。

4）中和　消化完全的汤液，用15%盐酸中和，调节氢离子浓度为3163～10 000nmol/L（pH为5～5.5）（每千克汤液加盐酸2mL左右），然后加热升温至95～97℃，除去上浮杂质和泡沫，保温30min左右进行过滤。

5）浓缩　经消化、除杂后的骨汤即可装入浓缩锅内，进行蒸发浓缩。在浓缩过程中随时除去上浮泡沫、杂质，待浓缩至波美度11°～13°时，即得浓缩蛋白胨，如有喷雾干燥设备，可行喷雾干燥，得粉剂蛋白胨。

3. 成品规格

蛋白胨为白色粉状物，易溶于水，受热不凝析，被硫酸铵饱和后不会从溶液中沉淀，主要用作微生物培养基用。

（三）兔骨提取骨肽

1）原料选择及处理　选用健康优质肉兔，经宰杀、脱毛或剥皮、净膛、清洗后置于冷室内至少12h，至肉中心温度2℃。剔骨后去除油脂、筋腱，绞制为约0.5cm^2的肉粒。

2）斩拌乳化　绞肉入斩拌机，200～240r/min转速斩为肉泥，边斩拌边添加与肉等量的冰屑，以控制肉温在斩拌结束时不高于16℃。

3）热加工熟化　斩拌后肉糜入蒸煮器，添加等量清水，加热至75～80℃，保温20～30min熟化，其间搅拌数次。

4）酶解制取多肽　熟化肉糜入发酵罐，降温至45～50℃，添加蛋白酶［木瓜蛋白酶，添加量4000U/g，酶活力4×10^5mol/(s·kg)］，45～48℃保温5～6h使肉蛋白酶解为多肽和氨基酸混合液。

5）胡萝卜糜制取　　鲜胡萝卜洗净，绞为粗粒，入斩拌机200～220r/min转速斩为胡萝卜泥，边斩拌边添加占胡萝卜量10%的冰屑，同时添加0.5g维生素C/kg护色。胡萝卜的作用是强化维生素AD原，即胡萝卜素，以及食物纤维，同时使肉松呈现良好的类胡萝卜红色泽。

6）混合均质及喷雾干燥　　将酶解液、胡萝卜汁（糜）与辅料混合，高压均质处理后采用高温喷雾干燥法，干燥熟化为肉粉。

多肽、胡萝卜汁（糜）与辅料混合配方及比例为：酶解多肽60%～65%，胡萝卜汁（糜）30%～35%，食盐1%～2%，酵母精0.1%～0.2%，羧甲基纤维素0.2%～0.5%增强嚼感，β-环状糊精0.1%～0.2%以脱苦。

喷雾干燥参数：喷雾干燥时的进风温度为180～185℃，出风温度为70～75℃。

7）调香、包装　　根据产品味型将干燥熟化后肉粉与定味辅料（香葱、芝麻、核桃仁、紫菜粉、五香粉、辣椒粉、冻干蔬菜粉、咖喱粉、白砂糖、冻干洋葱粉等）混合，无菌真空包装入袋内或瓶内。建议喷雾干燥后肉粉与定味增香辅料的比例为（80～90）∶（10～20）；袋装每袋不超过20g，瓶装每瓶不超过50g。

（四）兔骨加工骨泥

骨泥是近年出现的新型营养食品，具有很高的营养价值。骨泥既可直接加工成红肠、腊肠、火腿、肉饼、肉馅、肉丸子等，又可作为添加剂加在罐头、糕点、面包等食品中，特别适于老人、孕妇、儿童、病人食用。

1. 生产工艺

原料骨—清洗—冷冻—切碎—粗碎—细碎—拌和—粗磨—精磨—调味—填充—成品

2. 加工过程

1）选择原料　　带肉不带肉的鲜骨均可，以排骨、脊骨为好，齿骨、髆骨、坐骨、大腿骨、胫骨硬度过大不宜加工，骨中不允许混合杂物，尤其是金属类异物。

2）清洗　　最好用清洁高压水冲淋，冲洗掉猪毛、杂物、细菌等。

3）冷冻　　将洗涤干净的原料骨送入冻结库中冷冻到－20～－18℃。

4）粉碎　　视骨头大小，整块骨头需1～3次粉碎，采用压碎或绞碎方式，第一次切碎成2～3cm大小，第二次粗碎成1cm左右，第三次细碎达到5mm的小块。

5）拌和　　经粉碎后的骨头温度已升到－3℃左右，掺入50%～80%（视骨上带肉多少而定）0～2℃的冷冻水在搅拌机内拌和。

6）粗磨　　用超微粒粉碎机调整磨片间隙至口尝略有粗糙感即可。

7）细磨　　经粗磨已成膏状的粗骨泥再细磨1～2次，达到味美细腻、口感满意的程度，粒度大约150目时即成成品。

8）调味、定量填充、速冻　　成品骨泥需经包装处理，可采用定量填充机注入塑料袋内，经速冻至－40～－30℃，最后送冷库中保存。在填充前还可根据需要适当调味，便可成为多种骨泥产品。

（五）兔骨提取软骨素

1. 浸泡

采集健康兔的软骨、胸骨、韧带等（不绞碎），加入 3 倍量的 2%氨氧化钠溶液浸泡，时加搅拌。浸泡时间随温度而定，在 25～30℃条件下浸泡 10～16h；在 15℃以下时，则需浸泡 40～48h。

2. 提取

用双层纱布过滤浸泡液，滤液用盐酸调节氢离子浓度到 1～1.585mmol/L（pH 为 2.8～3），加氯化钠（原料量的 15%）和滑石粉（原料量的 3%），加热至 65℃后冷却，3h 后过滤，滤液用 20%氢氧化钠溶液调节氢离子浓度为 31.63～100nmol/L（pH 为 7～7.5），加入滑石粉（原料量的 3%），加热到 70℃后立即冷却，3h 后过滤，滤清液中加入乙醇，边加边搅，使含醇量达 70%，沉淀 12h 后倾去上清液，沉淀物抽滤，再用 95%乙醇洗涤 2 次，抽干，在 60℃温度条件下烘干，即为软骨素粗品。

3. 精制

取上述粗品，溶解于新鲜蒸馏水中（液比为 1∶15），溶解后用氢氧化钠或盐酸调节氢离子浓度为 63.09～100nmol/L（pH 为 7～7.2），加入霉菌蛋白酶（用量为粗品量的 1.5%），在 40～45℃条件下搅拌 6h，中间每隔 2h 加入 1 次甲苯防腐剂（用量为 3～5mL/100g 粗品），水解完毕后加入活性炭（用量为粗品量的 7.5%），加热至 90℃，持温 15min。冷却后放入冰箱或冷库，12h 后过滤，滤液中加入氯化钠（粗品量的 30%），用 20%氢氯化钠溶液调节氢离子浓度为 31.63～100nmol/L（pH 为 7～7.5），加入 3 倍量的乙醇沉淀，2～3h 后，倾去上清液，沉淀物用 95%乙醇洗涤 2 次，抽干，在 60℃条件下干燥后，即为注射用原料。按中国药典，化验合格后，进行配液灌封。

软骨素注射液主要用于某些神经性头痛、神经痛、关节痛和动脉硬化症等，也可对链霉素引起的听觉障碍及肝炎等症作辅助治疗。

三、兔脏器利用

兔的脏器食用价值很低，弃之却十分可惜，一经综合利用，其经济价值甚为可观。

（一）兔肝利用

兔肝脏呈红褐色，位于腹腔的前壁，重 40～80g，占体重的 3%左右。兔肝脏可直接食用，在医药工业上可以制作肝浸膏和肝注射液等。兔肝脏具有补肝明目之功效，可以防止肝虚眩目、目昏、目痛等症。此外，以兔肝脏为原料，采用特殊诱导技术，经分离、纯化、冻干可制得兔肝金属硫蛋白。

兔肝金属硫蛋白安全无毒，具有抗辐射、抗氧化和延缓衰老等多种功能。其半成品主要可作为功能性化妆品（防晒抗紫外线、抗氧化、延缓衰老）的添加剂，也可作为多种功能性食品添加剂（如儿童补锌、抗辐射、清除自由基、抗氧化和延缓衰老等），而精制产品可用于治疗药物（重金属解毒、抗辐射、金属代谢失常症等）的开发。

兔肝在医药工业上可提取肝浸膏、肝宁片和肝注射液等。现以肝浸膏为例，简介其提取过程。

1. 原料要求

取新鲜或冷冻的健康兔肝，清除肌肉、脂肪及结缔组织，放入绞肉机中绞碎成浆状。

2. 提取方法

其工艺流程为：

原料—绞碎—浸渍—过滤—离心—浓缩—配料—检验—成品

1）绞碎、浸渍　原料肝绞碎为肝浆，置于蒸发锅内，加水半量，混合均匀，然后按原料质量加 0.1%硫酸（用水稀释后加入），搅拌均匀，氢离子浓度为 1000～10 000nmol/L（pH 为 5～6），加热至 60～70℃，恒温 30min，再迅速加热至 95℃，保温 15min。

2）过滤　取加热提取得到的肝浆过滤，滤渣加水适量再做第二次提取，将两次肝渣离心分离，合并滤液备用。

3）浓缩　取滤液进行 60～70℃蒸发浓缩或真空浓缩至膏状，按肝膏重加入 0.5%苯甲酸作防腐剂，即得肝浸膏，出膏率为 5%～6%。

4）配料　目前常用制品为肝膏片。配料方法为：每 1 万片含肝浸膏 3kg，淀粉适量，硬脂酸镁 27g。肝浸膏加适量淀粉拌匀后，80℃干燥，粉碎成细粉，过 100 目筛，加适量 75%乙醇为湿润剂，用 18 目筛整粒后，加入硬脂酸镁，拌匀压片包糖衣即得。

3. 成品规格

每片含肝浸膏 0.3g，硬脂酸镁 2.7mg，易溶于水，不溶于醇，置空气中容易糊解。主要用于治疗慢性肝炎、肝硬化症等，也可做治疗贫血及营养不良的补剂。

（二）兔 胰 利 用

兔的胰脏既是消化腺，又是内分泌腺，胰液中含有胰蛋白酶、胰脂肪酶、胰淀粉酶。利用胰脏可提取胰酶、胰岛素等。现以胰酶为例，简介其提取过程。

1. 原料要求

取新鲜或冷冻的健康兔胰脏，除去脂肪及结缔组织。原料胰脏质量是提取胰酶的关键，采集的胰脏应在 3h 内送入冷库，于－14℃以下冷藏；如立即投料，可不经冷冻阶段。冻胰在半融状态下即应绞碎，绞好的胰浆贮存温度应低于 4℃。

2. 提取方法

根据胰脏中的蛋白水解酶都能被胰蛋白酶自身激活的原理，一般采用稀醇提取激活，继以浓醇低温沉淀，经脱脂低温干燥后即得胰酶。其工艺流程及加工要点有以下几个。

1）提取　将绞碎的胰浆在 5～10℃条件下放置 4～5h，按原料重缓缓加入 1.2～1.5 倍、预冷至 0～10℃的 25%乙醇，搅拌均匀，在 0～10℃条件下提取 12h。然后用滤布吊滤，得胰乳。胰渣用 25%～30%乙醇继续浸提、吊滤后所得浸提液供下批投料浸提用。胰乳在0～5℃条件下放置激活 24h。

2）沉淀　将已激活的胰乳，在搅拌下缓缓加入到预冷至 5～10℃的乙醇中，使乙醇浓度达到 60%～70%，充分搅拌均匀，在 0～5℃条件下静置沉淀 18～24h。

3）粗制　虹吸除去上层醇液，下层沉淀物即为胰酶。将沉淀物灌袋吊滤，直至滤去大部分乙醇，最后压榨干燥即得粗品。将压干后的粗酶沉淀物，经 12～14 目筛制成颗粒。

4）脱脂　　将粗制胰酶颗粒，用1.5～2倍乙醚循环脱脂2～3次，每次浸泡5～6h，至流出的乙醚用滤纸法试验无脂肪为止，在40℃以下通风干燥。干燥后的胰酶颗粒，用球磨粉碎成80～100目的细粉，即得胰酶原粉。

药用胰酶的常用制剂为复方胰酶片，每片含胰酶0.25g，碳酸氢钠0.25g。

在胰酶的整个生产过程中，应避免使用铁器，溶媒也应避免混入重金属，如用铁桶盛装乙醇、乙醚时，应采取适当措施防止铁化合物混入，以免影响产品效价。

3. 成品规格

胰酶通常含有胰蛋白酶、胰淀粉酶、胰脂肪酶等，是一种混合酶。白色或淡黄色粉末，有特殊肉臭味，微带吸湿性，其活力遇酸、碱、热即遭破坏。在水溶液中遇酸、热、重金属盐类、醇及单宁酸等即产生沉淀。

（三）兔胆利用

用兔胆提取胆汁酸提取率可达3%左右，而牛、羊胆的提取率只有0.3%，所以兔胆是提取胆汁酸的良好原料。

1. 原料要求

采用健康兔的新鲜胆汁。胆汁酸是各种胆酸类物质结合的总称，通常以肽链与甘氨酸、牛磺酸相结合的形式存在于动物胆汁中。

2. 提取方法

1）酸化　　取新鲜胆汁，加3～4倍量的澄清饱和石灰水，搅拌均匀，加热至沸，过滤后取滤液，趁热加盐酸酸化至刚果红试纸变蓝（氢离子浓度0.3163mmol/L，即pH为3.5），静置12～18h，取绿色黏膏状沉淀物（粗品），用水冲洗后真空干燥。

2）皂化　　取上述粗品，加1.5倍量的氢氧化钠，9倍量的水，加热皂化16h。冷却后静置分层，虹吸去上部淡黄色液体，沉淀物补充少量水分使其溶解。然后用稀盐酸或硫酸（2∶1）酸化至试纸变蓝，取析出物过滤，水洗至近中性呈金黄色，真空干燥得粗品。

3）精制　　取上述粗品，加5倍量的乙酸乙酯，活性炭15%～20%，加热搅拌回流溶解，至冷过滤，滤渣再加3倍量乙酸乙酯回流、过滤。合并滤液，加20%无水硫酸钠脱水。过滤后，将滤液浓缩至原体积的1/5～1/3，制冷析晶，抽滤，结晶物以少量乙酸乙酯洗涤，真空干燥，即得精品。

3. 成品规格

本品为白色或乳白色粉末，味苦，无臭或微腥，易溶于乙醇和冰醋酸，微溶于丙酮、乙酸乙酯、乙醚或氯仿，难溶于水。胆汁酸的常用制品为胆酸片，每片含胆汁酸0.1～0.2g，糊精颗粒0.22g，硬脂酸镁0.003g。常作利胆药，有助脂肪的消化与吸收，用于胆汁缺乏、消化不良、胆囊炎等。

（四）兔胃利用

兔胃属单室胃，位于腹腔前部，可分为贲门部、幽门部、胃底及胃体部，胃壁黏膜能分泌胃液，含有盐酸和胃蛋白酶原，在医药工业上常用兔胃提取胃膜素和胃蛋白酶等。在四川等地，直接将兔胃加工为风味酱卤制品，深受消费者喜爱。

1. 原料要求

兔胃多被废弃，很少利用，在屠宰数量较多的加工厂，可取健康兔的新鲜胃黏液，联产提取胃膜素和胃蛋白酶。

2. 提取方法

目前生产胃膜素和胃蛋白酶，多采用联产工艺，将提取胃膜素留下的母液，再经处理提取胃蛋白酶。其工艺流程为：

原料$\xrightarrow[\text{消化}]{\text{绞碎}}$消化液$\xrightarrow{\text{脱脂}}$上清液$\xrightarrow{\text{浓缩}}$浓缩液—母液$\xrightarrow[\text{干燥}]{\text{沉淀}}$胃蛋白酶

｜

胃膜素

1）消化　取新鲜绞碎的胃黏膜，称重，按原料重加水60%，每千克绞碎胃黏膜加工业盐酸35mL左右，调整至氢离子浓度1～3.163mmol/L（pH为2.5～3），持温45～50℃，消化3h，活化胃蛋白酶。盐酸加量应依消化液的酸碱度而定，氢离子浓度最好控制在1.995～3.163mmol/L（pH为2.5～2.7）。

2）脱脂　取上述消化液，冷却至30℃以下，按原料质量加氯仿8%，搅拌均匀，在室温条件下静置48h以上，目的是脱脂、分层。

3）浓缩　取脱脂后的上清液至减压浓缩罐中，于35℃以下浓缩至原体积的1/3左右，呈饴糖状态时即得浓缩液，预冷至5℃以下，下层残渣可回收氯仿。

4）分离　取冷却后的浓缩液，在搅拌下缓缓加入预冷至5℃以下的丙酮，至比重为0.97，即有白色胃膜素沉淀出现，在5℃条件下静置20h，即可提取胃膜素。剩余母液在搅拌下缓缓加入丙酮，至比重为0.91，即有淡黄色胃蛋白酶析出，静置过夜，经60～70℃真空干燥，即得胃蛋白酶原粉。

3. 成品规格

胃膜素为吸湿性很强的粉剂，加水拌匀呈很黏的胶质浆。我国生产的胃膜素多为散剂，有的制成胃膜素胶囊，在干燥条件下封口保存。药用胃蛋白酶为淡黄色粉末，有肉类的特殊气味及微酸味，吸湿性很强，易溶于水，难溶于乙醇、乙醚和氯仿等有机溶剂。

（五）兔肠利用

兔肠很长，其长度为体长的10倍左右，在医药工业上，可作为提取肝素的原料。

1. 原料要求

肝素广泛分布于动物肠黏膜、肺、肝、血液中，在体内以蛋白质复合物的形式存在，取健康兔的新鲜肠黏膜为提取原料。

2. 提取方法

肝素提取方法，一般采用盐解-离子交换工艺或酶解-离子交换工艺，包括肝素蛋白质复合物的提取、分解和分离等三步，现以盐解-离子交换工艺为例，介绍其提取方法。

1）提取　取新鲜肠黏膜投入反应锅内，按原料重3%加入氯化钠，用氢氧化钠调节氢离子浓度至1nmol/L（pH为9），逐步升温至50～55℃，保温2h，继续升温至95℃，持温10min，随即冷却。

2）吸附　将上述提取液用30目双层纱布过滤，待冷却至50℃以下即加入714型强碱性CI型树脂，树脂用量为提取液的2%，搅拌8h后静置过夜。

3）洗涤　虹吸除去上层液，收集树脂，用水冲洗至澄清、滤干。用2倍量1.4mol的氯化钠搅拌2h，滤干。树脂再用1倍量1.4mol的氯化钠搅拌2h，滤干。

4）洗脱　树脂再用2倍量3mol的氯化钠搅拌、洗脱8h，滤干；再用1倍量3mol的氯化钠搅拌、洗脱2h，滤干。

5）沉淀　合并滤液，加入等量95%的乙醇，沉淀过夜，虹吸除去上清液，收集沉淀物，用丙酮脱水干燥，即得粗品。

6）精制　将粗品溶于15倍量的1%氯化钠中，加6mol盐酸调节氢离子浓度至31.63mmol/L（pH为1.5），过滤至清。随即用5mol氢氧化钠调节氢离子浓度至0.01nmol/L（pH为11），按粗品的3%加入30%过氧化氢，25℃放置，24h后再按1%加入过氧化氢，调节氢离子浓度至0.01nmol/L（pH为11），静置48h，过滤，用6mol盐酸调节氢离子浓度至316.3nmol/L（pH为6.5），加入等量的95%乙醇沉淀。24h后虹吸除去上清液，用丙酮脱水干燥，即得肝素钠精品。

3. 成品规格

肝素为白色粉末，易溶于水，不溶于乙醇、丙酮等有机溶剂。常用制品为注射剂。为延缓作用，提高效果，目前生产长效肝素注射液，一般封装于粉末安瓿中，临用前以注射用水溶解后供肌肉注射。

四、兔粪利用

兔粪呈长圆形，色黑、质硬，其中氮、磷、钾三要素的含量比其他动物粪便高，是动物粪尿中肥效最高的有机肥料。兔粪还可作动物饲料和药用，具有杀虫、解毒等作用。

1. 兔粪肥料

兔粪是一种高效的有机肥料，氮、磷、钾的含量在动物粪尿中明显较高（表5-3）。

据测定，每100kg兔粪，相当于10.85kg硫酸铵，10.09kg过磷酸钙，1.79kg磷酸钾的肥效。通常一只成年兔每年可积肥100kg左右。施用兔粪可比其他有机肥料使小麦增产30%，水稻增产20%～28%。据各地经验，长期施用兔粪，能改良土壤，增加土壤的有机质，减少或防止作物病虫害。目前，国内外还用兔粪养殖蚯蚓，使兔粪变成无气味，呈粉状的"腐殖质"肥料，肥效更好。

表5-3　各种畜禽粪便的主要成分　　单位：%

粪类	水分	氮	磷	钾
兔粪	36.40	1.400	1.800	0.500
猪粪	74.13	0.840	0.390	0.320
牛粪	75.25	0.426	0.290	0.440
羊粪	59.52	0.768	0.391	0.591
马粪	48.69	0.490	0.260	0.280
鸡粪	56.00	1.430	1.340	0.550
鸭粪	63.10	1.000	1.300	0.430

2. 兔粪饲料

兔粪营养丰富，特别是软粪，富含蛋白质、维生素和碳水化合物，如经适当处理，也可作为饲料饲喂各种畜禽。

目前处理兔粪的方法，主要采用人工干燥、氧化发酵和乳酸发酵等。人工干燥是利用高温或日光暴晒，使兔粪含水量降至10%～30%，不仅保存粪内的有机物质，且能杀死各种病原微生物；氧化发酵就是在有氧条件下，利用好氧微生物产生发酵作用；乳酸发酵是将兔粪拌以麸皮或米糠，然后加入少量乳酸菌，密闭产热杀死各种微生物。兔粪可与其他能量饲料混合压制成颗粒饲料。兔粪饲料中的营养成分已经初步消化，所以更利于吸收。用量一般为日粮的20%左右。

3. 兔粪药用

兔粪可作药用。根据《本草纲目》记载：兔屎，腊月收之，主治目中浮翳，劳瘵五疳，疳疮痔瘘，杀虫解毒。所以，医药公司也在部分地区收购兔粪以供药用。

兔粪有驱虫灭菌的作用。据报道，在果、林、菜园中经常施用兔粪尿，能减少蝼蛄、红蜘蛛、黏虫、地老虎等虫害；蚕室中用兔粪烟熏可杀死僵蚕菌，保证蚕茧丰收；兔粪施用于桑园，可防止桑树的萎缩病；兔粪还有驱除梁蛀、地下白蚁的功效。

五、兔 血 利 用

兔血除少数地区有食用习惯之外，全国绝大部分地区还很少利用。其实，兔血含有很高的营养价值，可加工成多种产品，供食用、药用，或作为畜禽的动物性饲料。

1. 兔血食用

兔血营养丰富，蛋白质含量很高，必需氨基酸完全，微量元素丰富，可加工成血豆腐、血肠等营养食品。

血豆腐系我国民间广泛食用的传统菜肴，但用兔血制作者还较少见，是资源充分利用和提高养兔经济效益的重要途径之一。血豆腐的制作过程，大体为：

采血—搅拌（加食盐3%）—装盘（血水比为1∶3）—切块水煮（水温90℃，蒸煮15min）—切块浸水—食用、销售

血肠是北方居民的传统食品，具有加工简单、营养丰富、价廉物美等特点，制作过程大体为采血—搅拌、加水—加调料—灌肠—水煮—起锅冷却—食用、销售。调料配制可选用：大葱1%，花椒0.1%，鲜姜0.5%，香油0.5%，味精0.1%，精盐2%，捣碎、混匀即成。

2. 兔血饲料

利用兔血可加工成普通血粉或发酵血粉，是解决畜禽动物性饲料的有效途径之一。

目前，国内生产的血粉饲料，大都以猪血或牛血为原料，在现代化肉兔屠宰加工厂或小型屠宰场，仍可以兔血为原料，生产血粉饲料。其生产过程，大体为：

采血—混合—发酵—干燥

先将收集的兔血用等量能量饲料混合，充分搅拌后，接种微生物发酵菌种，置混合血于发酵罐中，在60℃条件下，发酵72h，然后经热风灭菌干燥，使含水量由80%降至15%即成。据测定，兔血饲料含粗蛋白49.5%，粗脂肪4.5%，可溶性无氮物35%，

粗纤维5%，粗灰分4.9%。

3. 兔血医用

兔血可提取多种生物药物和生化试剂，如医用血清、血清抗原、凝血酶、亮氨酸、蛋白胨等。

医用血清的生产过程，大体为：

采血—恒温静置—无菌分装—离心—冷藏—过滤

先将采集的血液存放在三角烧瓶中，在30℃的恒温箱中静置，等析出血清后关闭恒温箱开关，打开恒温箱门。8～12h后进行无菌分装（除净血块），然后离心20min（3000r/min），离心后将上层血清倒入盐水瓶中（去除下层血球），放入冰箱或冷库（−4℃）。1周后取出解冻，用滤纸过滤后，再用EK沉板除菌，分装待用。一般每只肉兔可抽取动脉或心脏血液100mL，提取血清25mL。

4. 国内外畜禽血液利用的研究进展

国内外畜禽血液的综合利用主要是用于食品、饲料、制药、葡萄酒、肥料等工业，而且主要用于饲料和生化制品方面。

1）*喷雾干燥血粉在饲料工业上的应用*　干燥血粉通常呈黑褐色粉末状，一般含水5%～8%，粗蛋白75%～80%，粗脂肪1.4%，灰分4.4%，赖氨酸5.37%，蛋氨酸1.05%，苏氨酸3.87%，精氨酸4.49%。血粉最大的特点就是氨基酸含量高，但是氨基酸组成不平衡，异亮氨酸含量尤其缺乏，血粉还含有可帮助消化的多种酶类和维生素A、维生素B_2、维生素B_6、维生素C等，但与其他动物性蛋白质饲料相比，维生素B_{12}和核黄素的含量较低，同时血粉饲料在实际应用中存在以下5个问题。

（1）血液在干燥时，使其细胞变硬，畜禽难以消化和吸收。

（2）干燥得到的血粉在短时间内即会腐败，即干燥血粉不宜长期保存，其主要原因是血粉易吸潮、结块、生蛆、发霉、腐败。

（3）由于血粉产品的组分变化较大，所以在生长猪日粮中添加不同来源的动物血浆制品，对猪的生产性能的影响差异较大。

（4）动物蛋白制品中的微生物尤其是沙门氏菌的含量比植物蛋白要高得多，这可能是影响血粉在畜禽饲养中的效果的主要因素之一。而且，在血粉干燥过程中液态血液在被干燥之前短暂贮存时间里，微生物将会大量繁殖，导致血粉的pH下降，散发出不愉快的味道，这些都有可能导致血粉的营养价值降低。

（5）血粉干燥前的贮存时间会影响血液的pH以及血液中氨气的浓度，但是血粉营养价值的评定，不能只以pH为唯一的指标，因为饲养试验结果表明，在仔猪日粮中添加5%的经照射处理后的喷雾干燥血粉能够提高仔猪的日增重和提高饲料的转化率，但是随着pH的降低，氨气浓度以及不愉快气味增强，而且不同pH的血粉间的饲喂效果差异不显著。

2）*微生态血粉在饲料工业上的应用*　微生态血粉是把多种产蛋白酶能力较强的菌株如真菌类的米曲霉、酵母菌，细菌类的地衣芽孢杆菌等接种在适宜的培养基成分上，选择最适的发酵条件，利用微生物发酵提高血粉蛋白的生物学利用率。发酵血粉经菌种优选和工艺改进，比直接干燥血粉或蒸煮血粉可消化氨基酸增加，适口性提高，且发酵过程中可产生多种B族维生素。这种工艺不仅能够提高蛋白消化利用率，而且能够促进益生菌在动物肠道内的生长和繁殖，对改善幼龄动物的健康状况有着重要的意义。

据报道，采用芽孢杆菌、枯草芽孢杆菌等多株益生菌种发酵黄牛血液制成的微生态血粉，粗蛋白含量可达35.6%，含益生菌细胞5×10^{8}个/g，并作了探索性的动物试验。试验结果表明，在基础日粮中添加5%血粉能够使肉鸡增重55%，猪增重61%，而且临床试验证明，微生态血粉对鸡白痢和仔猪白痢的治疗有效率分别达到94.5%和89.6%。推测其原因为：微生态血粉含有较高浓度的菌体蛋白和游离的氨基酸，提高了蛋白质的生物学价值，而且益生菌所产生的大量蛋白酶、淀粉酶、维生素、有机酸也能够提高动物的饲料转化率。而利用高产蛋白酶的米曲霉作为主出发菌株，辅以酵母菌和细菌发酵，经喷雾干燥的猪血粉，不仅可以将血粉和辅料中大量的大分子蛋白质降解成小分子蛋白质、多肽和游离氨基酸，还可降解羽毛粉等原料中的淀粉和纤维素等物质，而且发酵菌株所产生的植酸酶可以提高钙磷的消化吸收率。

微生态血粉生物技术作为21世纪高新技术的核心已成为各国研究的热点和重点，利用生物技术原理，将动物血液降解为小分子蛋白、胨、肽类及氨基酸的混合物，形成具有营养和保健双重生理功能的微生态血粉，是大规模、高效益利用动物血液资源的一条新途径。发酵血粉虽然有着广阔的前景，但是由于我国对其研究起步较晚，目前仍处于发酵菌株的筛选以及发酵工艺参数确定的研究阶段，尚未形成产业化生产的规模。

3）畜禽血液产品在食品工业上的应用　国外畜禽血液在食品加工上的应用历史比较长，日本将血色素作香肠的着色剂，将血浆粉代替肉作为香肠原料，德国和比利时曾大量进口血浆粉作为食品抗结剂和乳化剂，瑞典、丹麦把血浆用于肉制品中，保加利亚用血生产酸乳酪，俄罗斯除利用猪血制作血肠外，还利用血浆做饺子馅。

目前畜禽血液在我国食品工业上应用还不多，主要是将血液经降解、脱色、干燥、粉碎，制成高蛋白富铁食品。另外，从畜禽血液中提取水解蛋白、血色素、超氧化物歧化酶、胸腺因子多肽激素、免疫球蛋白、干扰素等也是我国近年来在血液资源开发和利用上所取得的重要科技成果。研究报道，1L血液可提取血红素10～15g，同时可产生400g左右的蛋白，加工工艺简单、成本低，其中血红素可作为营养缺乏或不良以及贫血的人群的营养补充剂，而且血红素补血无毒无害，吸收率高，可望取代目前常用的补铁剂，将成为受欢迎的新一代产品。猪血中除含有凝血酶和血红素外，还含有人体必需的8种氨基酸，且含量丰富。用猪血制备的食用蛋白，广泛应用于食品加工中，可以提高食品营养价值，改善人们的膳食结构。

（1）在肉制品中的应用。在香肠、灌肠、西式火腿和肉脯中添加适量的猪血浆蛋白，脂肪含量略有降低，蛋白质含量提高，特别是血浆蛋白乳化性能好，产品的保水性、切片性、弹性和黏度，产品的出品率等均有提高，成本降低。例如，在红肠中加入10%～12%的血浆，蛋白质含量可提高7%，产品的出品率可提高20.4%，每千克香肠成本降低5%～8%；用血浆代替鸡蛋添加到肉脯中效果也很好，降低了成本。天津肉联厂在香肠中添加10%的血浆蛋白，增加效益明显，金锣火腿肠也添加有血浆蛋白，经济效益明显。

(2) 在糕点中的应用。血浆或全血经水解、酶解、脱色、脱臭后，可制得一种食用蛋白质，其蛋白质含量比奶粉的含量高80%以上，脂肪含量小于1%，碳水化合物含量小于2%，氯化物含量小于6%，溶解度达到了95%，水分在6%以下。应用于糕点，如京果粉、蛋糕、乳儿糕、饼干、桃酥、蛋卷、面包、馒头等均取得较好的效果。上海市食品研究所经研究发现，血浆蛋白粉是一种良好的发泡剂，有牛奶味，可代替牛奶蛋白，添加到面包中，使色泽、保形性更佳，不易老化，添加到面粉中，可提高蛋白质效价25%左右。

(3) 在营养补剂中的应用。由于血中含有丰富的蛋白质、微量元素和铁质等，特别适宜于作营养添加剂，如蛋白质补剂，补充儿童发育所需组氨酸、赖氨酸。作为铁质补剂，血色素可预防和治疗缺铁性贫血。山东潍坊新技术研究所曾研制含17种氨基酸的复合氨基酸粉(液)。

(4) 在烹调菜肴中的应用利用。血浆蛋白粉烹饪菜肴，如蛋白虾片、辣油蛋白等具有高蛋白、低脂肪的特点，味道鲜美，滑嫩可口，营养丰富，色、香、味、形俱佳。

4) *畜禽血液产品在医药工业上的应用*　畜禽血液在医药工业中的利用已有较长的历史，在医学临床上也起到了重要的作用，特别是改革开放以来，国家对畜禽血液利用非常重视，组织了重点攻关课题，应用于医学临床的血液制品不断被开发出来，并取得了较好的效果。

(1) 血卟啉衍生物。血卟啉衍生物是在原卟啉基础上经过分子结构修饰而制得，该物质有与癌细胞中的核糖核酸紧密结合的作用，血卟啉衍生物作荧光注射剂，注射48h后产生荧光反应，可定位癌细胞，然后用氦氖气激光杀死癌细胞。通过对基底细胞癌、黑色素癌、胃癌、食道癌等临床试验，对肿瘤细胞有较强的杀伤力，毒性小，疗效好。

(2) 原卟啉钠。生化药厂采用酯化法研究的原卟啉钠，出品率0.1%，含量93%以上。该产品有保护肝和降低转氨酶的作用，用于治疗急性肝炎、慢性活动性肝炎等，经临床试验，有效率为71.7%。

(3) 超氧化物歧化酶(SOD)。SOD主要是从猪血中研究采用生化方法制取，该物质是具有重要保护作用的一种酶，能有效地清除超氧化自由基阴离子，保护细胞免受自由基阴离子的损害，对风湿性关节炎和自身免疫、老年保健有疗效，与其他消炎类药物联合使用，有增效作用。目前已广泛用于抗衰老，美容健体，放射生物学，许多疾病的发病机制研究等，为其提供了重要的药物和生化制剂。

(4) 血肽素(血红蛋白肽)。血肽素是将血液中大分子蛋白质物质控制降解为多肽和氨基酸，该低聚物混合体具有较好的可溶性，同时最大限度地保留了血液中有机铁、铜、维生素等全价营养素。它含有18种氨基酸，以氮计蛋白质含量大于70%，有机铁含量大于2000mg/kg，另含有少量铜、锌、钙等元素，是一种全天然组分和高附加值的产品。它作为保健食品及功能食品，适用于营养不良或缺铁性贫血、缺钙等症状，可以提供易于为人体吸收的有机铁、血红蛋白降解多肽和氨基酸等营养因子，预防和改善缺铁性贫血和营养性贫血。目前国内对合理利用动物血液改善缺铁性贫血呼声很高。缺铁性贫血是一个世界性问题，在我国十分普遍，以婴儿、学龄前儿童、育龄妇女和青少年较为常见。血肽素产品的推出，对改善缺铁性贫血人群的健康状况、提高生活质量和工作效率将起到积极的作用，而且产品附加值高，市场需求大，适合于大中型牲畜屠宰企业的技术改造，副产物的综合利用和废物处理，也可建立独立的食品加工企业。

(5) 凝血酶。凝血酶是机体凝血系统中的天然成分，它由两条肽链组成，多肽链之间以二硫键相连接。凝血酶在体内以凝血酶原的形式存在，在一定条件下凝血酶原被激活，并转化为有活性的一种蛋白水解酶。凝血酶可直接作用于血浆纤维蛋白原，催化血浆纤维蛋白原中血纤维肽 A 和 B 的断裂，转变成不溶性血纤维蛋白凝块，促使血液凝固。临床上广泛应用，常以干粉或溶液局部涂于伤口及手术处，控制毛细血管渗血，多用于骨出血、扁桃体摘除和拔牙等，有时也可口服，用于治疗十二指肠出血，凝血酶局部止血效果好且无副作用。最近国内学者将其制备成“人体胶水”，模仿血液凝固的自然机制，在手术过程中，将它均匀地喷射在创面上，能迅速凝血，使患者在手术时少流 1/3 的血，这正是凝血酶的作用。目前国际上凝血酶仅有英、美、日等少数发达国家能在低温条件下从人或牛血液中提取，产量较小，远远满足不了市场需求。我国主要从猪血中提取凝血酶，产品已应用于临床，产量较小。凝血酶的提取，既可使血液变废为宝，又可以提高血液的经济价值，生产前景十分广阔，效益高于超氧化物歧化酶（SOD）。

(6) 血红素。血红素是由原卟啉与一个二价铁原子构成的称为铁卟啉的化合物，存在于红细胞中，与蛋白质结合组成复合蛋白质，成为血红蛋白（Hb）或肌红蛋白（Mb）。肌红蛋白是珠蛋白与一个分子血红素结合，血红蛋白是珠蛋白与 4 个分子血红素相结合，它们对机体内氧气运输、贮存利用或气体交换起着重要作用。目前血红素在医学临床上已广泛使用，如血红素可作为半合成胆红素原料，可生产抗肝功能亢进、抗炎症作用和抗肿瘤作用的重要药物，也是人类良好的补血剂，可直接被人体吸收，吸收率高达 10%～20%。国内外对血红素及血红素补铁剂都高度重视。

(7) 免疫球蛋白。免疫球蛋白（Ig）是动物体内重要的免疫活性物质，在动物幼体的营养代谢和生理调节方面具有重要的作用。Ig 一般分为 IgG、IgA、IgD、IgE、IgM 五大类，血清中 IgG 含量占 Ig 总量的 80%以上，正逐步被广泛用于婴儿食品、代乳食品、保健食品中，其中球蛋白（IgG）常用来进行人工被动免疫，是一种已经应用了 50 多年的血浆蛋白制剂。血清中 Ig 的含量较多，经过免疫强化注射的猪（牛）可生产出富含 IgG 的血清，是工业化生产免疫球蛋白的极好原料来源。以前分离免疫球蛋白多采用化学盐析法、有机溶剂沉淀法、离子交换色谱法、凝胶过滤法等，尽管所得制品纯度较高，但很难工业化生产。超滤是近年来发展起来的新兴分离技术，以其无相变化分离为主要特点，正日益成功地应用在生物制品的分离纯化中。畜禽血液产品加工的品种较多，随着科学技术的发展，将会有更多的新产品被研究开发出来。

六、兔胎盘利用

母兔分娩时，胎盘多被母兔自食或废弃，如能及时收集，积少成多，即可加工成兔胎盘粉。

1. 原料要求

取健康、新鲜的兔胎盘，装入铝盘或搪瓷桶内，置烘房 80～85℃条件下用鼓风机干燥，粉碎置干燥处密闭保存，备用。

2. 加工方法

胎盘粉的加工工艺流程为：

原料—提取—除杂—沉淀—精制—浓缩—成品

1）提取　取胎盘干样置于有盖搪瓷桶内，加蒸馏水（液比 1∶4)，置高压消毒柜内进行第一次热提取（温度要求 115℃以上，压力要求 117.67kPa)，保温 2h，过滤。滤液置于 100℃条件下保温消毒 30min，送冷库静置沉淀 24h，滤液同上法用蒸馏水处理 1 次［液比 1∶(2～3)］，弃去沉淀物，即得提取液。

2）除杂　按上述提取液容积，加 0.5%苯酚及 0.5%浓盐酸，高温、高压处理 1h（温度要求 115℃以上，压力要求 117.67kPa)，送冷库沉淀 5～7 天，过滤。滤液用浓盐酸调整至氢离子浓度为 0.316～0.398mmol/L（pH 为 3.4～3.5)。然后再以高温、高压处理 1h，送冷库沉淀 3 天。待沉淀完全后过滤，澄清液用 40%氢氧化钠调整氢离子浓度至0.501～1nmol/L（pH 为 9～9.3)，同上操作，在高温、高压条件下保温 1h，送冷库沉淀 3d。

3）精制　当沉淀完全后过滤，用 20%盐酸调整氢离子浓度为 63.09～79.42nmol/L（pH 为 7.1～7.2)，同上法，在高温、高压条件下保温 1h，送冷库沉淀 24h。

4）浓缩　待沉淀完全后，将滤液置于真空蒸馏器内浓缩、干燥后即得成品。

3. 成品规格

胎盘粉为棕色粉末，易溶于水，常作滋补剂，用于神经衰弱，发育不良，体弱贫血等症。

参考文献

韩占兵，张恒业. 2008. 畜禽生产. 郑州：河南科学技术出版社：259-260

黄善香. 1999. 中国种植养殖技术百科全书. 海口：南方出版社：107-108

马钰. 1990. 骨泥的生产工艺. 罐头饮料工业，(2)：11-12

牛树田，田夫林. 2003. 兔高效饲养与疫病监控. 北京：北京农业大学出版社：133-135

庞本，初安庭，马秀芹. 2008. 实用养兔技术图说. 郑州：河南科学技术出版社：17-18

芮萍，宋金昌，马增军. 2000. 科学养兔一月通. 北京：中国农业大学出版社：9-11

单永利. 2004. 现代养兔新技术. 北京：中国农业出版社：493-497

沈幼章，董亚芳. 1990. 养兔生产综合配套技术. 南京：江苏科学技术出版社：125-127

陶岳荣. 2001. 科学养兔指南. 北京：金盾出版社：190-206，288-294

王丽哲. 2002. 兔产品加工新技术. 北京：中国农业出版社：430-439

徐汉涛，杭榴玉. 1997. 高效益养兔法. 北京：中国农业出版社：209-210

张毕臣，王方智，何庆来，等. 1986. 长毛兔饲养致富大全. 长春：吉林人民出版社：3-4

张丽萍，李开雄. 2009. 畜禽副产物综合利用技术. 北京：中国轻工业出版社：15-19

张月洪. 1988. 兔的养殖新技术及疾病防治. 北京：人民军医出版社：120-127

彩　　图

彩图1　加利福尼亚兔

彩图2　比利时兔

彩图3　太行山兔(虎皮黄兔)

彩图4　塞北兔

彩图5　大耳黄兔

彩图6　法国公羊兔

彩图7　中国白兔

彩图8　日本大耳兔

彩图9　青紫蓝兔

彩图10　丹麦白兔

彩图11　喜马拉雅兔

彩图12　哈尔滨白兔(哈白兔)

彩图13　福建黄兔

彩图14　德国巨型白兔(G系)

彩图15　大型新西兰白兔(N系)

彩图16　弗朗德巨兔

彩图17　安阳灰兔

彩图18　黑优兔

彩图19　齐兴肉兔

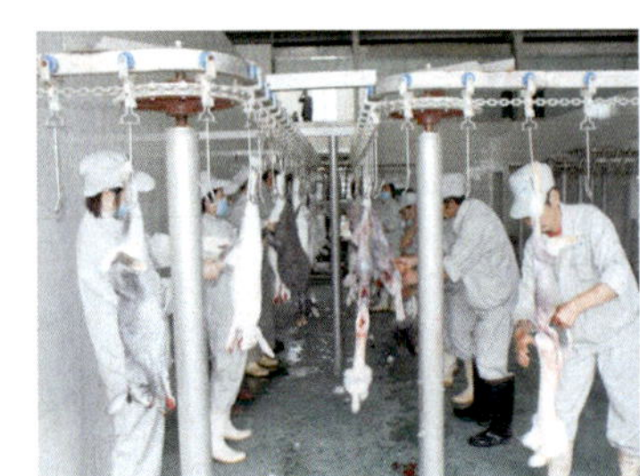

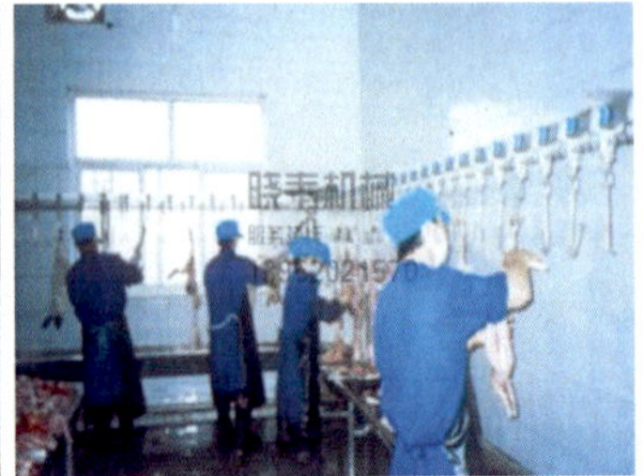

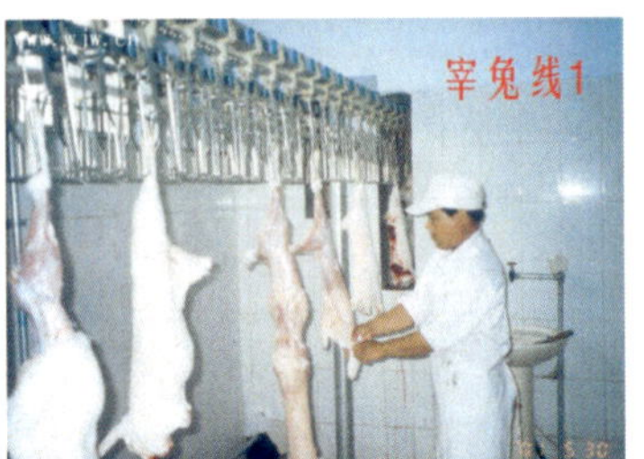

彩图20　兔屠宰机械流水线作业现场

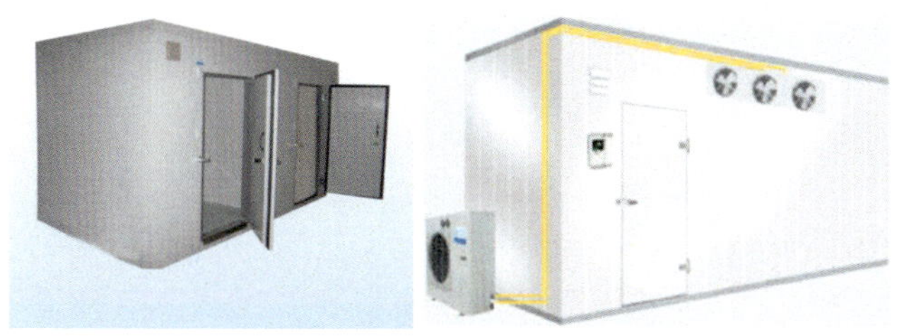

彩图21　活动式及组合式冷库

彩图22　手动盐水注射机

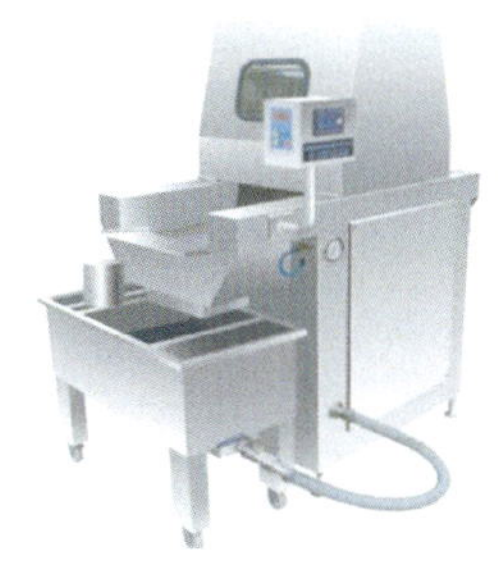

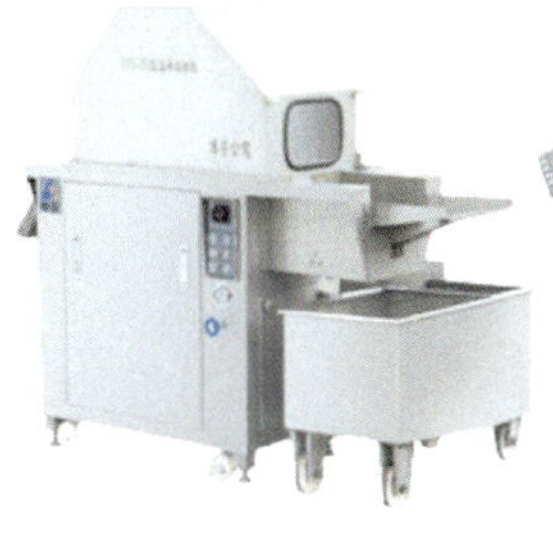

彩图23　自动盐水注射机

彩图24　常见的嫩化机

彩图25　立式滚揉机

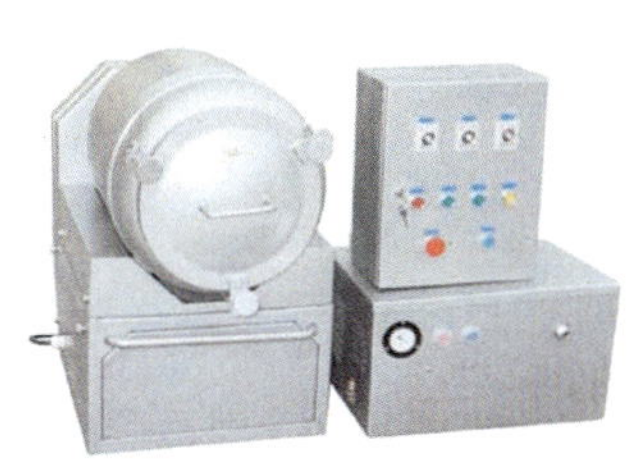

彩图26　卧式真空滚揉机

彩图27　绞肉机

彩图28　鲜肉切丁机

彩图29　旋转式调料炒松机

彩图30　卧式打松机

彩图31　立式打松机

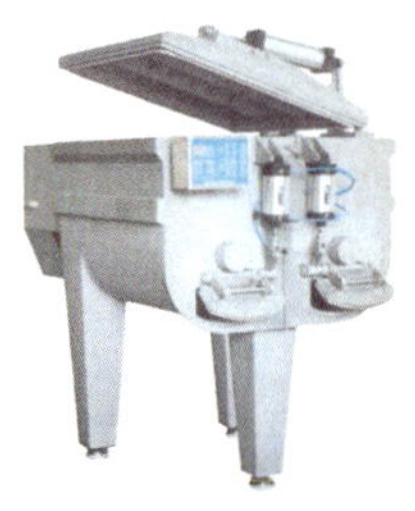
彩图32　真空搅拌机

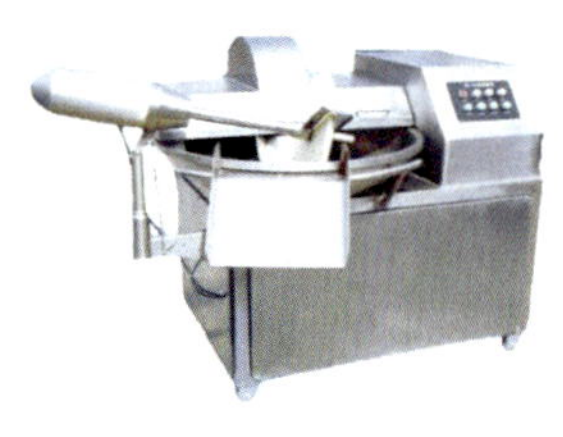
彩图33　盘式斩拌机

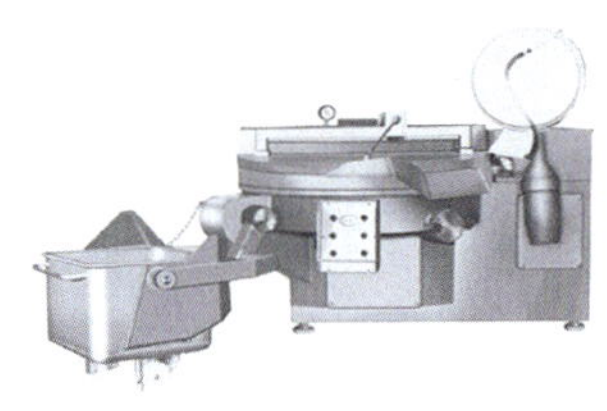
彩图34　真空斩拌机

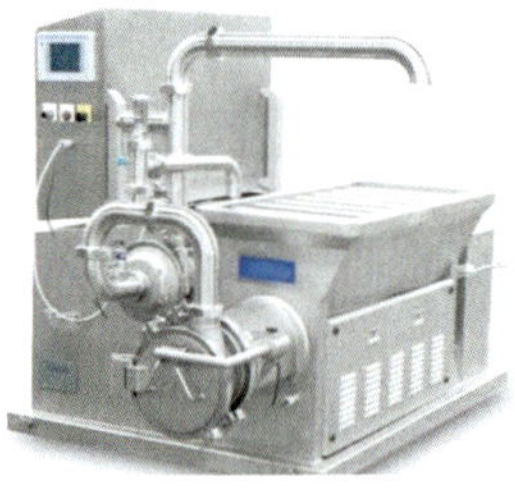
彩图35　肉品乳化机

彩图36　立式磨齿式胶体磨

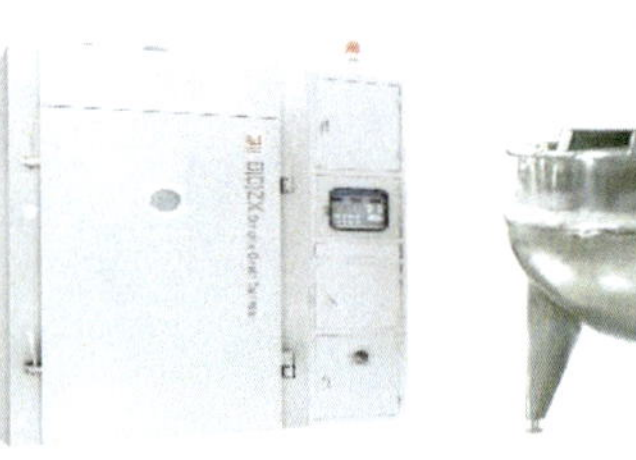
彩图37　全自动烟熏蒸烤设备

彩图38　固定式夹层锅　彩图39　可倾式夹层锅

彩图40　电热油炸锅

彩图41　间歇式水油混合油炸机

彩图42　间歇式低温真空油炸设备

彩图43　连续式低温真空油炸设备

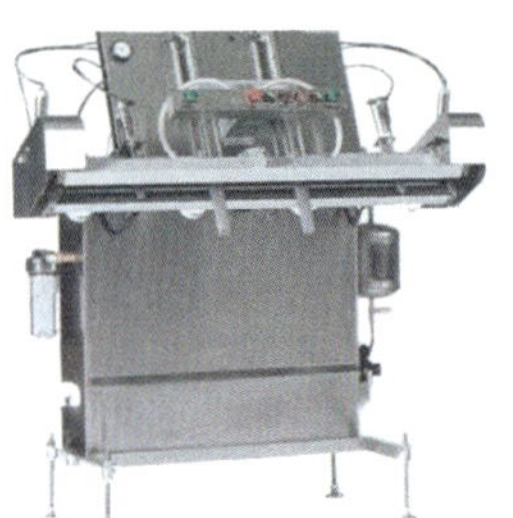
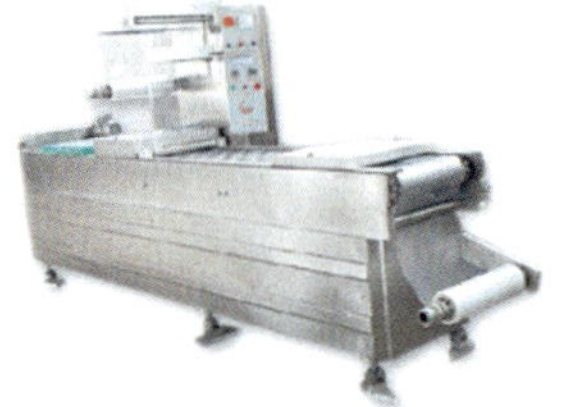
彩图44　气调保鲜包装机和全自动拉伸真空(气调)包装机

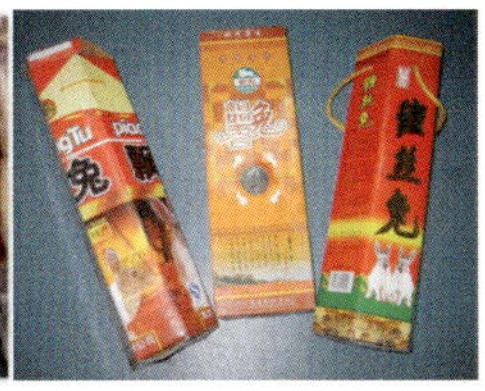

彩图45　缠丝兔

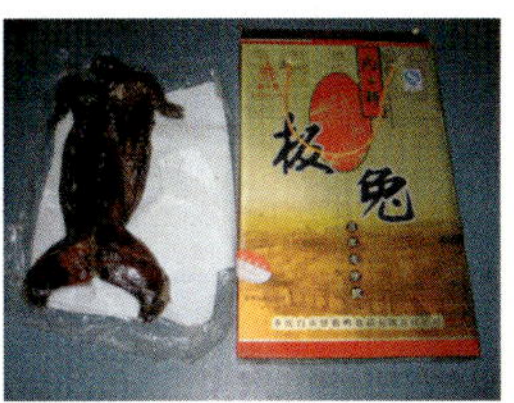

彩图46　板兔

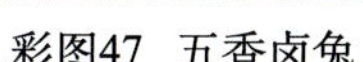

彩图47　五香卤兔

彩图48　川式兔肉腊肠

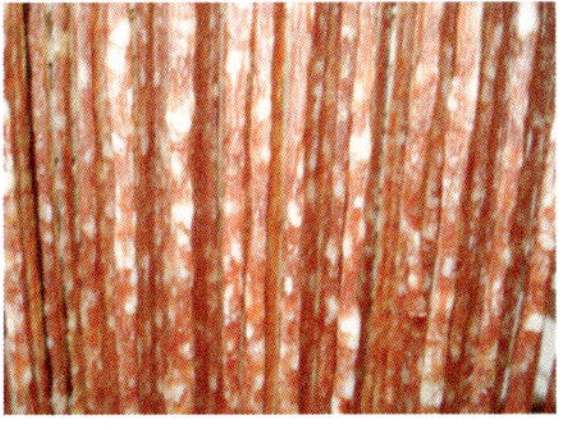

彩图49　广式兔肉腊肠

彩图50　兔肉枣肠

彩图51　兔肉早餐肠

彩图52　兔肉烤肠

彩图53　兔肉松

彩图54　肉糜兔肉脯

彩图55　香辣兔肉罐头

彩图56　十全玉兔肉

彩图57　哈哥新型兔肉干系列

彩图58　兔肉挤压火腿

彩图59　预调理兔肉系列

彩图60　香辣兔丁

彩图61　百膳烤兔

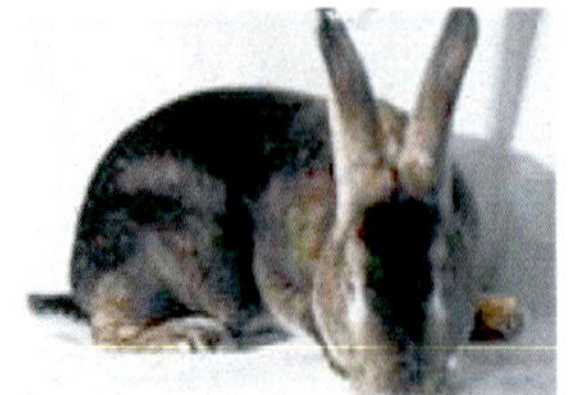

海狸色美国原种獭兔

碎花色美国原种獭兔

彩图63　法系安哥拉兔

八点黑美国原种獭兔

白色美国原种獭兔

彩图62　主要的皮用兔种类

彩图64　英系安哥拉兔

彩图65　德系安哥拉兔

彩图66　日系安哥拉兔

彩图67　中系安哥拉兔

彩图68　巨高长毛兔

皖系粗毛型长毛兔 (公)

皖系粗毛型长毛兔 (母)

彩图69　皖系长毛兔

彩图70　彩色长毛兔

彩图71　豫系长毛兔